普通高等教育物联网工程专业系列教材

物联网系统开发

主　编　蔡延光

参　编　蔡　颢　黄永慧　许　亮

机械工业出版社

本书以物联网系统的生存期模型为主线，从开发概述、可行性研究、需求分析、总体设计、详细设计、实现、测试、运行与维护、开发管理、开发实践，以及物联网系统课程设计指导等方面逐步展开教学内容。

本书的理论性和实用性并重、软硬件开发兼顾、层次清晰、衔接紧凑、素材新颖、概念清楚、重点突出、叙述流畅、通俗易懂，适合作为高等学校自动化类、计算机类、电气类、电子信息类、仪器类等有关专业高年级本科生、研究生相关课程（如物联网系统开发、物联网系统设计、物联网系统工程）的教材和教学参考书，也可作为从事物联网系统开发与集成工作的科研人员、工程技术人员的培训教材和参考书。

图书在版编目（CIP）数据

物联网系统开发／蔡延光主编 .—北京：机械工业出版社，2022.10
（2025.1 重印）
普通高等教育物联网工程专业系列教材
ISBN 978-7-111-71768-3

Ⅰ.① 物… Ⅱ.① 蔡… Ⅲ.① 物联网-系统开发-高等学校-教材
Ⅳ.①TP393.4 ②TP18

中国版本图书馆 CIP 数据核字（2022）第 186112 号

机械工业出版社（北京市百万庄大街 22 号　邮政编码 100037）
策划编辑：王玉鑫　　　　　责任编辑：王玉鑫　张翠翠
责任校对：韩佳欣　王　延　封面设计：张　静
责任印制：常天培
北京机工印刷厂有限公司印刷
2025 年 1 月第 1 版第 3 次印刷
184mm×260mm · 14.5 印张 · 386 千字
标准书号：ISBN 978-7-111-71768-3
定价：48.00 元

电话服务　　　　　　　　网络服务
客服电话：010-88361066　机 工 官 网：www.cmpbook.com
　　　　　010-88379833　机 工 官 博：weibo.com/cmp1952
　　　　　010-68326294　金 书 网：www.golden-book.com
封底无防伪标均为盗版　机工教育服务网：www.cmpedu.com

前　言

物联网是继个人计算机、互联网及移动通信网络之后的新一代信息技术。它同云计算、大数据、区块链、人工智能等技术一起，共同引领新一轮技术革命。物联网深刻地影响着人们的学习、工作和生活。物联网系统开发是一门实用性较强的专业课程，它培养学生综合运用物联网、计算机等领域的知识开发物联网系统的工程实践能力。

本书的主要特色有 3 个。

1）理论性和实用性并重。本书注重理论性，把物联网系统开发的原理和方法用精练准确、通俗易懂的语言进行描述。本书强调实用性，把所述的原理和方法落到实处，例题、习题的设计有助于相关知识的顺利掌握及应用。

2）素材注重新颖性，强调科研与产业背景。本书例题、习题、课程设计的不少素材来自科研和产业化实践，特别注意选取一些现实生活中与物联网相关的热点问题、创新产品、创新服务素材。

3）软硬件开发兼顾。物联网系统是软硬件系统相结合的系统，本书详细介绍了物联网硬件系统、软件系统的开发理论和方法。

全书共 11 章。第 1 章介绍物联网系统开发的基础知识，第 2 章介绍物联网系统开发项目的可行性研究，第 3 章介绍物联网系统需求分析，第 4 章介绍物联网系统总体设计，第 5 章介绍物联网系统详细设计，第 6 章介绍物联网系统实现，第 7 章介绍物联网系统测试，第 8 章介绍物联网系统运行与维护，第 9 章介绍物联网系统开发管理，第 10 章介绍物联网系统开发实践，第 11 章介绍物联网系统课程设计指导。

本书第 1 章、第 3~6 章、第 10 章由蔡延光撰写，第 2 章、第 8 章、第 11 章由蔡颢撰写，第 7 章由黄永慧撰写，第 9 章由许亮撰写。全书由蔡延光统校，黄永慧参与规划。

在本书的撰写和出版过程中，章云教授、程良伦教授、刘治教授、蔡述庭教授、彭世国教授、万频教授提供了很多的支持和帮助；博士研究生戚远航、汤雅连、黄戈文、陈华君，硕士研究生黄何列、李帅、罗育辉、陈厚仁、林枫、白帅星、刘惠灵、刘尚武、廖泽宇、陈骋逵、黄柏亮、刘志勇、王世豪、乐冰、阮嘉琨、林子彬、杨军、梁秉毅、马培深、苏锦明、李立欣等做了许多有益的工作。这里对他们的辛勤工作、支持和帮助表示诚挚的谢意。

本书经历了多次修改、多轮教学实践检验，凝聚着编者多年的教学研究成果。但由于编者水平有限，书中难免存在不足和疏漏之处，恳请专家和读者批评指正。

编　者

目　录

第1章

物联网系统开发概述

物联网是继个人计算机、互联网及移动通信网络之后的新一代信息技术，是推动信息产业发展的关键核心技术。物联网理论研究越来越深入，创新技术、产品与服务不断涌现，应用越来越广泛，正在深刻地影响着人们的学习、工作和生活。"物联网系统开发"是一门实用性较强的课程。本章介绍物联网的概念与特征、物联网关键技术、物联网系统、物联网系统开发模型等的基本概念与内容，介绍物联网技术的发展历程与趋势、物联网的应用领域、物联网应用相关技术，为物联网系统开发课程学习打下基础。

1.1 物联网的概念与特征

1.1.1 物联网的概念

物联网（Internet of Things，IoT）是通过无线射频识别（Radio Frequency Identification，RFID）、红外线传感器、全球定位系统（Global Positioning System，GPS）和激光扫描器等信息传感设备，按约定的协议，把任何物品与互联网连接起来，进行信息交换和通信，实现智能化识别、定位、跟踪、监控和管理的一种网络。

从定义可以看出，物联网是一种实现物品互联的网络。

1.1.2 物联网的特征

与传统的计算机网络、移动通信网络等相比，物联网具有全面感知、可靠传递和智能处理等鲜明特征。

1. 全面感知

物联网的全面感知是指物联网能感知所关心对象在任意时刻的指定指标值。

（1）感知所关心对象的指定指标值　通过物联网上的传感器能获取所关心对象的指定指标值。

（2）任意时刻　物联网上部署的传感器能够获取所关心对象在任意时刻的信息，并可按照一定的频率周期性地获取信息。

（3）多维度信息　物联网上可同时部署多种类的多个传感器，每个传感器就是一个信息源，每个信息源所提供的信息内容和格式也可不同，形成了物联网多维度的信息来源。

2. 可靠传递

物联网的可靠传递是指物联网能通过有线和无线网络及时、准确地传递传感器所获取的信息。为了保障信息的成功传递，物联网需要有关通信协议的支持。

3. 智能处理

物联网的智能处理是指物联网具有通过大数据分析、智能控制、物联网通信等技术对特定对象实施本地和远程智能控制的能力。

1.2 物联网关键技术

物联网关键技术包括感知技术、网络技术、无线传感器网络技术、物联网控制技术和物联网安全技术。

1.2.1 感知技术

感知功能是物联网的核心基础功能，它是通过感知技术实现的。传感器是一种基于感知技术的检测装置，它能获取所关心对象的特定信息，并能将获取的信息转换为电信号或其他形式的信息输出，为后续的各种应用提供支持。物联网感知功能使用传统传感器、RFID 技术、条码与二维码、电荷耦合元件、定位系统等实现。

1. 传统传感器

传统传感器包括温度传感器、湿度传感器、压力传感器、流量传感器、液位传感器、超声波传感器、气敏传感器、光敏传感器和智能传感器。

（1）温度传感器　温度传感器是一种感知温度并转换成可用输出信号的传感器。它是利用某些材料或元件的性能随温度变化的原理来测量温度的，例如，利用温度变化引起电阻、热电动势和磁导率变化的原理来测量温度。温度传感器广泛应用于工农业生产、商品流通、医疗健康、科学研究和国防军事等领域。

（2）湿度传感器　湿度传感器是一种感知湿度并转换成可用输出信号的传感器。它是利用湿敏材料吸附水分子或对水分子产生物理效应等原理来测量湿度的。湿度传感器广泛应用于工农业生产、商品流通、医疗健康、科学研究和国防军事等领域。

（3）压力传感器　压力传感器是一种感知压力并转换成可用输出信号的传感器。它是利用压电效应等原理来测量压力的。压力传感器广泛用于石油化工、水利电力、航天航空和医疗健康等领域。

（4）流量传感器　流量传感器是一种感知介质（如液体、气体）的流量并转换成可用输出信号的传感器。流量传感器广泛应用于工农业生产、商品流通、医疗健康和科学研究等领域。

（5）液位传感器　液位传感器是一种感知液位并转换成可用输出信号的传感器。它是利用流体静力学原理来测量液位的。液位传感器广泛应用于工农业生产、商品流通、医疗健康、科学研究和国防军事等领域。

（6）超声波传感器　超声波传感器是一种感知超声波并转换成可用输出信号的传感器。它是利用超声波对液体、固体的穿透力强，遇到杂质和分界面会产生反射回波，遇到活动物体产生多普勒效应等原理来获取信息的。超声波传感器广泛应用于医疗健康、科学研究和国防军事等领域。

（7）气敏传感器　气敏传感器是一种感知特定气体并转换成可用输出信号的传感器。它利用声表面波器件的波速和频率随外界环境变化而发生漂移的原理，通过测量声表面波频率的变化来获得气体浓度变化值。气敏传感器广泛应用于生产、生活、健康和安全等领域，如一氧化碳检测、瓦斯气体检测、煤气检测、氟利昂检测、乙醇检测和人体口臭检测等。

（8）光敏传感器　光敏传感器是一种感知光信号并转换成可用输出信号的传感器。它是利用光敏元件感知光信号的。光敏传感器种类繁多，主要有光电管、光电倍增管、光敏电阻、光电晶体管、红外线传感器、紫外线传感器、光纤式光电传感器、色彩传感器、电荷耦合元件（Charge Coupled Device，CCD）、互补金属氧化物半导体（Complementary Metal Oxide Semiconductor，CMOS）图像传感器和太阳能电池。

（9）智能传感器　智能传感器就是一种带微处理器的，具有信息采集、处理、传输和存储等功能的传感器。智能传感器具有集成处理、功能多样、综合成本低等特点，广泛应用于工业、农业、国防和科学研究等领域。

2. RFID 技术

RFID 技术是一种识别系统与特定目标之间无须建立机械或者光学接触，通过无线电信号识别特定目标并读写有关数据的识别技术。RFID 技术具有安全、读写方便、处理速度快、数据容量大和使用寿命长等优点，广泛应用于工业、农业、国防和科学研究等领域。RFID 应用系统一般包括 RFID 读写器和 RFID 标签。

3. 条码、二维码

（1）条码　条码是将宽度不等的若干黑条和空白按照一定的编码规则排列，用以表达一组信息的图形标识符，如图 1-1 所示。

GDUT20210309C39
图 1-1　条码

条码一般只在水平方向表达信息，而在垂直方向不表达任何信息。常见的条码是由反射率相差很大的黑条（简称条）和白条（简称空）排成的平行线图案。条码具有可靠性强、效率高、成本低、易于制作、构造简单和灵活实用等优点，广泛应用于工业、农业、国防和科学研究等领域。常用的条码有 EAN 码、39 码、交叉 25 码、UPC 码、128 码、93 码、ISBN 码等。

（2）二维码　二维码是将若干黑块和白块按照一定的编码规则排列，用以表达一组信息的图形标识符。二维码能够同时在水平方向和垂直方向的二维空间中表达信息，具有编码密度高、信息容量大和编码范围广等优点，广泛应用于工业、农业、国防和科学研究等领域。

常用的二维码有堆叠式二维码和矩阵式二维码。

1）堆叠式二维码。堆叠式二维码又称堆积式二维码、行排式二维码、层排式二维码，是由两行或两行以上的一维码堆积而成的图形标识符，主要有 Code 16K、Code 49、PDF417 等。图 1-2 所示是 PDF417 码。

图 1-2　PDF417 码

2）矩阵式二维码。矩阵式二维码又称棋盘式二维码，是在一个矩形空间中通过黑、白像素在矩阵中的不同分布进行编码的图形标识符。在矩阵相应元素位置上，点（方点、圆点或其他形状）出现表示二进制"1"，点不出现表示二进制的"0"，点的排列组合确定了矩阵式二维码所代表的意义。矩阵式二维码主要有数据矩阵（Data Matrix）、Code One、Maxi Code、QR Code 等。图 1-3 所示是 QR Code 码。

4. 电荷耦合元件

电荷耦合元件是一种能够把光学影像转化为电信号的半导体器件。CCD 具有体积小、重量轻、分辨率高、灵敏度高、精度高、

图 1-3　QR Code 码

动态范围宽、光谱响应范围宽、工作电压低、功耗小、寿命长、抗震性和抗冲击性好、不受电磁场干扰和可靠性高等特点，广泛应用于摄像、图像采集、工业测量和视频监控等领域。

5. 定位系统

（1）全球定位系统　全球定位系统（Global Positioning System，GPS）是由美国国防部的陆海空三军在20世纪70年代联合研制的卫星导航系统。GPS由空间部分、地面控制系统和用户设备部分3部分组成。GPS的空间部分由均匀分布在6个轨道面上的24颗卫星组成，保证在全球任何地方、任何时间都可观测到4颗以上的卫星。GPS的地面控制系统由监测站、主控制站和地面天线组成，负责收集由卫星传回的信息，并计算卫星星历、相对距离和大气校正等数据。GPS的用户设备部分，即GPS信号接收机，用于接收卫星信号，计算信号接收机所在位置的经纬度、高度、速度和时间等。GPS具有全能性（无论是在陆地上、海洋上，还是在航空航天中，都可以利用GPS定位导航）、全球性、全天候、连续性和实时性的导航定位和定时的功能，能为各类用户提供精密的三维坐标速度和时间。GPS广泛应用于交通出行、应急救援、环境保护、公共安全、科学研究和国防军事等领域。

（2）北斗卫星导航系统　北斗卫星导航系统是我国自行研制的全球卫星导航系统。北斗卫星导航系统由空间段、地面段和用户段3部分组成，可在全球范围内全天候、全天时为各类用户提供高精度、高可靠的定位、导航和授时服务，并具有短报文通信功能。

（3）格洛纳斯导航卫星系统　格洛纳斯（GLONASS）导航卫星系统是目前由俄罗斯国防部控制的第二代军用卫星导航系统。该系统由苏联启动，俄罗斯完成开发。格洛纳斯导航卫星系统由GLONASS星座、地面支持系统和用户设备3部分组成，可为全球海陆空以及近地空间的用户提供全天候、高精度的三维位置、三维速度和时间信息。

（4）伽利略卫星导航系统　伽利略卫星导航系统（Galileo Satellite Navigation System）是由欧盟研制和建立的全球卫星导航定位系统。伽利略卫星导航系统由星座系统、地面控制系统和用户系统3部分组成。

（5）地理信息系统　地理信息系统（Geographic Information System，GIS）是一种在计算机硬件、软件和系统管理人员的支持下，对地球及近地空间中的有关地理数据进行获取、存储、更新、查询、分析和显示等的系统。地理信息系统广泛应用于交通出行、应急救援、环境保护、公共安全、科学研究和国防军事等领域。

1.2.2　网络技术

网络技术是指将地理位置不同的计算机及其外围设备、传感器、移动设备和数控设备等通过通信线路连接起来，在网络软件及通信协议的管理和协调下，实现资源共享和信息传递的一种通信技术。根据应用领域不同，网络技术涵盖了计算机网络、现场总线和蜂窝移动通信网络等。

1. 计算机网络

计算机网络是指将地理位置不同的具有独立功能的多台计算机及其外围设备，通过通信线路连接起来，在网络操作系统、网络管理软件及网络通信协议的管理和协调下，实现资源共享和信息传递的网络系统。

根据传输距离的远近，计算机网络划分为个域网（Personal Area Network，PAN）、局域网（Local Area Network，LAN）、城域网（Metropolitan Area Network，MAN）和广域网（Wide Area Network，WAN）等类别。各类别的传输距离、覆盖范围和相关技术如表1-1

所示。

表 1-1 计算机网络分类

类别	传输距离	覆盖范围	相关技术
个域网	10m	10m 半径以内	蓝牙、红外线通信
局域网	10m ~ 1km	房间、建筑物、企业、小区、校园	以太网、蓝牙、WiFi、ZigBee
城域网	10km	城市	WiMAX
广域网	100 ~ 1000km	国家、洲	异步传输模式、帧中继、同步数字体系

根据开放程度,计算机网络分为开放式网络和封闭式网络(即专用网络)。例如基于传输控制/网际协议(Transmission Control Protocol/Internet Protocol,TCP/IP)协议族开放标准的因特网就属于开放式网络,而封闭式网络的应用受到权限和合约条件(如费用)的限制。

依据拓扑结构,计算机网络分为总线型网络、环形网络、星形网络和网状网络,如图 1-4 所示。

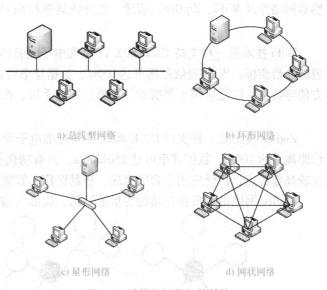

2. 现场总线

现场总线是一种应用于生产现场,在现场设备之间、现场设备与控制装置之间实行双向、串行和多结点通信的网络系统。现场总线广泛应用于工业、农业、交通和电力等领域的自动化系统中。常用的现场总线有基金会现场总线(Foudation Fieldbus,FF)、过程现场总线(Process Field Bus,PROFIBUS)、控制器局域网(Control Area Network,CAN)、HART(Highway Addressable Remote Transduer)、LonWorks、DeviceNet、控制与通信链路系统(Control and Communication Link,CC-Link)、INTERBUS 和 WorldFIP 等。现场总线组网如图 1-5 所示。

a) 总线型网络   b) 环形网络
c) 星形网络   d) 网状网络
图 1-4 计算机网络拓扑结构

3. 蜂窝移动通信网络

蜂窝移动通信(Cellular Mobile Communication)网络在不引起混淆时简称为移动通信网络,是一种采用蜂窝无线组网方式,把终端和网络设备通过无线通道连接起来,实现用户在移动中进行通信的网络。移动通信网络具有终端移动、越区切换和跨本地网漫游等特点,包括 2G、3G、4G 和 5G 等网络。

1.2.3 无线传感器网络技术

无线传感器网络(Wireless Sensor Network,WSN)是一种由若干传感器、无线通信网络组成的,实现协同感知、采集、处理被感知对象的信息并发送给观察者的网络系统。无线传

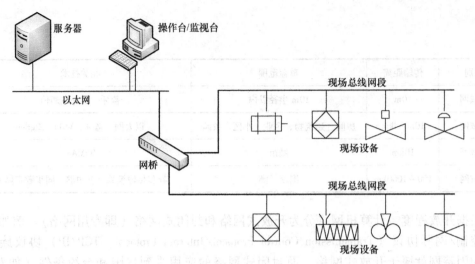

图 1-5　现场总线组网

感器网络涉及 WiFi、ZigBee、蓝牙、红外线通信和 6LoWPAN 等技术。

1. WiFi 技术

WiFi 技术是一种支持 IEEE 802.11 标准电子设备的无线局域网通信技术，也是 Wi-Fi 联盟的注册商标。WiFi 通信距离可达 100m、数据速率可达 300Mbit/s，具有建网成本低、使用方便等特点，广泛应用于便携式计算机、智能手机、投影仪和空调等设备的通信。

2. ZigBee 技术

ZigBee 技术是一种支持 IEEE 802.15.4 标准电子设备的无线局域网通信技术。ZigBee 通信距离可达 100m、数据速率可达 250kbit/s，具有功耗低、成本低、时延短、可靠性和安全性较高等特点，广泛应用于智能家居、智慧医疗、智能楼宇和智能制造等领域。

ZigBee 网络的典型拓扑结构为星形结构、树形结构和网状结构，如图 1-6 所示。

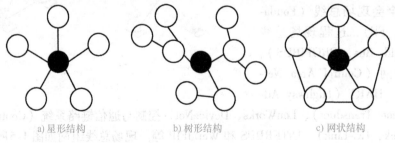

a) 星形结构　　　　　b) 树形结构　　　　　c) 网状结构

图 1-6　ZigBee 网络拓扑结构

3. 蓝牙技术

蓝牙（Bluetooth）技术是一种支持蓝牙标准电子设备的短距离通信技术。IEEE 曾将蓝牙标准列为 IEEE 802.15.1，但现在已不再维持该标准。蓝牙通信距离可达 10m、数据速率可达 1Mbit/s，具有抗干扰能力较强、体积小、功耗低和成本低等特点，广泛应用于移动电话、无线耳机、笔记本计算机、耳机和音响等设备的通信。蓝牙组网如图 1-7 所示。

4. 红外线通信技术

红外线通信（Infrared Communication）技术是一种支持红外线通信标准电子设备的短距离通信技术。红外线通信技术的通信距离可达 3m、数据速率可达 16Mbit/s，具有容量大、

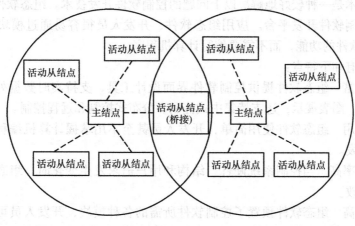

图 1-7　蓝牙组网

抗干扰能力较强、保密性较强、体积小、重量轻、功耗低和成本低等特点，广泛应用于室内通信和近距离遥控。

5. 6LoWPAN

6LoWPAN（IPv6 over Low Power Wireless Personal Area Network）是一种基于 IPv6（Internet Protocol Version 6，互联网协议第 6 版）的低速无线个域网标准，即 IPv6 over IEEE 802.15.4，是一种短距离、低速率和低功耗的无线通信技术。6LoWPAN 的通信距离可达100m、数据速率低于 250kbit/s，具有普及性、适用性、更多的地址空间、支持无状态自动地址配置、易接入和易开发等特点，广泛应用于智能家居、智慧医疗、智能楼宇和智能制造等领域。

1.2.4　物联网控制技术

物联网控制技术是一种面向物联网系统的控制技术，如嵌入式控制技术、网络控制技术和组态软件技术。

1. 嵌入式控制技术

嵌入式控制技术是一种基于嵌入式系统对被控对象进行控制的技术。嵌入式控制系统是一种基于嵌入式控制技术的控制系统。它可以嵌入许多设备或系统中，以实现对设备或系统的控制。嵌入式控制技术广泛应用于生产过程控制、农业自动化系统控制、消费电子产品控制、交通系统控制和军事装备控制等领域。

2. 网络控制技术

网络控制技术是一种控制信号与被控对象的状态反馈信号通过网络进行传输的控制技术，是计算机网络技术在控制领域的延伸和应用。网络控制系统是一种基于网络控制技术的控制系统，其网络类型可以是局域网或广域网，也可以是有线网络或无线网络，控制设备可来自不同厂商，传感器可具有不同类型。网络控制技术广泛应用于工业自动化、农业自动化、商业自动化、交通自动化、军事自动化和家庭自动化等领域。

3. 组态软件技术

在组态软件出现之前，对于传统控制软件开发，一般需要编写计算机程序来实现软件功能。编写计算机程序往往存在工作量大、工期长、成本高和可靠性低等问题。

组态软件技术是一种较好地解决以上问题的控制软件开发技术。组态软件是一种基于组态软件技术的控制软件开发平台。应用组态软件，开发人员很容易通过模块组合（即"组态"）实现控制软件的功能，而不需要编写计算机程序。

组态软件具有如下特点：

（1）功能丰富 组态软件提供控制软件界面设计工具，支持实时数据处理、历史数据管理、动画展示、图表展示，还支持集中式控制、分布式控制和远程控制。

（2）易学易用 组态软件使用简单，开发人员甚至不用掌握计算机编程语言就能完成复杂控制软件开发。

（3）开发效率高 当控制系统硬件、结构和用户需求发生变化时，组态软件很容易完成控制软件的修改。

（4）可靠性高 组态软件预置了控制软件所需的各种模块，开发人员可根据实际情况通过组装模块的方式完成控制软件开发，极大地提高了控制软件的可靠性。

（5）开放性好 组态软件支持接入多种可编程逻辑控制器（Programmable Logic Controller，PLC）、智能仪表、板卡和变频器等设备，支持接入多种数据库，支持多种通信协议。

1.2.5 物联网安全技术

物联网安全技术是保障物联网系统开发、运行与维护的安全技术，主要包括物联网系统的软硬件子系统安全技术和物联网信息安全技术。物联网信息安全技术包括数据保密技术、认证技术、入侵检测技术、容侵技术、容错技术、容灾技术和访问控制技术。

1. 数据保密技术

数据保密技术是采用数学或物理手段，对在传输过程中和存储体内的数据进行保护以防止泄露的技术，包括对称加密算法、非对称加密算法和哈希加密算法。

（1）对称加密算法 对称加密算法是一种加密密钥和解密密钥相同的加密算法。其特点是算法公开、计算量小、加密速度快和加密效率高。常见的对称加密算法有数据加密标准（Data Encryption Standard，DES）、3DES（Triple DES，三重 DES）、高级加密标准（Advanced Encryption Standard，AES）和 RC5 等。

（2）非对称加密算法 非对称加密算法是一种加密密钥和解密密钥不同的加密算法。非对称加密算法需要一对密钥：公钥和私钥。如果用公钥对数据进行加密，就只能用对应的私钥解密。其工作过程：甲方生成一对密钥（公钥和私钥）并将公钥向其他方公开，乙方使用公钥对机密信息进行加密后发送给甲方，甲方用私钥对加密后的信息进行解密。非对称加密算法的特点是安全性高，但计算量大、加密速度慢。常见的非对称加密算法有 RSA（Rivest-Shamir-Adleman）算法和椭圆曲线加密（Elliptic Curve Cryptography，ECC）算法等。

（3）哈希加密算法 哈希（Hash）加密算法是一种利用某种单向哈希函数进行加密的算法。哈希加密算法是一种单向算法，其特点是：用户可以通过哈希加密算法对目标信息生成一段特定长度的唯一哈希值，却不能通过这个哈希值重新获得目标信息。哈希加密算法常用于消息签名、消息完成性检测和消息非否认检测等。常见的哈希加密算法有 MD5（Message Digest Algorithm 5，消息摘要算法 5）、SHA-1（Secure Hash Algorithm-1，安全哈希算法-1）。

2. 认证技术

认证是一个实体用一种可靠的方式验证另一个实体某种属性的过程。认证技术主要有身份认证、消息认证和数字签名认证。

（1）身份认证 身份认证又称身份验证、身份鉴别，是指通过一定的手段确认用户的身份，即确认该用户是否具有对某种资源的访问和使用权限，以保障合法用户的利益，防止攻击者假冒合法用户获得资源的访问权限。

（2）消息认证 消息认证是指验证消息的完整性。它包含两层含义：一是验证信息的发送者是真正的而不是冒充的，即信息起源认证；二是验证信息在传送过程中未被篡改、重发或延迟等。消息认证主要防止信息被篡改，而不能防止信息被窃取。

（3）数字签名认证 数字签名认证是一种通过在原数据上附加一些数据或对原数据进行密码变换以电子形式对原数据进行签名的技术。一套数字签名方案通常同时定义两个运算，一个用于签名，另一个用于验证。数字签名有两个作用：一是能保证消息的完整性；二是防止抵赖发生，确认消息确实是由发送方发出的。

3. 入侵检测技术

入侵检测通过收集和分析网络行为、安全日志、审计数据和关键结点信息等，检查物联网系统是否存在违反安全的行为和被攻击的迹象。入侵检测技术作为一种主动的安全保护技术，提供对内部攻击、外部攻击和误操作的实时防御，在物联网系统受到危害之前进行入侵响应或拦截。入侵检测技术主要有特征检测和异常检测两种技术。

（1）特征检测 特征检测假定入侵行为可以用一种模式来表示，通过检测被检行为是否符合某个入侵模式来判断该被检行为是否属于入侵行为。特征检测只能把基于已知入侵模式的入侵行为检测出来，而不能检测基于未知入侵模式的入侵行为。

（2）异常检测 异常检测建立正常行为特征库，并假定入侵行为与正常行为的特征不同。异常检测比较被检行为与正常行为，若两者的特征偏差较大，则认为该被检行为属于入侵行为。由于不需要对每种入侵行为进行描述，所以异常检测能有效检测未知的入侵、漏报率低，但误报率高。

4. 容侵技术

容侵技术是指物联网系统在遭受入侵时仍能够提供全部或部分服务的技术。

5. 容错技术

容错技术是指物联网系统出现故障时能够自行恢复并提供全部或部分服务的技术。

6. 容灾技术

容灾技术是指物联网系统在遭受火灾、洪灾和震灾等灾害时仍能够提供全部或部分服务的技术。

7. 访问控制技术

访问控制技术是指对用户合法使用资源的认证和控制的技术。这里，资源包括目录、文件、数据项等信息资源，以及服务器、硬盘、打印机等设备资源。访问控制技术主要是为了保证合法用户按权限访问受保护资源，拒绝非法用户访问或合法用户越权访问受保护资源。

访问控制有3个要素：访问主体、访问客体和访问策略。访问主体是指发出访问请求的发起者，访问客体是指被主体调用的资源，访问策略是指用来判定一个访问主体对所要访问的资源（客体）是否被允许的规则。

访问控制技术主要有3种模式：自主访问控制（Discretionary Access Control，DAC）、强制访问控制（Mandatory Access Control，MAC）和基于角色的访问控制（Role-Based Access Control，RBAC）。

（1）自主访问控制　自主访问控制是一种主体能够对访问权限进行自主设置的访问控制技术，即主体能够赋予其他主体访问权限，也可以收回访问权限。

（2）强制访问控制　强制访问控制是一种强制主体服从预设访问策略的访问控制技术。强制访问控制将每个用户和文件等资源赋予一定的安全级别，只有系统管理员才能确定用户和组的访问权限，用户不能改变自身和任何客体的安全级别。

（3）基于角色的访问控制　基于角色的访问控制是一种对角色进行控制的访问控制技术。RBAC 将权限与角色相关联，用户通过成为某角色的成员而得到该角色的权限。在 RBAC 中，一个用户可以是多个角色的成员，一个角色可以有多个权限。RBAC 降低了权限管理的复杂度，提高了权限管理的灵活性。

1.3　物联网系统

1.3.1　物联网系统的概念

物联网系统是一种基于物联网技术的系统，如智能家居系统、智能停车场系统、无人驾驶汽车、智能仓储系统、无人售货系统。

本书为简明起见，将要开发的物联网系统称为物联网系统或系统。根据语境，读者不难理解。

1.3.2　物联网系统的体系结构

物联网系统由支持该系统开发、使用与运行维护的硬件、软件和人员组成。简而言之，物联网系统由硬件、软件和人员组成。

物联网系统的体系结构如图 1-8 所示。

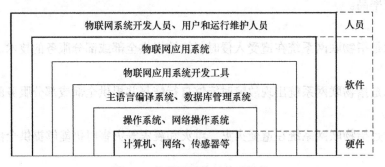

图 1-8　物联网系统的体系结构

1. 硬件子系统

物联网系统是在其硬件的支持下运行的。构成物联网系统的硬件称为物联网系统的硬件子系统，在不引起混淆时简称为物联网硬件子系统、硬件子系统或硬件系统。

硬件子系统也就是系统感知层、网络层和应用层中各种设备的硬件部分。这里，感知层设备包括温度传感器与湿度传感器等传统传感器、RFID 读写器和 RFID 标签、条码与二维码扫描器、电荷耦合器件、GPS 与北斗等定位系统、智能手机与可穿戴设备等嵌入式系统，用于数据采集；网络层设备包括交换机、路由器和中继器，用于数据传输和数据共享；应用层设备包括个人计算机及其外围设备（如服务器、显示器、打印机和扫描仪等），还包括数控机床、机器人、无人驾驶汽车等各种基于物联网技术的设备，用于满足某些应用需求。

为了保证物联网系统正常运行，必须保证有足够的计算能力、通信能力和存储能力。

需要说明的是，很多物联网系统的硬件子系统是由机械系统、强电系统、弱电系统等构成的。例如，数控加工中心、数字化水力发电系统、数字化变电站系统、高速铁路系统和地铁系统等都属于物联网系统，它们都包含机械系统、强电系统和弱电系统。

相关概念简单介绍如下：

（1）机械系统　机械系统是机电一体化物联网系统的重要组成部分，主要用于执行机构、传动机构和支承部件，以完成规定的动作，传递运动和信息，支承连接相关部件等。如数控机床、智能洗衣机、智能冰箱和智能空调都是包含机械系统的物联网系统。机械系统一般包括动力系统、执行系统、传动系统、支承系统、控制系统和润滑系统。机械系统零部件之间的关系包括传动关系、支承关系和连接关系；零部件之间的关系还可以更具体，如连接关系包括螺纹连接、焊接、齿轮连接、销轴连接和键槽连接。

（2）强电系统　强电是指用于动力能源的电，其特点是电压高、电流大、功率大和频率低，如 220V 的照明用电、380V 的动力用电、500kV 的输变电。强电系统就是供应和使用强电的系统。例如，家用照明灯具、电热水器、取暖器、冰箱、电视机、空调和音响设备等用电器和开关柜构成一个强电系统。

（3）弱电系统　弱电的特点是电压低、电流小、功率小和频率高。弱电主要有两类：一类是国家规定的安全电压等级及控制电压等级中的低电压电能（交流 36V 以下、直流 24V 以下），如 24V 直流控制电源、应急照明灯备用电源；另一类是载有文字、图形、图像、音频和视频等信息的信息源，如电话、电视和计算机中的信息。弱电系统就是供应和使用弱电的系统，如计算机网络系统、有线电视系统、有线电话系统、门禁系统、视频监控系统、防盗报警系统、自动抄表系统、地铁出入口控制系统、停车场出入口控制系统。

机械系统、强电系统分别涉及机械工程、电气工程等专业的知识。限于篇幅，本书不进行深入讨论，感兴趣的读者可查阅相关专业书籍。

除非特别声明，本书所述的硬件子系统是指弱电系统。

2. 软件子系统

物联网系统是在其软件的支持下运行的。构成物联网系统的软件称为物联网系统的软件子系统，在不引起混淆时简称为物联网软件子系统、软件子系统或软件系统。

软件子系统包括操作系统、主语言编译系统、数据库管理系统（Database Management System，DBMS）、物联网应用系统开发工具和物联网应用系统。

（1）操作系统　操作系统是一种基础性系统软件，是整个计算机系统的核心，负责合理有效地组织、协调、控制和维护计算机系统的各种软件和硬件资源，控制应用程序运行并为其开发、运行与管理提供支持，提供方便、有效和友好的用户界面。常见的操作系统有DOS、Windows、UNIX、Linux、Android 和 iOS，国产操作系统有统信 UOS、鸿蒙系统（HarmonyOS）、银河麒麟操作系统和深度操作系统。

（2）主语言编译系统　主语言用于开发物联网应用系统，主要负责控制程序流程、人机接口、软件-硬件接口、与其他应用系统的接口，提供复杂的数据处理和数据展现功能。常见的主语言有 Java、C/C++、Delphi、C#、Python、Objective-C、Swift 和 PHP。主语言编译器是主语言的核心，它负责把用主语言所编写的应用程序源代码翻译为计算机能解读和运行的机器语言程序。

在开发物联网应用系统时，有时会同时用到多种主语言。例如，用 C 语言开发设备驱动程序，用 Java 开发客户端程序。

（3）数据库管理系统　物联网应用系统常常使用数据库管理系统来管理其所采集的数据。常用的数据库管理系统有 Microsoft SQL Server、MySQL、MariaDB、MongoDB、SQLite、PostgreSQL、Oracle、Sybase、DB2、Informix、Access 和 Visual Foxpro。

（4）物联网应用系统开发工具　物联网应用系统开发工具是辅助开发人员和用户开发应用系统的工具性软件，包括软件系统的需求分析工具、设计工具、测试工具、集成开发环境等。常见的物联网应用系统开发工具有 IntelliJ IDEA、Eclipse、Visual Studio、Qt、Android Studio、Xcode、Rational Software Architect。

（5）物联网应用系统　物联网应用系统是一种基于物联网的计算机软件系统，它是包括应用程序、数据以及与该系统的开发、维护和使用有关的文档的完整集合。

3. 物联网系统的人员

物联网系统的人员是指系统开发人员、运行维护人员和用户。

（1）系统开发人员　物联网系统开发人员包括项目经理（或者项目负责人）、系统分析师、软件工程师和硬件工程师。项目经理负责整个项目的开发管理，系统分析师负责系统需求分析，软件工程师负责软件子系统开发，硬件工程师负责硬件子系统开发。

（2）运行维护人员　物联网系统运行维护人员负责系统的运行管理与维护。

（3）用户　此处的用户是指最终用户。物联网系统的用户通过用户接口使用系统。常用的用户接口方式有按钮、旋钮、键盘、鼠标和触摸屏等硬件接口，以及菜单、图标、窗口、图形、对话框和表单等软件接口。

1.3.3　物联网系统的功能

从系统功能上看，物联网系统由感知层、网络层和应用层等组成。物联网系统的功能如图 1-9 所示。

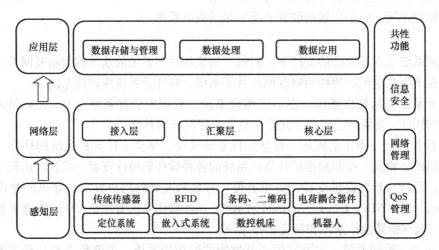

图 1-9　物联网系统的功能

1. 感知层

感知层位于物联网系统的最底层，其主要任务是利用基于物联网感知技术的芯片、模块、仪器、装置与设备等获取信息并转换为数字化信息或者数据。基于物联网感知技术的芯片、模块、仪器、装置与设备很多，如温度传感器与湿度传感器等传统传感器、RFID 读写器和 RFID 标签、条码与二维码等。

2. 网络层

网络层位于物联网系统的中间层，其主要任务是利用无线传感器网络、现场总线、互联网和移动通信网等通信技术，将感知层获取的信息及时、可靠和安全地传输到应用层。

网络层又分为接入层、汇聚层和核心层。接入层通过各种接入技术连接到感知层的芯片、模块、仪器、装置与设备；汇聚层是网络接入层和核心层的桥梁，它将感知层获取的信息在传送到核心层前进行汇聚，以减轻核心层的负荷；核心层是整个网络层的核心，它为物联网系统提供高速、可靠、安全和高质量的数据传输环境。

3. 应用层

应用层位于物联网系统的最顶层，其主要任务是数据存储与管理、数据处理与数据应用。应用层对感知层获取的数据进行计算、处理和挖掘，实现对物联网系统的决策、控制与管理，为有关方面提供各种增值服务。

随着物联网系统采集的数据越来越多，以及大数据技术与产业的发展，可将应用层中的数据存储与管理功能分离出来，成立一个数据存储层。

同时，随着物联网技术和应用的发展，物联网系统的功能也在逐步扩展和完善。

1.4　物联网系统开发模型

1.4.1　生存期模型

物联网系统同世间万物一样，经历着孕育、诞生、成长、成熟和衰亡的生存过程，这一过程称为物联网系统的生存期。

物联网系统的生存期模型是从系统的需求定义开始至系统经使用后废止为止，是跨越整个生存期的系统开发、运行与维护的相关事务管理的一种模式。基于生存期的物联网系统开发模型有瀑布模型、演化模型、螺旋模型、喷泉模型和智能模型等，其中瀑布模型最为著名。

瀑布模型把物联网系统生存期划分为规划、需求分析、设计、实现、测试、运行与维护 6 个阶段，并且规定了它们自上而下、相互衔接的次序，如同瀑布流水、逐级下落，如图 1-10 所示。

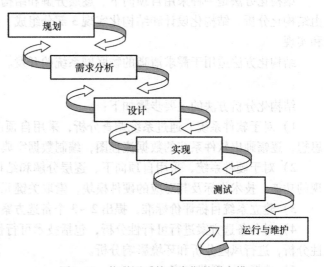

1. 规划阶段

物联网系统的规划阶段主要有两个任务。

第一个任务是确定系统的总目标和限制条件。分析现存系统的工作流程、费用、人员、设备、存在的问题等；提出多个解决方案，对所提出的各方案进行可行性分析，

图 1-10　物联网系统生存期的瀑布模型

包括技术可行性分析、经济可行性分析和社会可行性分析，分析所提出方案的优点和缺点，提出决策建议，撰写可行性研究报告。

第二个任务是制订项目计划。确定项目开工时间与交付时间、制订进度计划，包括资金、人力资源、设备与软件资源使用计划。项目计划一般是可行性研究报告的一部分。

可行性研究报告是项目是否立项的重要文件。如果项目获得立项，那么它还是后续工作展开的重要依据。

2. 需求分析阶段

物联网系统需求分析是整个系统开发工作的重要基础，其目的是清晰、准确和详细地描述系统的各种需求。其内容包括物联网系统的目标分析、结构分析、功能分析、流程分析、数据分析、安全分析、环境分析和性能分析。

3. 设计阶段

物联网系统设计是在系统需求分析的基础上建立设计模型，给出需求的实现方案。从工作阶段上看，物联网系统设计由总体设计和详细设计两部分组成。从系统构成上看，物联网系统设计由硬件系统设计和软件系统设计两部分组成。

4. 实现阶段

物联网系统实现是将硬件系统设计转换为实体，将软件系统设计转换成计算机程序代码。其内容包括硬件系统实现和软件系统实现。

5. 测试阶段

物联网系统测试是为了发现系统的错误和缺陷而运行系统，或者利用测试工具、试验装置等测试系统的过程。其内容包括硬件系统测试、软件系统测试和联合测试。

6. 运行与维护阶段

物联网系统维护是指为了保证系统正常运行，维护人员进行的排除故障和错误、修改完善、维修保养、升级改造等一系列活动的统称。其内容包括硬件系统维护和软件系统维护。

1.4.2 结构化方法

结构化方法是一种采用自顶向下、逐层分解和结构化、模块化思想的系统开发方法。它由结构化分析、结构化设计和结构化实现3部分组成，分别用于物联网系统需求分析、设计和实现。

结构化方法适用于需求清晰的物联网系统的开发。

1. 结构化分析方法

结构化分析方法的主要步骤如下：

1）对于软件系统，通过系统调查分析，采用自顶向下、逐层分解和结构化、模块化的思想，逐幅画出软件系统的数据流程图，编制数据字典。

2）对于硬件系统，采用自顶向下、逐层分解和结构化、模块化的思想，分析硬件要实现的功能、技术指标及其对应的硬件模块，索取关键元器件的样品。

3）建立系统目标评价标准，提出2~3个备选方案。

4）对各备选方案进行可行性分析，包括技术可行性分析、经济可行性分析、社会可行性分析，进行风险分析和环境影响分析。

5）选择一个最优方案。

6）撰写需求规格说明书。

2．结构化设计方法

结构化设计方法的主要步骤如下：

（1）对于硬件系统

1）进行硬件系统结构设计与优化。

2）确定硬件系统采用的接口、协议和标准。

3）进行硬件系统详细设计。

4）制订硬件系统的测试计划。

（2）对于软件系统

1）进行软件系统结构设计与优化。

2）进行数据设计、存储方式设计、接口设计、安全设计、可靠性设计等。

3）进行软件系统详细设计。

4）制订软件系统的测试计划。

3．结构化实现方法

对于硬件系统，结构化实现方法根据硬件系统设计方案进行硬件模块生产加工、自底向上集成与装配、调试。

对于软件系统，结构化实现方法主要使用顺序语句（如赋值语句、函数调用语句）、选择语句（如条件语句、多路分支语句）、循环语句（如 while 循环语句、for 循环语句）3 种基本控制结构编写程序。结构化实现保证了程序的易读和易维护。

1.4.3　原型化方法

1．原型化方法的原理

结构化方法虽然严密，但用户必须经过系统调查、系统分析、系统设计和系统实现等长时间系统开发过程的等待，才能看到系统运行效果。因此，有些用户认为，长时间等待才能看到系统运行效果，风险比较大。为了降低这种风险，原型化方法应运而生。

原型，全称为原型系统，是一个可以实际运行的系统，具有最终系统的基本特征。

原型化方法，简称原型法，是一种常见的系统开发方法。其思想是：在系统开发之初，由系统开发人员与用户共同确定系统的需求，在强有力的系统开发工具的支持下，短时间内开发出满足用户需求的原型；然后，系统开发人员与用户一起对原型进行评价、修改，得到新的原型；重复这个过程，直至形成最终原型，即实际系统。

2．原型化方法的特征

原型化方法具有如下特征：

1）不要求在系统开发之初就完全掌握系统的所有需求。

2）必须拥有快速的原型开发工具。

3）原型需要反复修改。

原型化方法适用于用户需求不明确或不稳定、系统规模小且不太复杂、有较好借鉴经验等系统的开发，不适用于规模大和结构复杂等系统的开发。

3．原型化方法的步骤

原型化方法的步骤如图 1-11 所示。

1）用户提出系统基本需求。

2）确定系统基本需求。系统开发人员通过识别、归纳和整理用户提出的系统基本要求，确定系统基本需求。

3）创建原型。系统开发人员开发满足系统基本需求的系统，得到系统的初始原型。

4）运行、评价原型。获得原型后，就要立即投入运行，开发人员和用户要对原型的效果进行评价；如果原型满意，则转步骤6）；如果原型不满意，则转步骤5）；如果原型不可行，则返回到前面某个合适的步骤。

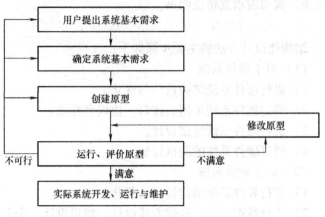

图 1-11　原型化方法的步骤

5）修改原型。对不满意的地方进行修改、完善，直至得到满意的原型。

6）实际系统开发、运行与维护。补充、完善原型开发过程所省略的所有细节内容，包括补充、完善系统分析、系统设计和系统测试文档，形成实际系统。

1.5　物联网技术的发展历程与趋势

1.5.1　发展历程

1969 年，美国国防部高级研究计划管理局（Advanced Research Projects Agency，ARPA）开始建立一个名称为 ARPAnet 的网络。ARPAnet 技术奠定了互联网基础。

1982 年，卡内基梅隆大学的程序员将一台可口可乐自动售卖机连接到互联网上，人们可在购买之前检查机器是否有冷饮。这可能是最早的物联网设备之一。

1990 年，John Romkey 将烤面包机连接到互联网上，并成功地打开和关闭了它。这是一款可以在线控制的物联网设备。

1993 年，剑桥大学开发了一种每分钟拍摄 3 次咖啡机照片的系统，人们可以通过网络查看咖啡是否煮好。这是世界上第一个网络摄像头。

1995 年，美国完成 GPS 卫星计划的第一个版本，GPS 可以为物联网设备提供位置信息。

1999 年，我国启动传感网的研究和开发。

1999 年，麻省理工学院自动识别中心（MIT Auto-ID Center）提出物联网（Internet of Things）的概念。

2005 年，在突尼斯举行的信息社会世界峰会论坛（World Summit on the Information Society Forum，WSIS）上，国际电信联盟（International Telecommunication Union，ITU）在年度报告中对物联网的概念进行了扩展，发布了《ITU 互联网报告 2005：物联网》，正式提出了"物联网"的概念。

2007 年，智能手机出现，它提供了人与物品互联和交互的全新体验。

2008 年，第一届国际物联网大会在瑞士苏黎世举行。

2009 年 1 月 28 日，美国工商业领袖举行了一次圆桌会议，IBM 首席执行官彭明盛首次提出"智慧地球"的概念。

2009 年，欧盟委员会提出"欧盟物联网行动计划"。

2009 年 7 月，日本 IT 战略本部发表了"i-Japan 战略 2015"，提出重点发展汽车远程控制、车与车之间的通信、车与路边的通信、老年人与儿童监护、环境监测、远程医疗、远程教学和远程办公等物联网应用。

2013 年，谷歌眼镜发布，这是物联网和可穿戴技术的重要进步。

2014 年，亚马逊发布了智能扬声器。

2016 年，百度、特斯拉等测试自动驾驶汽车。

2018 年，自动驾驶技术不断改进，区块链和人工智能逐步融入物联网平台。

2019 年，智能手机、可穿戴设备越来越普及，5G 已经开始商用。

2021 年，物联网系统开发越来越容易，成本越来越低，应用越来越广泛。

1.5.2　发展趋势

1. 物联网无处不在

物联网在互联网中的任何人在任何时候、任何地点可以互联的基础上，又扩展到了任何人、任意物品可以互联。

物联网应用将深入到人们日常生活的每一个角落，深入到人们生产与流通活动的每一个环节，深入到工业、农业、国防和科学技术等的每一个领域。

2. 物联网与移动网趋向融合

随着 5G 技术及其应用的不断发展，5G 将与无线传感器网络深度融合，由此带动产业技术和国民经济的新发展。

3. 物联网应用越来越广泛

物联网产业规模越来越大，物联网设备越来越多，物联网应用越来越广泛。

4. 物联网、大数据与人工智能等技术共同引领新一轮技术革命

物联网技术和传感器等技术结合，为各种应用系统源源不断地提供各种数据，为大数据技术提供重要支持。

物联网技术保证了机器与人、人与人、人与机器、机器与机器之间的高质量信息交流，推动了人工智能产品的广泛应用。

物联网、云计算、大数据、区块链和人工智能等技术共同引领新一轮技术革命，促进社会和经济的大变革。

1.6　物联网的应用领域

物联网广泛应用于工业、农业、国防、科技、能源、通信、交通、物流、环境、金融、教育、家居、城市管理、公共安全和医疗健康等诸多领域。重点应用领域有智能电网、智能交通、智能物流、智能家居、环境与安全检测、工业与自动化控制、医疗健康、精细农牧业、金融与服务业、国防军事。日常生活中常见的应用领域有智能电网、智能交通、智能物流、智能家居、智慧医疗和智慧农业。

1.6.1　智能电网

智能电网是一种以物理电网为基础，利用先进的计算机、物联网、大数据、电气工程、

自动化和人工智能等技术构建的安全、可靠、绿色、高效和经济运行的电力传输网络。广义上讲，智能电网包含了智能电网系统、智能电网技术。

智能电网涵盖了智能发电、智能储能、智能变电、智能配电、智能监测、智能控制、智能调度，以及智能家庭、智能工厂、智能大厦、智能小区、智慧城市等的各种智能用电设备的用电管理等方面。

智能电网是电网技术发展的必然趋势，是社会经济发展的必然选择，它极大地提升了电网的安全性、可靠性、经济性、服务质量和服务效率。

1.6.2 智能交通

智能交通系统是一种将先进的计算机、物联网、大数据、电气工程、自动化、人工智能等技术，以及系统论、控制论、决策论和运筹学等学科的知识有效地综合运用于交通管理、交通控制、交通服务和车辆制造等领域而构建的安全、舒适、高效、节能、环保及人车路和谐的综合交通运输管理系统。

智能交通系统包括交通信息服务、交通管理、公共交通、车辆控制、货运管理、电子收费和紧急救援等子系统。

智能交通包含了智能交通系统、智能交通技术。

智能交通不但带动了交通信息服务、物流运输、公共交通等传统产业的发展，还将带动无人驾驶汽车、车联网、智慧道路等新兴产业的发展。

1.6.3 智能物流

智能物流以物流为基础，将先进的计算机、物联网、大数据和人工智能等技术应用于物流运输、仓储、配送、包装和装卸等领域，实现物流自动化、智能化和最优化运作，提高物流业的服务效率、服务质量、经济效益和社会效益。

智能物流涵盖了物品识别、物品溯源、物品跟踪、物流监控和优化配送等方面。

智能物流包含了智能物流系统、智能物流技术。

智能物流产业前景广阔。

1.6.4 智能家居

智能家居系统是一种以住宅为基础，利用先进的计算机、物联网、自动化和人工智能等技术构建的安全、方便、舒适、高效、节能、环保的居住环境与家庭事务管理系统。

智能家居系统基于计算机、手机等，对通信网络、照明、冰箱、空调、音箱、电视、家庭影院、洗衣机、洗碗机、门禁、窗帘、视频监控、可视对讲、防盗、防火、防水、供电、供水、供气、环境监测、服务机器人、紧急求助等有关设备、设施和人员进行本地、远程、智能的监测与控制。

智能家居包含了智能家居系统、智能家居技术。

智能家居产业前景广阔。

1.6.5 智慧医疗

智慧医疗应用医学以及先进的计算机、物联网、自动化和人工智能等技术构建一种医疗健康服务平台，实现用户与医务人员、医疗健康机构、医疗健康设备之间的互动，为用户提供专业、便利和高效的医疗健康服务。

智慧医疗由智慧医院系统、区域卫生系统和家庭健康系统组成。

智慧医疗包含了智慧医疗系统、智慧医疗技术。

智慧医疗的应用前景非常广阔。

1.6.6 智慧农业

智慧农业应用农学以及先进的计算机、物联网、大数据、电气工程、自动化、人工智能等技术，为农业生产、农产品加工、流通与消费等提供高效、安全、便利、节能和环保的综合性服务。

智慧农业涵盖了农作物生长监测、环境监测、生长预测、管理决策、自动灌溉、自动降温、自动施肥、自动喷药和农产品溯源等方面。

智慧农业包含了智慧农业系统、智慧农业技术。

智慧农业广泛应用于农业生产、农产品加工、流通与消费等领域。

1.7 物联网应用相关技术

为了推动物联网的深层次应用，人们需要掌握的相关技术有云计算、大数据、区块链和人工智能等技术。这些技术和物联网等技术一起共同引领新一轮的技术革命。

1.7.1 云计算技术

1. 云计算的概念与特征

云计算（Cloud Computing）是通过建立集合网络、服务器、存储器、应用软件、数据和数据处理等计算服务的资源共享池，为用户提供一种快捷获取、按需使用及按使用量付费的资源服务模式。云计算具有以下特征。

（1）虚拟化 云计算突破时空界限，实现资源虚拟。

（2）动态可扩展 云计算通过动态增加资源实现功能扩展和效率提高。

（3）按需部署 云计算能根据用户需求配置各种资源。

（4）可靠性高 云计算采用虚拟化、动态可扩展等技术实现故障的快速处理。

（5）性价比高 云计算实现资源集中优化配置，用户能获得性价比高的云服务。

2. 云服务

云计算提供的服务，即云服务，有 3 种类型：基础设施即服务（Infrastructure-as-a-Service，IaaS）、平台即服务（Platform-as-a-Service，PaaS）和软件即服务（Software-as-a-Service，SaaS）。

IaaS 提供虚拟化计算资源，如虚拟机、存储、网络和操作系统。

PaaS 为开发人员提供软件系统开发、测试和管理平台。

SaaS 是指用户无须购买软件，而是通过互联网租用软件服务，如租用企业管理软件、文字处理软件、邮件管理系统。

3. 云计算的应用领域

云计算广泛应用于交通、物流、产品设计制造、电子商务、文化教育和医疗健康等领域。

物联网系统可以通过云计算进行数据存储、处理、分析和挖掘。

1.7.2 大数据技术

1. 大数据的概念与特征

大数据（Big Data）是指一种规模在获取、存储、管理和分析等方面大大超出了传统数据库系统处理能力的数据集合。大数据具有以下特征。

（1）体量大 大数据的体量巨大，一般以 PB（1 PB = 1024 TB）、EB（1 EB = 1024 PB）、ZB（1 ZB = 1024 EB）作为计量单位。

（2）类型多 大数据包括大量半结构化数据、非结构化数据，如视频、音频、图像、网页、邮件、博客、即时消息和日志。

（3）价值密度低 大数据虽然数据量大，但价值密度低。

（4）速度快 大数据产生、处理和分析的速度快。

2. 大数据的应用领域

大数据广泛应用于电力、交通、物流、制造、商务、金融、保险、公共安全、文化教育、医疗健康和国防军事等领域。

随着物联网的广泛应用，获取的信息越来越多，形成了体量巨大的复杂数据。

1.7.3 区块链技术

1. 区块链的概念与特征

区块链（Blockchain）是一种基于数学、密码学和计算机科学等的新技术，是一种应用分布式数据存储、点对点传输、共识机制和数据加密等技术的新型计算机应用模式，本质上是一个去中心化的数据库。区块链具有以下特征。

（1）去中心化 去中心化是区块链的本质特征，区块链没有管理中心。

（2）开放性 区块链的基础技术是开源的，且除交易各方的私有信息被加密外，区块链的其他数据对所有人和所有应用都是开放的。

（3）不可篡改与可追溯性 只要未掌控51%的数据结点就无法修改区块链数据，所有修改均可追溯。

（4）匿名性 除非有法定要求，在技术上，区块链各结点的身份信息无须公开，信息传递可以匿名。

（5）集体维护 采用基于协商一致的规范和协议、分布式存储方式，区块链各结点独立验证、传递和管理有关数据。

2. 区块链的核心技术

区块链的核心技术有分布式账本、非对称加密、共识机制和智能合约。

（1）分布式账本 区块链采用分布式交易记账方式，交易账本由分布在不同位置的多个结点共同完成，每个结点保存完整的账本。因此每个结点可监督交易，为交易作证。

（2）非对称加密 区块链上的数据是公开的，但是账户身份信息是加密的，从而保证了数据安全，保护了个人隐私。

（3）共识机制 共识机制就是所有记账结点达成某种共识，以认定记录的有效性，同时防止数据篡改。只有控制了51%以上的记账结点，才有可能伪造出一条不存在的记录。然而，若加入区块链的结点足够多，则数据造假基本不可能实现。

（4）智能合约　智能合约就是基于区块链上可信的不可篡改的数据，可以自动化地执行一些预先定义好的规则和条款。

3. 区块链的应用领域

区块链具有广阔的应用前景。几乎所有的物联网应用领域，如智能电网、智能交通、智能物流、智能家居、医疗健康、金融保险、公共管理，都可以找到区块链的应用。

应用区块链技术，可以对物联网系统所采集、传输和存储的数据进行管理，提高数据的安全性。

1.7.4　人工智能技术

1. 人工智能的概念

人工智能（Artificial Intelligence，AI）是计算机科学的一个分支，是一门研究、开发用于模拟、延伸和扩展人的智能的理论、方法、技术及应用系统的学科。人工智能本质上是对人的思维过程、信息处理与决策过程的模拟；属于自然科学、社会科学和技术科学的交叉学科，具体涉及哲学、认知科学、数学、神经生理学、心理学、计算机科学、信息论、控制论、不定性论和仿生学等学科；研究领域包括机器感知、知识表示、智能搜索、智能计算、数据挖掘与知识发现、机器学习、模式识别、自然语言处理、智能规划、智能系统、自动定理证明、机器博弈、神经网络、人工生命。

2. 人工智能的应用领域

人工智能的应用非常广泛，如机器视觉、智能搜索、数据挖掘与知识发现、指纹识别、人脸识别、虹膜识别、语音识别、图像识别、自然语言理解、智能规划、智能建模、智能优化、智能仿真、智能控制、智能辅助设计、智能辅助教学、智能制造、智能管理、智能决策、机器博弈、自动定理证明、自动程序设计、专家系统、机器人、分布式人工智能、智能计算机系统、智能操作系统、智能网络系统、人工神经网络、人工生命。

应用人工智能技术，可以实现物联网系统数据的智能采集、智能分析与智能管理，对系统进行智能决策和智能控制。

✎ 习　题

1. 什么是物联网？它有哪些特征？
2. 名词解释：温度传感器、湿度传感器、压力传感器、流量传感器、液位传感器、超声波传感器、气敏传感器、光敏传感器。
3. 什么是智能传感器？它有哪些特点？
4. 什么是射频识别技术？它有哪些优点？
5. 什么是条码？它有哪些优点？
6. 什么是二维码？它有哪些优点？
7. 什么是电荷耦合元件？它有哪些特点？
8. 什么是全球定位系统？
9. 什么是北斗卫星导航系统？
10. 什么是地理信息系统？
11. 什么是计算机网络？根据传输距离的远近，它有哪些类别？它有哪些拓扑结构？

12. 什么是现场总线？常用的现场总线有哪些？

13. 什么是蜂窝移动通信网络？

14. 什么是无线传感器网络？

15. 什么是 WiFi 技术？它有哪些特点？

16. 什么是 ZigBee 技术？它有哪些特点？

17. 什么是蓝牙技术？它有哪些特点？

18. 什么是红外线通信技术？它有哪些特点？

19. 什么是 6LoWPAN？它有哪些特点？

20. 什么是嵌入式控制技术？

21. 什么是网络控制技术？

22. 什么是组态软件？它有哪些特点？

23. 什么是数据保密技术？

24. 什么是对称加密算法？它有哪些特点？

25. 什么是非对称加密算法？它有哪些特点？

26. 什么是哈希加密算法？它有哪些特点？

27. 名词解释：身份认证、消息认证、数字签名认证、入侵检测、访问控制技术。

28. 什么是物联网系统？它由哪些部分组成？

29. 简述物联网硬件子系统。

30. 简述物联网软件子系统。

31. 简述物联网系统的人员。

32. 简述物联网系统的功能。

33. 什么是物联网系统的生存期模型？

34. 简述瀑布模型。

35. 什么是结构化方法？

36. 结构化分析方法的主要步骤有哪些？

37. 结构化设计方法的主要步骤有哪些？

38. 什么是原型化方法？它有哪些特征？

39. 原型化方法有哪些步骤？

40. 简述物联网技术的发展历程。

41. 简述物联网技术的发展趋势。

42. 什么是智能电网？其涵盖了哪些方面？

43. 什么是智能交通系统？它包含哪些子系统？

44. 什么是智能物流？其涵盖了哪些方面？

45. 什么是智能家居系统？

46. 什么是智慧医疗？

47. 什么是智慧农业？其涵盖了哪些方面？

48. 什么是云计算？它有哪些特征？

49. 什么是大数据？它有哪些特征？

50. 什么是区块链？它有哪些特征？

51. 什么是人工智能？

第2章
可行性研究

可行性研究是物联网系统开发项目的重要前期工作，是项目立项、项目任务书编制的主要依据。本章首先介绍可行性研究的概念、内容、原则、步骤与方法，以及可行性研究报告的内容；然后分别介绍如何进行技术可行性分析、经济可行性分析和社会可行性分析，以及如何进行风险分析、环境影响分析与防治措施研究。

2.1 概述

2.1.1 可行性研究的概念、内容、作用和人员

1. 可行性研究的概念

物联网系统开发项目可行性研究又称可行性分析，是在系统调查的基础上论证项目的技术可行性和经济合理性，供决策参考。可行性研究是基础设施建设、科学研究、商业投资、系统研究开发、技术研究开发、企业技术改造和重大改革等具有一定投资规模、一定影响力的项目在实施前必须进行的一项工作。

可行性研究的主要目的是避免决策失误，降低项目风险。在项目实施前就应对其有比较全面、深入的了解，包括了解项目的研究开发内容、研究方案、技术水平、项目期、人力与物力耗费等技术因素，以及投资规模、资金来源、预期效益等经济因素。

2. 可行性研究的内容

可行性研究的主要内容是，从技术、经济、社会等方面全面论证项目的必要性和可行性，分析项目的风险、环境影响及防治措施。

3. 可行性研究的作用

可行性研究的主要作用如下：

1）有利于提高决策的科学性，避免决策失误，降低项目风险。

2）项目立项和项目任务书编制的主要依据。

3）项目研究、设计和实现的主要依据。

4）项目验收的重要依据。

5）项目资金筹措和经费使用的依据。

6）项目设备采购与租赁、材料采购的依据。

7）项目承担单位与外单位签订各种合作协议、合同的重要依据。

8）项目向政府部门、管理机构等申请有关许可文件的重要依据。

4. 可行性研究人员

可行性研究一般由可行性研究小组完成。该小组人员应具备良好的项目管理、技术开发、财务分析、市场分析和环境分析等知识，具体构成由项目的规模和特点等决定。例如，如果项目规模不大，技术不太复杂，则财务人员和市场分析人员可采用兼职或临时聘请咨询专家等形式聘用；如果项目的规模较大，技术较复杂，则技术人员就应由不同专业的专家组成。

2.1.2 可行性研究的原则

为了保证工作质量，可行性研究应遵循以下原则。

1. 科学性原则

科学性原则是指用科学的态度和方法来进行项目论证和分析，体现在以下方面。

1）用科学的方法和认真的态度来收集、整理与分析原始资料，保证原始资料的真实可靠。

2）技术指标、经济指标和社会效益等的计算分析要有科学依据。

3）用系统工程的理论和方法指导可行性研究，坚持局部利益服从整体利益、当前利益服从长远利益的原则，为追求小团体利益、短期利益而不顾大局的项目是不可行的。

2. 客观性原则

客观性原则是指可行性研究要从实际出发，实事求是地运用客观资料进行科学分析，不虚假编造，不主观臆想，结论是研究过程合乎逻辑的结果，最大限度地符合实际情况。

3. 公正性原则

公正性原则是指可行性研究应保证立场公正，不为任何利益所动，不屈服于任何压力。

2.1.3 可行性研究的步骤

可行性研究的一般步骤如图 2-1 所示。

1. 明确问题

明确问题是指确定项目范围，明确项目目标。

2. 系统调查

系统调查是指调查项目的背景、国内外技术现状与发展趋势、市场、人力资源、资金来源、研究开发成本、研究开发基础、配套设施和环境影响等情况。

3. 提出方案

提出方案是指提出实施项目的若干个备选方案，一般以 2~3 个为宜。通过进行全面的比较分析，选出一个最优方案。

4. 详细论证

应从技术、经济、社会、风险和环境影响等方面详细论证所选出的方案。

5. 撰写可行性研究报告

按一定的要求和规范撰写可行性研究报告。可行性研究报告一般包含明确的结论，清晰表达了项目是否可行。

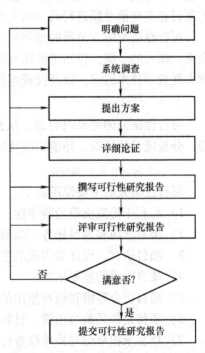

图 2-1　可行性研究的一般步骤

6. 评审可行性研究报告

组织相关人员评审可行性研究报告，若满意，则提
供给决策者参考，否则返回前面的相应步骤，完善可行性研究报告。

7. 提交可行性研究报告

提交可行性研究报告给决策者参考。

2.1.4　可行性研究的方法

可行性研究的方法很多，常用的方法有系统分析法、归纳总结与比较研究法、文献研究
法、定量分析法与定性分析法。

1. 系统分析法

该方法应用系统工程的理论与方法，系统、细致地研究项目的可行性。

2. 归纳总结与比较研究法

该方法采用归纳总结和类比等手段，研究和借鉴已有的相同项目、相似项目或者存在某
种感兴趣联系的项目等的经验，研究项目的可行性。

3. 文献研究法

该方法研究和借鉴项目相关的国内外期刊论文、会议论文、学位论文、研究报告、检测
报告、标准、设计报告、开发文档，以及国家法律、法规、政策等纸质、电子或其他形式的
文献资料，包括文字、图形、图像、音频和视频等素材，研究项目的可行性。

4. 定量分析法

定量分析法是一种基于科学理论、工程方法和已知数据等来计算及分析项目的各种数据
而对项目进行分析的方法。例如，通过数学模型、数学公式、物理定律等计算系统的各项技
术指标和经济指标。

5. 定性分析法

定性分析法是一种主要凭借分析者的直觉和经验而对项目的性质、特点和发展变化规律
等进行分析的方法。

定量分析法是一种科学方法，需要数学工具支持；定性分析比较粗糙，适用于数据不充
分或不适合使用数学工具的场合。定性分析与定量分析相结合，二者相辅相成，是研究项目
可行性的常用手段。

2.1.5　可行性研究报告的内容

物联网系统开发项目的可行性研究报告一般包含如下内容：

1）摘要。

2）立项依据。

① 研究意义。

② 国内外研究开发现状与发展趋势。

③ 产业化前景分析。

3）研究开发目标、内容与拟解决的关键技术问题。

① 研究开发目标。

② 研究开发内容。

③ 拟解决的关键技术问题。

4）研究方案。

5）特色和创新点。

6）技术指标。

7）进度计划。

8）组织方式。

① 管理架构。

② 项目组成员及分工。

③ 保障措施。

9）研究开发工作基础与条件。

① 研究开发工作基础。

② 研究开发条件。

③ 项目负责人及团队主要成员简介。

④ 已有的研究开发成果情况。

a. 相关项目的完成情况。

b. 项目相关的主要论文、专著情况。

c. 项目相关的专利情况。

d. 项目相关的计算机软件著作权情况。

e. 项目相关的奖励情况。

10）资金筹措与费用预算。

① 资金筹措。

② 费用预算。

11）效益分析。

12）风险分析。

13）环境影响分析与防治措施。

14）附件，包括但不限于项目相关的项目立项文件、专著、论文、专利、计算机软件著作权、奖励、资质、检测报告和查新报告等的佐证材料。

2.2 技术可行性分析

2.2.1 技术可行性分析的概念

技术可行性分析是根据系统需求、人力和技术等资源、约束条件等情况，从技术角度论证项目的可行性。

一般来说，项目的技术可行性是从项目的立项依据、研究开发目标、研究开发内容、拟解决的关键技术问题、研究方案、特色和创新点、技术指标、进度计划、组织方式、研究开发工作基础与条件等方面进行评价的。因此，可行性研究人员一定要认真研究和撰写这些内容。

2.2.2 立项依据

项目的立项依据是论述项目的立项理由。其内容包括研究意义、国内外研究开发现状与发展趋势、产业化前景分析、主要参考文献。

为了使项目获得立项，可行性研究人员必须广泛调查国内外研究开发现状，进行深入的研究和分析。

1. 研究意义

研究意义，即项目的必要性。可从以下几个方面进行论证。

1）项目开发的系统有何用途，实现哪些创新，满足哪些需求，给人们带来哪些好处，解决哪些技术、经济或社会问题。

2）项目是否能提高企业的技术水平和经济效益。

3）项目是否有助于发展国家科学技术、国民经济和相关产业等。

2. 国内外研究开发现状与发展趋势

查阅项目相关技术与产品的国内外期刊论文、会议论文、学位论文、研究报告、检测报告、标准、设计报告和开发文档等，综述项目相关技术与产品的研究进展、应用情况，分析项目相关技术与产品的发展趋势。

3. 产业化前景分析

分析项目所属的行业前景、相关法律法规和政策、同类产品的市场总规模、本系统竞争力和市场占有率等情况。进行项目产业化前景分析，有助于了解项目的投资收益。

2.2.3 研究开发目标、内容与拟解决的关键技术问题

1. 研究开发目标

项目的研究开发目标是项目要实现的总目标。它是根据项目的需求，结合国内外研究开发现状与发展趋势，通过深入研究和分析而确定的。项目的总目标一般分解为技术目标、经济目标和社会效益目标。

2. 研究开发内容

项目的研究开发内容是项目所要做的研究开发工作内容。它是根据项目的研究开发目标而确定的。项目的研究开发目标一般要通过若干个研究开发内容来实现。研究开发内容要具体、明确，研究开发内容之间要形成一定的逻辑关系。可从项目技术、系统功能和性能等方面凝练研究开发内容。依据项目规模，研究开发内容一般可归纳为 3～7 点。

3. 拟解决的关键技术问题

根据项目研究开发目标和内容，确定项目实施过程中需要解决的关键技术问题，如难点问题、瓶颈问题、核心问题和重点问题。

2.2.4 研究方案

项目的研究方案是论述采用何种研究方法、技术路线以及工艺流程对研究开发内容、关键技术问题等展开研究开发，包括采用何种理论方法、工程方法和实验手段。在技术路线方面，可采用图形、表格等表示研究开发内容、研究方法、研究步骤之间的关系。

2.2.5 特色和创新点

项目的特色是指项目独有的、与众不同的要素。

项目的创新点是指具有新颖性、创造性和实用性的项目要素。

可从研究开发内容、研究方法、技术路线、工艺流程、系统的功能与性能等方面提取项

目的特色和创新点。

2.2.6 技术指标

1. 技术指标及其设定原则

项目的技术指标是系统在功能、性能、安全性和可靠性等技术方面的具体考核要求。它是项目验收的主要技术依据。技术指标的设定必须遵循明确性、先进性、实用性和可行性的原则。

（1）明确性　明确性是指设定的技术指标应明确、不模糊，能用数量描述的尽量用数量描述。

（2）先进性　先进性是指设定的技术指标必须具有先进性，否则项目创新性不足。

（3）实用性　实用性是指设定的技术指标应全面、准确地反映系统技术考核的实际需要，并且便于考核；必须满足国家标准、行业标准等的要求，以便系统的推广应用。

（4）可行性　可行性是指设定的技术指标必须是可行的，技术指标过高可能导致不能实现或者实现的成本超过预算。

2. 其他技术工作考核要求

项目验收时，一般还要考核项目相关的论文、专利、计算机软件著作权、技术标准、奖励等其他技术工作的完成情况。

2.2.7 进度计划

项目的进度计划是指根据项目期（即项目完成所需的总时间）按阶段制订项目的工作计划，包括阶段的起止时间、应完成的任务和考核方式，各阶段工作要前后衔接。

有关内容的详细描述可参看第 9 章。

2.2.8 组织方式

大型物联网系统的开发需要很多人员通力合作并花费较长时间才能完成，因此需要对这些人员进行有效的组织管理。

项目的组织方式包括项目的管理架构、项目组成员及分工、保障措施。其中保障措施可从组织保障、人员保障、技术保障、设备保障、资金保障、制度保障等方面展开。这里，项目组又称项目团队，简称团队。

有关内容的详细描述可参看第 9 章。

2.2.9 研究开发工作基础与条件

可行性研究报告的研究开发工作基础与条件部分主要介绍项目的研究开发工作基础、研究开发条件、项目负责人及团队主要成员简介、已有的研究开发成果情况。

1. 研究开发工作基础

这部分介绍与本项目相关的研究开发工作积累、已取得的成绩。

2. 研究开发条件

这部分介绍项目已具备的开发设备与开发平台等研究开发装备条件，并介绍尚缺少的研究开发装备及拟解决的途径，如采购和租赁。建议分别列出已具备和尚缺少的开发设备与开发平台清单。

这里，物联网系统的开发设备与开发平台又称开发工具，在不引起混淆时简称为设备，是系统开发所用的各种硬件系统、软件系统和样机生产设备的统称，包括设备、硬件系统、硬件平台、硬件工具、软件系统、软件平台和软件工具。

开发工具按在系统开发中所起的作用，分为需求分析工具、设计工具、实现工具、测试工具、维护工具和项目管理工具。

3. 项目负责人及团队主要成员简介

这部分简单介绍项目负责人及团队主要成员的学习与工作经历、成果，包括承担项目、发表论文、授权专利、获得奖励等情况。

4. 已有的研究开发成果情况

介绍项目已有的研究开发成果，一般以清单的形式列出。具体内容如下：

1）相关项目的完成情况，包括相关项目名称、立项年度、完成时间、投资规模和完成效果。

2）项目相关的主要论文、专著情况。

3）项目相关的专利情况。

4）项目相关的计算机软件著作权情况。

5）项目相关的奖励情况，包括国家科学技术奖、省部级科学技术奖。

2.3　经济可行性分析

2.3.1　经济可行性分析概述

经济可行性分析是从经济角度论证项目的可行性。其内容包括项目的资金筹措与费用预算、效益分析。

为了做好费用预算和效益分析等工作，首先要了解货币的时间价值，掌握一些经济预测方法。

2.3.2　货币的时间价值

项目一般是先投资后收益。因此，经济指标的计算常常要考虑货币的时间价值。

货币的时间价值又称资金的时间价值，是指在不考虑风险和通货膨胀的情况下，货币经过一定时间的投资和再投资所产生的增值。从数量上看，货币的时间价值是没有风险和通货膨胀下的社会平均资金利润率；从表现形式上看，货币的时间价值是资金周转过程中的差额价值。通常用利率表示货币的时间价值。

设年利率为 i，现存入 P 元，则 n 年后可得本金和利息为

$$F = P (1 + i)^n \qquad (2\text{-}1)$$

F 就是 P 元本金在 n 年后的价值。反之，若 n 年后能收入 F 元，则这些资金现在的价值为

$$P = \frac{F}{(1 + i)^n} \qquad (2\text{-}2)$$

例 2-1　某小区在安全管理中用视频监控系统来代替部分人工服务。已知购置该视频监控系统共投资了 25 万元，系统寿命为 5 年；使用该系统后，每年可节省 9.6 万元。设年利率为 5%，试计算使用该系统后累计节省资金的现在值。

如果不考虑利息，则 5 年累计节省 48 万元。

但如果考虑利息，那么投资的 25 万元与累计节省的 48 万元是不能直接比较的。因为前

者是现在投资的资金，而后者是 5 年内逐年累计节省的资金。因此，需要把 5 年内每年预计节省的资金折合成现在的价值才能进行比较。

根据式(2-2)计算各年节省资金的现在值，结果如表 2-1 所示。

表 2-1　货币的时间价值

n（年）	节省资金（万元）	$(1+i)^n$	现在值（万元）	累计的现在值（万元）
1	9.6	1.05	9.1429	9.14
2	9.6	1.1025	8.7075	17.85
3	9.6	1.1576	8.293	26.14
4	9.6	1.2155	7.898	34.04
5	9.6	1.2763	7.5217	41.56

由表 2-1 可知，如果考虑利息，那么使用该系统后累计节省资金的现在值约为 41.56 万元。

2.3.3　经济预测的方法

经济指标的计算常常涉及经济预测，可行性研究人员需要掌握一些经济预测方法。常用的经济预测方法有简单移动平均法和指数平滑法。

1. 简单移动平均法

简单移动平均法是用一组最近的实际数据来预测未来一期或几期数据的一种预测方法。其计算公式为

$$\hat{x}_{t+1} = \frac{x_t + x_{t-1} + \cdots + x_{t-N+1}}{N} \tag{2-3}$$

式中，$\hat{x}_{t+1}$ 为未来一期（第 $t+1$ 期，为预测期）的预测值；N 为移动平均的时期数；x_t，x_{t-1}，$\cdots$，x_{t-N+1} 分别为预测期前 1 期，前 2 期，$\cdots$，前 N 期的实际值。

若要预测连续 k（k 为正整数）期的数据，则应该依次预测 $t+1$，$t+2$，$\cdots$，$t+k$ 期的数据。其计算公式为

$$\hat{x}_{t+i} = \frac{x_{t+i-1} + x_{t+i-2} + \cdots + x_{t+i-N}}{N} \tag{2-4}$$

式中，$\hat{x}_{t+i}$ 为第 $t+i$ 期的预测值，$i=1$，2，$\cdots$，k。预测时，右边表达式分子部分的某项若无实际值，则用其对应的预测值代替；例如，若无 x_{t+i-1}，则用 $\hat{x}_{t+i-1}$ 代替。

例 2-2　已知某物联网系统 1~5 月份的销售额，如表 2-2 所示。设 $N=5$，试用简单移动平均法分别预测 6、7 月份的销售额。

表 2-2　某物联网系统 1~5 月份的销售额

月份	1	2	3	4	5
销售额（万元）	25	28	23	24	27

按式(2-4)，取 $N=5$，$t=5$，$k=2$，用简单移动平均法预测。

当 $i=1$ 时，预测 6 月份的销售额：

$$\hat{x}_6 = \hat{x}_{5+1} = \frac{x_5 + x_4 + \cdots + x_1}{5} = \frac{27+24+23+28+25}{5} = 25.4（万元）$$

当 $i=2$ 时，预测 7 月份的销售额：

$$\hat{x}_7 = \hat{x}_{5+2} = \frac{x_6 + x_5 + \cdots + x_2}{5} = \frac{25.4 + 27 + 24 + 23 + 28}{5} = 25.48 \text{（万元）}$$

其中，6 月份的销售额以其预测值代替。

2. 指数平滑法

指数平滑法是在移动平均法的基础上，基于指数平滑值对未来进行预测的一种方法。其原理是任一期的指数平滑值都是本期实际观察值与前一期指数平滑值的加权平均。

指数平滑法是对移动平均法的改进。它对不同时期的历史数据赋予不同权值，以反映不同时期数据在预测中所起的不同作用。距预测期较近的数据对预测影响较大，因而赋予较大权值；距预测期较远的数据对预测影响较小，因而赋予较小权值。其计算公式为

$$\hat{x}_{t+1} = \alpha x_t + (1-\alpha)\hat{x}_t \tag{2-5}$$

式中，α（$0<\alpha<1$，预先给定的常数）为平滑指数；$\hat{x}_{t+1}$ 为第 $t+1$ 期的预测值（第 t 期的平滑值）；$\hat{x}_t$ 为第 t 期的预测值；x_t 为第 t 期的实际值。

在进行指数平滑时，必须估算初始 $\hat{x}_t$。

例 2-3 某物联网系统 2012—2020 年的实际维护费如表 2-3 的第 3 列所示。试用指数平滑法预测 2021 年的维护费（结果保留两位小数）。

表 2-3 某物联网系统 2012—2020 年的实际维护费与预测维护费

年份	t	x_t：实际维护费（万元）	$\hat{x}_t$：预测维护费（万元）
2012	1	10	11.00
2013	2	12	$0.7 \times 10 + 0.3 \times 11 = 10.30$
2014	3	13	$0.7 \times 12 + 0.3 \times 10.30 = 11.49$
2015	4	16	$0.7 \times 13 + 0.3 \times 11.49 \approx 12.55$
2016	5	19	$0.7 \times 16 + 0.3 \times 12.55 \approx 14.97$
2017	6	23	$0.7 \times 19 + 0.3 \times 14.97 \approx 17.79$
2018	7	26	$0.7 \times 23 + 0.3 \times 17.79 \approx 21.44$
2019	8	30	$0.7 \times 26 + 0.3 \times 21.44 \approx 24.63$
2020	9	28	$0.7 \times 30 + 0.3 \times 24.63 \approx 28.39$

取 $\alpha=0.7$，以 2012 年、2013 年实际维护费的平均值作为 $\hat{x}_1$，即 $\hat{x}_1=11.00$。

按式(2-5)，依次计算 $\hat{x}_2$, $\hat{x}_3$, $\cdots$, $\hat{x}_9$，计算过程及结果如表 2-3 的最后一列所示。于是，2021 年的预测维护费为

$$\hat{x}_{10} = \alpha x_9 + (1-\alpha)\hat{x}_9 = 0.7 \times 28 + 0.3 \times 28.39 \approx 28.12 \text{（万元）}$$

2.3.4 资金筹措与费用预算

项目验收时，一般需要进行财务验收。财务验收的任务包括审核项目是否按计划完成资金筹措任务，是否按计划、按经费提供单位和项目承担单位等的管理规定使用经费。因此，必须认真做好资金筹措计划和费用预算工作。

1. 资金筹措

（1）资金筹措的概念与原则 资金筹措是指通过某种渠道和方式以一定的成本筹集项

目开发所需资金。

资金筹措遵循以下原则。

1）资金筹措过程必须遵守国家法律、法规和政策。

2）筹措的资金必须满足项目开发需要。筹措的资金不能过少，也不能过多，避免资金不足和资金浪费。

3）降低资金筹措成本。

（2）资金筹措的途径　　资金筹措的途径有自有资金、贷款、风险投资、政府资助和其他筹措途径。

1）自有资金。自有资金是指企业为进行生产经营活动所经常持有、可以自行支配使用且不需偿还的那部分资金，主要来自于股东投资和企业未分配利润。

2）贷款。贷款是银行等金融机构按照一定的利率、以必须归还等为条件出借货币资金的一种信用活动形式。银行通过贷款将货币资金投放出去，满足社会对资金的需要，同时银行可取得贷款利息收入。

3）风险投资。风险投资简称风投，主要是指向初创企业提供资金支持并取得该公司股份的一种融资方式。风险投资公司一般以一定的方式吸收机构和个人的资金，投向于那些不具备上市资格的中小企业和新兴企业，尤其是高新技术企业。

4）政府资助。政府资助是指根据企业自身的实际情况，对照国家、省、市的产业发展方向和支持重点，有针对性地向国家、省、市相关部门申请项目的立项，进而获得有关资金或政策支持。

5）其他筹措途径。除以上资金筹措途径外，还有非银行金融机构资金、企业间相互投资资金、个人资金、境外资金等途径。其中，非银行金融机构资金是指信托投资公司、保险公司、租赁公司、证券公司和企业集团所属的财务公司等为企业提供的信贷资金投放；境外资金是指境外企业、政府和其他投资者向企业提供的资金。

2. 费用预算

项目费用预算应该满足经费提供单位和项目承担单位等的管理规定。

项目费用一般包括：设备费，材料费，测试、化验与加工费，燃料动力费，差旅费，会议费，国际合作与交流费，出版、文献、信息传播与知识产权费，租赁费，人员费，专家咨询费和管理费。

各项费用的详细用途可参看第 9 章。

2.3.5　效益分析

效益分析是指分析项目应取得的各种效益。其内容包括市场分析、经济效益与社会效益分析。

1. 市场分析

市场分析包括分析同类产品的市场总规模，本系统的目标客户、竞争力、营销策略、市场占有率等内容。这里，市场占有率又称市场份额，是指系统的销售量（或销售额）在市场同类系统中所占的比重。

2. 经济效益分析

经济效益分析的主要目的是确定项目应取得的经济效益。经济效益一般用若干经济指标表示，如项目期内完成的系统销售量、销售额、成本、盈亏平衡点、利润、净利润和投资回收期。这些经济指标也是项目财务验收的重要依据。

经济效益分析包括盈利模式分析、定价分析和经济指标预测。

（1）盈利模式分析 盈利模式分析是指分析系统如何取得预期的销售量、销售额和利润。

（2）定价分析 定价分析是指根据企业的内外环境情况、利润目标等确定系统的合理价格。

（3）经济指标预测 包括项目期内完成的系统销售量、销售额、成本、盈亏平衡点、利润、净利润和投资回收期等经济指标的预测。

1）销售量预测。销售量是指实际销售出去的系统数量，包括按合同供货方式或其他供货方式售出的系统数量，以及尚未到合同交货期提前交货的预交合同数量。

2）销售额预测。销售额是指销售系统所取得的收入。

3）成本预测。成本是指系统开发成本、生产成本与销售费用的总和。

4）盈亏平衡点预测。盈亏平衡点又称零利润点、保本点、盈亏临界点、损益分歧点、收益转折点，通常是指全部销售收入等于全部成本时的产量。盈亏平衡点可用销售量表示，即盈亏平衡点的销售量；也可用销售额表示，即盈亏平衡点的销售额。以盈亏平衡点为界限，当销售额高于盈亏平衡点时企业盈利，反之，企业就亏损。

5）利润预测。这里的利润是指系统销售利润，是系统销售收入扣除研究开发成本、生产成本、销售费用和销售税金以后的余额。

6）净利润预测。净利润又称税后利润，是指在利润总额中按规定交纳了所得税后的利润留成。净利润是衡量企业经营效益的主要指标。净利润多，企业的经营效益就好；净利润少，企业的经营效益就差。

7）投资回收期预测。项目投资回收期是项目累计经济效益等于项目最初投资所需要的时间。项目投资回收期越短，就越快获得利润，也就越值得投资。

例 2-4 续例 2-1，预测项目投资回收期。

引入视频监控系统两年以后，可以节省 17.85 万元，比最初的投资还少 7.15 万元，但第 3 年可以节省 8.29 万元，则

$$\frac{7.15}{8.29} \approx 0.862$$

因此，项目投资回收期约为 2.862 年。

3. 社会效益分析

社会效益分析的主要目的是确定项目应取得的社会效益。该社会效益也作为项目验收的依据。

社会效益分析包括分析项目对企业发展、国家和地方产业发展、社会发展等的带动及提升作用。

2.4 社会可行性分析

2.4.1 社会可行性分析概述

对于一些涉及法律、法规和政策等社会因素的项目，还需研究其社会可行性。

社会可行性分析是从法律、法规、政策、用户能力和用户情绪等社会因素方面论证项目的可行性。

社会可行性分析的内容包括法律可行性和应用可行性。

2.4.2 法律可行性分析

法律可行性分析是论证项目提供的系统是否符合国家法律，国家和地方法规、产业政策等。若不符合，则应该改进项目方案或放弃项目。

2.4.3 应用可行性分析

应用可行性分析是论证物联网系统在用户环境中能否有效工作，分析用户能力和情绪，必要时还要提出应对措施。其主要内容如下：

1）论证自然条件、基础设施等用户环境是否支持项目顺利应用。

2）分析用户所具有的能力是否支持项目顺利应用。用户能力与用户个体有关，如甲公司的操作人员能够熟练使用某种机器人，并不意味着乙公司的操作人员也能够熟练使用这种机器人。

3）分析用户对项目应用是否有抵触情绪。

2.5 风险分析

2.5.1 风险分析概述

风险分析是从技术、经济等方面出发，识别项目的风险，对面临的风险进行分析，提出防范措施。

风险分析的内容包括技术风险、财务风险、人员风险、管理风险、供应链风险、生产风险、质量风险、市场风险等的分析，并提出相应的防范措施。

在可行性研究中，一般根据项目特点选择重点关注的若干风险类型进行分析，制订防范措施。

2.5.2 技术风险分析

技术风险是指由于项目开发所需要的相关技术不配套、不成熟或未掌握，所需的开发设备与开发平台不齐全、不可靠，使用不方便或不熟练，使用过时的或侵犯知识产权的技术等，造成项目技术的先进性、完整性和可行性受到影响而产生的风险。

技术风险分析就是分析项目可能遇到的各种技术风险，并提出相应的防范措施。

对于技术风险，相应的防范措施有提高技术水平、加强技术培训、完善开发设备与开发平台、提高自主创新能力、加强知识产权保护等。

2.5.3 财务风险分析

财务风险主要是指项目资金筹措风险和经费管理风险，即筹措的资金和经费管理达不到要求而产生的风险。

财务风险分析就是分析项目可能遇到的各种财务风险，并提出相应的防范措施。

对于财务风险，相应的防范措施有：确定资金筹措途径及各种途径资金的比例，降低资金筹措成本，选择适当的资金筹措时机，建立健全的项目经费管理制度、加强项目经费使用管理，加强项目财务风险控制。

2.5.4　人员风险分析

人员风险是指项目开发与应用的人员结构和数量、个人素质、团队合作能力和人员稳定性等达不到要求而产生的风险。

人员风险分析就是分析项目可能遇到的各种人员风险，并提出相应的防范措施。

对于人员风险，相应的防范措施有：完善人员招聘机制，完善员工继续教育和技术交流机制，建立有效的激励机制等。

2.5.5　管理风险分析

管理风险是指项目开发与应用单位的组织结构、管理者素质、企业文化和管理过程等达不到要求而产生的风险。

组织结构是指企业部门层级设置、权责范围和协作关系的整体框架，是企业正常运行、完成经营管理目标的体制基础，制约着企业人员、资金、物资和信息的流动。管理者素质包括个人素质和管理层素质。管理者个人素质包括品德、知识水平和能力；管理层素质是指管理层人员的年龄、知识、能力的结构搭配及互补水平。企业文化是企业的价值观、信念、态度和行为准则，能对企业管理的各个环节产生深刻的影响。管理过程是指企业管理的计划、组织、领导和控制等过程。

管理风险分析就是分析项目可能遇到的各种管理风险，并提出相应的防范措施。

对于管理风险，相应的防范措施有：优化企业组织结构，提高管理者和管理层素质，加强企业文化建设，完善企业管理制度、企业标准，提高管理规范化水平。

2.5.6　供应链风险分析

供应链风险是指项目开发所需的设备采购、材料采购、外协生产、委托开发、物流运输等外部提供的物资和劳务达不到要求而产生的风险。

供应链风险分析就是分析项目可能遇到的各种供应链风险，并提出相应的防范措施。

对于供应链风险，相应的防范措施有：优化供应链结构，改进供应链成员选择与评价方法，加强与供应链企业的沟通，加强供应链风险控制，建立健全的供应链应急处理机制，加强供应链激励，优化物流配送。

2.5.7　生产风险分析

生产风险是指项目硬件生产所面临的风险，包括生产场地、生产设备、生产工艺、生产组织、生产人员和电力供应等达不到要求而产生的风险。

生产风险分析就是分析项目可能遇到的各种生产风险，并提出相应的防范措施。

对于生产风险，相应的防范措施有：保证有稳定的生产场地，提高设备可用性，提高工艺管理水平，提高生产管理水平，提高生产人员的素质，提高电力供应能力。

2.5.8　质量风险分析

质量风险是指系统、系统文档等的质量达不到要求而产生的风险。系统文档即系统开发、制造、维护和使用的有关文档。

质量风险分析就是分析项目可能遇到的各种质量风险，并提出相应的防范措施。

对于质量风险，相应的防范措施有：加强系统开发过程管理，坚持阶段评审，应用先进的开发技术和开发平台，加强硬件系统原材料质量管理和生产质量管理。

2.5.9　市场风险分析

市场风险是指系统的销售量、销售额、成本、利润与市场占有率等达不到要求而产生的风险。市场风险的主要因素有消费者的需求变动、竞争对手的行为、法律法规与政策的变动、信息不准或不全。

市场风险分析就是分析项目可能遇到的各种市场风险，并提出相应的防范措施。

对于市场风险，相应的防范措施有：提高市场风险识别能力，及时收集信息并研究市场风险发生的可能性和影响程度，采取防范措施来规避风险；采取措施对无法规避的风险减少损失。

2.6　环境影响分析与防治措施

2.6.1　环境影响分析概述

1. 环境影响分析的概念

环境影响分析是分析系统在开发、生产和运行等环节对环境的影响，既包括环境污染和生态破坏等不利影响，也包括环境改善和生态恢复等有利影响。只有适应环境、与环境和谐相处的系统才值得开发，才能生存和发展。

在可行性研究阶段，环境影响分析是面向项目投资层次的，其目的主要是降低项目投资的环境风险。为此，必须对系统可能造成的环境影响进行分析论证，并提出相应的防治措施和对策。

2. 环境影响分析的内容

在可行性研究阶段，环境影响分析的内容一般包括环境调查、影响环境的因素分析、影响环境的主要因素识别。

（1）环境调查　环境调查是调查系统的自然环境和社会环境。

1）自然环境。自然环境是指由水土、地域、气候等自然事物形成的环境。自然环境对物联网系统的运行状态、可靠性和使用寿命等会产生一定的影响。任何系统都必须适应自然环境。

因此，必须认真调查系统的自然环境。例如，调查系统开发、生产和运行的大气环境、水环境、地貌环境、土壤环境。

2）社会环境。社会环境是指政治、经济、文化、教育、科技、卫生、信仰、价值观、风俗习惯、生活方式、行为规范、人口规模与地理分布等环境的统称。社会环境影响和制约着人们的消费观念、需求欲望及特点、购买行为和生活方式，影响着系统的经济效益和社会效益，会对系统开发、生存和发展产生重要的影响。

因此，必须全面调查系统的社会环境。例如，调查系统相关的外部组织、法律、法规、宏观经济政策、政府作用、市场环境，调查系统相关的居民生活、文化、教育、卫生和风俗习惯。

（2）影响环境的因素分析　分析系统开发、生产和运行过程中污染环境和破坏环境的各种因素。

1）污染环境因素分析。分析系统开发、生产和运行过程中产生的废气、废水、固体废弃物、噪声、粉尘、电磁波和放射性物质等各种可能的污染源，计算排放的污染物数量及其对环境的污染程度。

2）破坏环境因素分析。分析系统开发、生产和运行过程中对环境可能造成的破坏因素，预测其破坏程度。破坏因素包括对地形地貌、森林及草地植被、文物古迹、风景名胜区和水源保护区的破坏。

（3）影响环境的主要因素识别　基于以上环境调查和影响环境的因素分析，根据系统的特点，识别影响环境的主要因素。

2.6.2　环境影响分析的方法

环境影响分析的主要方法有类比法、物料衡算法、资料复用法、实验法和实测法等。

1. 类比法

类比法是利用现存系统的资料，对目标系统进行环境影响分析的一种方法。采用类比法时，应注意现存系统与目标系统的相似性和可比性，例如目标系统的原理、结构、功能、性能、污染物排放和环境等的特征与现存系统具有对应相似性。

2. 物料衡算法

物料衡算法是根据质量守恒定律计算物料平衡而分析污染物排放的一种方法。生产过程的物料消耗量应为产量、物料回收量、物料流失量之和，而物料流失量为经净化处理的物料量、生产过程中被分解转化的物料量、以污染物形式排放的物料量之和。

3. 资料复用法

资料复用法是利用已有的同类系统的环境影响评价报告、可行性研究报告等的部分或全部内容，对目标系统进行环境影响分析的一种方法。

4. 实验法

实验法是通过对系统环境进行建模和仿真，对系统进行环境影响分析的一种方法。

5. 实测法

实测法是基于系统实地环境影响因素的测量结果，进行适当的计算分析，对系统进行环境影响分析的一种方法。

2.6.3　防治措施

环境影响防治措施是针对系统开发与运行过程中对环境的影响而提出的相应防治措施和对策。例如，建立专用污水处理设施解决水污染问题，采取淋水措施降低施工期间带来的粉尘污染，使用噪声小的施工设备以降低噪声污染。

习　题

1. 什么是可行性研究？它包含哪些内容？
2. 可行性研究的目的是什么？
3. 可行性研究有哪些作用？
4. 如何确定可行性研究人员？
5. 试论述可行性研究的原则。

6. 试论述可行性研究的步骤。
7. 什么是可行性研究的系统分析法？
8. 什么是可行性研究的归纳总结与比较研究法？
9. 什么是可行性研究的文献研究法？
10. 什么是可行性研究的定量分析法？
11. 什么是可行性研究的定性分析法？
12. 可行性研究报告包含哪些内容？
13. 什么是技术可行性分析？
14. 如何评价项目的技术可行性？
15. 简述项目立项依据的内容。
16. 什么是项目的研究开发目标？
17. 如何确定项目的研究开发内容与拟解决的关键技术问题？
18. 什么是项目的研究方案？
19. 如何确定项目的特色和创新点？
20. 什么是项目的技术指标？
21. 试论述技术指标的设定原则。
22. 可行性研究报告的研究开发工作基础与条件部分主要介绍哪些内容？
23. 什么是经济可行性分析？它包含哪些内容？
24. 什么是货币的时间价值？
25. 举例说明如何使用简单移动平均法进行经济预测。
26. 举例说明如何使用指数平滑法进行经济预测。
27. 什么是资金筹措？资金筹措遵循哪些原则？
28. 简述资金筹措的途径。
29. 什么是效益分析？它包含哪些内容？
30. 市场分析包含哪些内容？
31. 经济效益分析包含哪些内容？
32. 名词解释：销售量、销售额、成本、利润、净利润、投资回收期。
33. 什么是社会可行性分析？它包含哪些内容？
34. 什么是法律可行性分析？
35. 什么是应用可行性分析？它包含哪些内容？
36. 什么是风险分析？它包含哪些内容？
37. 什么是技术风险？如何防范技术风险？
38. 什么是财务风险？如何防范财务风险？
39. 什么是人员风险？如何防范人员风险？
40. 什么是管理风险？如何防范管理风险？
41. 简述供应链风险及其防范措施。
42. 简述生产风险及其防范措施。
43. 简述质量风险及其防范措施。
44. 简述市场风险及其防范措施。
45. 什么是环境影响分析？它包含哪些内容？
46. 名词解释：自然环境、社会环境。
47. 什么是环境影响分析的类比法？
48. 什么是环境影响分析的物料衡算法？
49. 什么是环境影响分析的资料复用法？

50. 什么是环境影响分析的实验法？

51. 什么是环境影响分析的实测法？

52. 什么是环境影响防治措施？

53. 考虑智能家居系统，项目背景可参考 11.2 节。选择整个系统或者其中一部分进行可行性研究，撰写可行性研究报告。

54. 考虑智能停车场系统，项目背景可参考 11.5 节。选择整个系统或者其中一部分进行可行性研究，撰写可行性研究报告。

55. 考虑智能环境监控系统，项目背景可参考 11.15 节。选择整个系统或者其中一部分进行可行性研究，撰写可行性研究报告。

56. 针对智能无人售货系统进行可行性研究，撰写可行性研究报告。

第 3 章
物联网系统需求分析

物联网系统需求分析是整个系统开发工作的重要基础。本章首先介绍物联网系统需求分析的概念、内容、原则、步骤、方法与工具，然后分别介绍物联网系统的需求调查、目标分析、结构分析、功能分析、流程分析、数据分析、安全分析、环境分析和性能分析等的内容，最后介绍需求评审。

3.1　概述

3.1.1　物联网系统需求分析的概念与内容

1. 物联网系统需求分析的概念

物联网系统需求分析的目的是清晰、准确和详细地描述系统的各种需求，包括采集哪些数据、输入哪些数据、发出哪些指令、执行哪些动作、输出哪些数据、得到哪些结果、传输哪些数据和保存哪些数据等功能需求，以及各种性能需求。物联网系统需求分析是解决系统要"做什么"的问题，而不是解决"怎么做"的问题。

物联网系统需求分析的任务是在需求调查的基础上明确系统需求，撰写需求规格说明书，完成需求评审。

2. 物联网系统需求分析的内容

物联网系统需求分析的内容包括物联网系统的目标分析、结构分析、功能分析、流程分析、数据分析、安全分析、环境分析和性能分析。

3.1.2　物联网系统需求分析的原则

为了做好物联网系统需求分析工作，需求分析人员应遵循以下原则。

1. 有计划地开展需求分析工作

制订合理的需求分析工作计划，包括何时到何地做何工作、责任人是谁、需要用户方和合作方提供何种协助。按计划开展需求分析活动，注意监控工作进展，做好工作总结，及时发现和解决存在的问题。

2. 选择合适的需求分析方法

结合所要开发的物联网系统的特点，选择一种合适的需求分析方法。合适的需求分析方法能有效提高需求分析的质量和效率，会对系统整体开发质量和效率产生重要影响。

3. 选择合适的需求分析工具

合适的需求分析工具能有效地提高需求分析的效率，能简明地表达系统需求。

4. 做好需求调查工作

物联网系统需求调查就是调查现存系统的状况和目标系统的各种需求。现存系统就是现有的系统，它可能是手工作业系统，也可能是物联网系统，或者是其他对项目开发有参考价值的信息系统和物理系统。目标系统就是要开发的物联网系统，目标系统一般要取代某个现存系统，如用视频监控系统取代现有的人工巡查系统。被取代的现存系统可为目标系统的需求提供第一手资料；其他现存系统则为目标系统提供各种有用的信息，有利于提高目标系统的开发效率和成功率。

5. 充分与用户沟通

使用用户能够理解的术语进行沟通，认真倾听、充分尊重用户的意见，尽可能满足用户的合理需求，对一些不能满足的要求则要耐心解释。

6. 分析并确认需求

目标系统并不是现存系统的简单复制，因为现存系统一般存在某种不足。例如，目标、结构、功能和性能等可能不满足用户的要求。

需求分析人员应该细致分析、准确描述目标系统的需求；所有需求都应得到用户的确认。

7. 需求变更要立即联系

在物联网系统开发过程中，需求变更是不可避免的。但过多的需求变更会严重影响系统的开发效率和质量，因此应尽量减少需求变更。

需求分析工作的质量越高，需求变更就越少；需求变更出现得越晚，代价就越大。例如，在系统测试阶段出现需求变更往往会造成系统设计、系统实现和系统测试方案的变更。

8. 提出系统实施建议和解决方案

需求分析过程实际是用户合理需求的确认过程和不合理需求的清除过程。经验丰富的需求分析人员能够同时提出系统实施建议和解决方案。

9. 认真撰写需求规格说明书

需求规格说明书是需求分析的成果，它准确、完整、清晰和易于理解地描述了系统的各种需求。因此，需求分析人员不仅要有良好的物联网专业知识，还要有良好的目标系统所处理的事务对应领域的专业知识，以及良好的文字表达能力。

10. 使用复用技术

充分利用现有的、与项目有关的需求分析文档，实现文档的复用（即重复使用），提高工作效率。

11. 认真做好需求评审

对需求规格说明书进行评审，论证系统需求的合理性、正确性、完整性和可行性。

12. 修改、完善需求规格说明书

根据评审意见，项目组认真修改需求规格说明书直至用户方和开发方（即项目承担单位）共同批准。双方共同批准的需求规格说明书是系统设计、系统测试和验收的依据。

需求分析的最终目的是获得用户方和开发方共同批准的需求规格说明书。

3.1.3　物联网系统需求分析的步骤

物联网系统需求分析的步骤包括制订需求分析工作计划、选择需求分析方法、选择需求

分析工具、系统调查、分析目标系统的需求、确认目标系统的需求、撰写需求规格说明书和需求评审，如图 3-1 所示。

在图 3-1 中，若评审未通过，则要根据评审意见返回前面某个步骤，进行修改和完善。

3.1.4 物联网系统需求分析的方法与工具

1. 物联网系统需求分析的方法

物联网系统需求分析的方法很多，常用的方法有结构化分析方法、原型化分析方法、面向对象分析方法和系统工程方法。

系统工程方法尤其适合大型复杂物联网系统的需求分析，它坚持当前需求和长远需求相结合、局部需求和整体需求相结合，从整体到部分、从粗到细、逐步求精。

2. 物联网系统需求分析的工具

物联网系统需求分析的工具很多，常用的工具有系统流程图（System Flow Diagram，SFD）、数据流程图（Data Flow Diagram，DFD）、业务流程图（Transaction Flow Diagram，TFD）、状态转换图、层次框图和 HIPO 图（Hierarchy Plus Input/Processing/Output，层次输入/处理/输出）。可用于硬件系统需求分析的工具还有框图和 Warnier 图；可用于软件系统需求分析的工具还有数据字典（Data Dictionary，DD）、实体-联系图（Entity-Relationship Diagram，E－R 图）、判定表、判定树、伪代码、Warnier 图和统一建模语言（Unified Modeling Language，UML）。

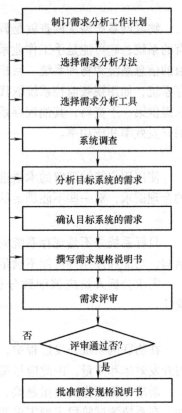

图 3-1 需求分析的步骤

3. 物联网系统需求分析的软件

物联网系统需求分析的常用软件有 Rational DOORS、StarUML，WPS Office 和 Microsoft Office 等文档编辑软件，以及有关的图形、图像编辑软件。必要时，电路设计软件 Altium Designer、仿真软件 Multisim，以及机械设计软件 SolidWorks、CATIA、Pro/Engineer、UG 和 AutoCAD 等，亦可用来处理相关事务。

3.2 物联网系统需求调查

3.2.1 物联网系统需求调查的内容

物联网系统需求调查是获得系统需求的重要手段，其内容包括调查现存系统、调查目标系统的需求。

1. 调查现存系统

调查现存系统就是调查现存系统的硬件、软件、立项资料、开发文档、源程序、运行与维护情况、用户意见、优点和缺点等。

2. 调查目标系统的需求

调查目标系统的需求就是调查目标系统的目标需求、结构需求、功能需求、流程需求、数据需求、安全需求、环境需求和性能需求等。

（1）目标需求 包括技术目标、经济目标和社会效益目标等需求。

（2）结构需求 包括系统总体架构、硬件系统结构、软件系统结构等需求。

（3）功能需求 包括数据采集、数据查询、数据更新、数据存储与管理、数据传输、数据挖掘、数据发布、数据展示，以及系统控制与系统执行等功能的需求。

（4）流程需求 包括系统流程图、数据流程图和业务流程图。

（5）数据需求 包括数据字典和实体 – 联系图。

（6）安全需求 包括感知层、网络层、应用层和数据存储层等的安全需求。

（7）环境需求 包括系统开发与运行的硬件环境、软件环境，与系统生存和发展密切相关的自然环境、社会环境等的需求。

（8）性能需求 包括硬件系统性能和软件系统性能等的需求。

3.2.2 物联网系统需求调查的原则

物联网系统需求调查应遵循以下原则。

1. 自顶向下全面展开

系统调查工作应遵循从整体到部分、由粗及细、逐步深入的原则，清晰和详尽地调查物联网系统需求。

2. 采用工程化方法

工程化方法是一种适合多人参与项目的管理方法，它通过规范统一的需求分析术语、符号、表格、流程和方法，以及科学的工作计划、资源使用计划等，实现项目组成员等项目相关人员高质高效的信息交流和协同合作。

工程化方法不但适用于系统需求分析，也适用于系统设计、实现、测试、运行与维护等系统生存期的其他阶段。

3. 全面调查与重点调查相结合

要全面地调查物联网系统的各种需求，不要有任何遗漏。对目标系统影响大的内容，应重点调查。

4. 研究现存系统存在的问题及改进的可能性

现存系统的各种需求是依据开发时的用户需求、技术水平和投资规模等确定的。应紧密结合实际情况，分析现存系统的功能和性能等需求借鉴到目标系统时有无改进和优化的可能性。

3.2.3 物联网系统需求调查的方法

常用的物联网系统需求调查方法有实地观察法、原型演示法、文档阅读法、网站访问法、专家介绍法、问卷调查法、单独询问法、团体会议法。

1. 实地观察法

实地观察法是需求分析人员亲临一线现场，通过直接参与或者观察等手段来调查系统需求的一种方法。该方法通常是在其他调查方法遇到困难或者系统的某一部分过于复杂以至于用户很难准确表达其需求时使用。

2. 原型演示法

原型演示法是通过建立一个目标系统原型来发现和确认系统需求的一种方法。其原理是通过原型演示理解和确认系统需求，通过原型演进不断发现、创新和完善系统需求。该方法尤其适用于调查那些需求难以定义的系统。

3. 文档阅读法

文档阅读法是需求分析人员通过阅读和分析现存系统的开发、运行与维护资料等而调查系统需求的一种方法。

4. 网站访问法

网站访问法是通过访问正在开发或运行的目标系统相关网站而调查系统需求的一种方法。

5. 专家介绍法

专家介绍法是邀请专家或用户介绍系统需求等情况而调查系统需求的一种方法。该方法有利于需求分析人员快速、准确地了解现存系统及其存在的问题和改进措施，确认系统的需求。

6. 问卷调查法

问卷调查法是通过特别设计的问卷来收集用户的想法、意见及基本信息而调查系统需求的一种方法。问卷可以通过纸质材料、电子邮件、电话和专用软件等方式发给用户，用户可以在他们方便的时候作答。该方法成本低，但需做好问卷回收和内容整理分析工作。

7. 单独询问法

单独询问法是一种常用的系统需求调查方法，是通过面谈、电话和邮件等形式调查系统需求的一种方法。该方法的优点是，通过一对一的沟通征求用户的想法和意见，能够比较准确地获得系统需求。

问卷调查法和单独询问法本质上属于一对一的沟通方式，经常有互相矛盾的事实和观点，并且可能花费开发人员较多的时间和精力。

8. 团体会议法

团体会议法是通过团体会议的形式来获取系统需求的一种方法。团体会议法能节约开发人员大量的需求调查时间，但需要花费用户较多的人工成本，在参会人员较多时尤为明显。

3.3 物联网系统目标分析

3.3.1 物联网系统目标分析概述

1. 物联网系统目标分析的概念

物联网系统目标分析是在系统调查的基础上分析系统的目标需求，即分析系统要实现的目标。

任何系统都有总目标，总目标就是总体目标，具有纲领性和概括性的特点。总目标一般要分解为若干子目标。子目标就是总目标的细化，是对总目标的具体落实。

2. 物联网系统目标分析的内容

物联网系统目标分析的内容包括建立目标集，论证目标的合理性、可行性和经济性。

（1）建立目标集　采用结构化分析等方法，把总目标逐层分解、逐步细化，即将总目标分解为若干子目标，再将子目标分解为若干次级子目标，直到子目标不能再分或不需要再分为止，最终得到全部目标，形成目标集。按此方法得到的目标集，一般用树形图来表示，故而又称为目标树。

（2）论证目标的合理性、可行性和经济性　目标集中的每个目标都必须是科学的、合理的、客观的和满足实际需要的，不能是主观臆想的和没有价值的，技术上是可行的，经济上是合理的。

3.3.2　物联网系统目标分析的原则

物联网系统目标分析的原则如下。

1. 目标明确

制订的目标必须明确、不模糊，易于转化为物联网系统的考核指标，能用数量描述的尽量用数量描述。

2. 目标可行

制订的目标必须是可行的和可实现的。在制订目标前，需要充分考虑项目的研究开发工作基础与条件、资金投入、项目组能力等，从技术、经济和工程等方面对目标进行分析，论证目标的可行性。

3. 目标集系统化

目标集系统化是指目标集中的全部元素形成一个系统，通常用目标树、组织结构图等表示。利用目标树，可以完整地列出所有目标，准确地描述目标之间的上下级关系，有利于在系统分析、系统设计和系统测试等阶段对目标的实现情况进行系统性核查。

4. 辩证分析目标的作用

制订目标时不但要注意到目标的积极作用，也要注意到目标的消极作用。如无人驾驶汽车的速度越高越节约时间，但过高的速度会带来安全隐患。

5. 处理好目标冲突

目标冲突是指一个目标的实现阻碍另一个目标的实现。物联网系统经常会出现目标冲突的情况。例如，增加系统功能、降低成本就是两个有冲突的目标。处理目标冲突的方法主要有两个：一是剔除两个相互冲突目标中的某一个，二是合理地分配两个相互冲突目标的利益。

3.3.3　物联网系统目标分析的方法

物联网系统目标分析的常用方法有目标/手段法、相关树法。

1. 目标/手段法

（1）目标/手段法的基本思想　目标/手段法的基本思想是，围绕系统的目标寻找实现目标的手段，之后以实施这些手段为目标，进一步寻找实现它的手段，直到获得全部目标。

对目标的逐步落实，就是探索实现上层目标的途径和手段的过程，目标树中的每一个目标都可以看成下一级目标的目标和实现上一级目标的手段。对于每一个目标，向上是它所服务的更高一级目标，向下可分解出作为其实现手段的若干个下级目标。

因此，在目标/手段法中，目标和手段是相对而言的，本级目标对下级目标而言是目标，对上级目标而言是手段。

（2）目标/手段法的步骤　目标/手段法将要达到的目标和所采用的手段按照树形结构、自顶向下逐层展开，一级目标的手段为二级目标，二级目标的手段为3级目标，等等，直至不需再分解，最后得到层次分明、关系明确、逐步细化的树形目标集系统。具体步骤如下：

1）创建一棵树，把总目标设为该树的根结点。

2）如果存在树的某个结点（目标）需要进一步分解，则转3），否则转5）。

3）选择一个需要分解的目标，利用目标/手段法的基本思想找出实现这个目标的所有手段。

4）利用树形分枝把该目标与它的所有实现手段（即下级目标）分别连接起来，转2）。

5）输出目标集系统，结束。

例 3-1 试用目标/手段法分析如何提高视频监控系统的处理速度。

提高视频监控系统的处理速度，主要手段有提高摄像机的处理速度、提高网络的传输速度和提高服务器的处理能力。其中，提高摄像机的处理速度的手段有提高硬件配置水平、改进视频采集算法、改进视频压缩算法；提高网络的传输速度的手段有升级网络硬件、改进网络结构、改进网络传输策略；提高服务器的处理能力的手段有升级服务器、增加服务器、优化服务器负载。提高视频监控系统的处理速度目标树如图3-2所示。

当然，根据需要，还可以继续细化。

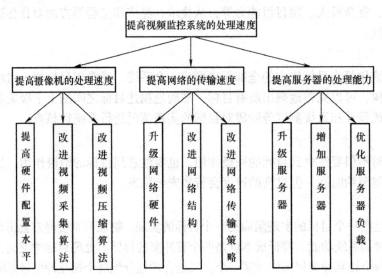

图 3-2　提高视频监控系统的处理速度目标树

2. 相关树法

（1）相关树法的基本思想　相关树法的基本思想是，目标一般用若干个与其具有某种相关关系的下级目标体现，并用树来描述目标的上下级关系。利用目标与下级目标的相关性把目标不断分解，最终得到整个目标集系统。

（2）相关树法的步骤

1）创建一棵树，把总目标设为该树的根结点。

2）如果存在树的某个结点（目标）需要进一步分解，则转3），否则转5）。

3）选择一个需要分解的目标，利用相关树法的基本思想找出与该目标相关的所有下级目标。

4）利用树形分枝把该目标与它的所有下级目标分别连接起来，转2）。

5）输出目标集系统，结束。

例 3-2 试用相关树法进行停车场管理系统的目标分析。

利用相关树法，把停车场管理系统的总目标分解为安全目标、效率目标和效益目标。其中，与安全目标相关的下级目标包括在库车辆监控目标、车辆出入库监控目标和人员出入库监管目标，与效率目标相关的下级目标包括车辆出入库登记效率目标、出入库闸机工作效率目标和车辆出入库诱导效率目标，与效益目标相关的下级目标包括停车场收入目标、停车场人工成本目标和停车场能耗目标。停车场管理系统的目标树如图3-3所示。

根据需要，还可以进一步细化。

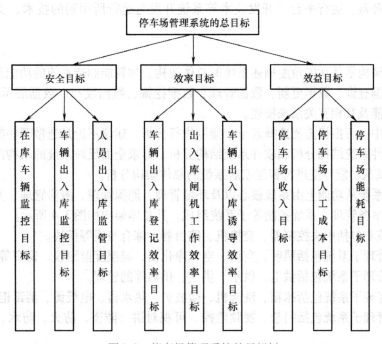

图 3-3　停车场管理系统的目标树

3.4　物联网系统结构分析

3.4.1　物联网系统结构分析概述

物联网系统结构分析是在系统调查的基础上分析系统的结构需求。

物联网系统结构分析的内容包括系统总体架构分析、硬件系统结构分析和软件系统结构分析。

3.4.2　系统总体架构分析

物联网系统总体架构是从宏观上描述系统中涉及的硬件、软件、人员和机构等实体的关联关系的一种方式。一般用示意图和文字来描述系统总体架构。

物联网系统总体架构可以进一步分为业务总体架构、应用总体架构、技术总体架构和功能总体架构等。

1. 业务总体架构

业务总体架构是从业务角度描述系统的总体架构。如智能制造系统的业务总体架构可用原料采购管理、生产管理、设备管理、库存管理、销售管理等管理业务及其相互关系来描述。

2. 应用总体架构

应用总体架构是从应用角度描述系统的总体架构。如智能制造系统的应用总体架构可用企业层、部门层、车间层、班组层等的应用需求及其相互关系来描述。

3. 技术总体架构

技术总体架构是从技术角度描述系统的总体架构。如智能制造系统的技术总体架构可用操作系统、服务器、运行平台、开发技术等系统开发与运行所用到的技术、支撑平台等来描述。

4. 功能总体架构

功能总体架构是从功能角度描述系统的总体架构。如智能制造系统的功能总体架构可用数据采集、数据查询、数据更新、数据管理、数据挖掘、数据发布、数据展示、系统控制、系统执行等功能及其相互关系来描述。

实际工作中，可根据需要选择若干个架构进行分析。建议不论是选做哪些架构分析，都要有机结合硬件系统结构分析和软件系统结构分析，力求全面反映系统的结构需求。

例 3-3 试从功能角度进行智能家居系统的总体架构分析。

智能家居系统从功能上由系统核心以及环境管理、能源管理、厨房管理、安全管理、娱乐管理、其他事务管理、系统控制等子系统组成。其总体架构如图 3-4 所示。

1）系统核心包括中央控制器、交换机、路由器、综合布线等模块。

2）环境管理子系统包括照明、空调、空气净化器、温湿度监测仪、窗帘等的管理。

3）能源管理子系统包括供电、供水、供气、供热等的管理。

4）厨房管理子系统包括冰箱、洗碗机、微波炉、热水器、电饭煲、消毒柜等的管理。

5）安全管理子系统包括门禁、视频监控、可视对讲、防盗、防火、防水、紧急求助等的管理。

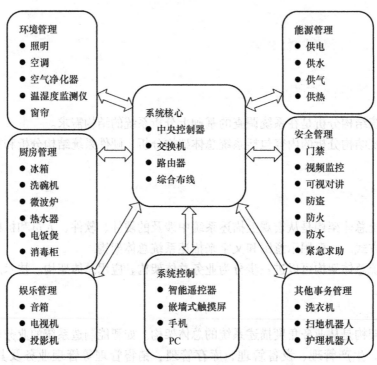

图 3-4　智能家居系统的总体架构

6）娱乐管理子系统包括音箱、电视机、投影机等的管理。

7）其他事务管理子系统包括洗衣机、扫地机器人、护理机器人等的管理。

8）系统控制子系统包括基于智能遥控器、嵌墙式触摸屏、手机、PC 等的系统控制模块。

3.4.3　硬件系统结构分析

1. 硬件系统结构分析的概念

在进行硬件系统分析与设计时，经常使用电子元器件和硬件模块这两个概念。

电子元器件简称元器件，是电子元件和电子器件的总称。

电子元件是具有特定功能的电子电路，通常是封装好的且具有两个或以上的引线或金属接点。电子元件是电子电路中的基本元素。连接电子元件常见的方式之一是焊接到印制电路板（Printed Circuit Board，PCB）上。电子元件可以是单独封装的，如电阻、电容器、电感器、二极管、晶体管；也可以是群组的，如集成电路。

电子器件是指在真空、气体或固体中利用和控制电子运动规律而制成的器件，分为电真空器件、充气管器件和固态电子器件。电子器件在模拟电路中用于整流、放大、调制、振荡、变频、锁相、控制等，在数字电路中用于采样、限幅、逻辑、存储、计数、延迟等。

物联网硬件系统中常见的元器件有处理器、存储器、显示模块、通信模块、GPS 模块、传感器、印制电路板、电阻、电容、电感、插座、连接器、二极管、晶体管、晶闸管、电源、变压器、开关、继电器、电动机、散热器、扬声器、显示器。

硬件模块是指具有一定功能的零件、部件、元器件、电路和子系统等硬件实体的统称，如处理器、电源模块、WiFi 模块和显卡。

硬件模块具有相对性。例如，在交通控制系统中，显卡是一个模块，但其进一步包含了主板接口、显示器接口、处理器和内存等模块。

硬件系统结构分析是分析组成硬件系统的模块及其功能、性能，模块之间的相互关系，硬件系统与软件系统、外部系统之间的关系。

常用的硬件系统结构分析工具有框图和 Warnier 图。

2. 框图

框图用方框和连线来描述电子电路的结构和工作原理，广泛应用于电子电路分析与设计中。

框图将电子电路按照功能划分为若干部分，每个部分用一个方框表示，在方框中加上必要的文字说明，用有向或无向连线表示方框之间的联系。框图在物联网硬件系统结构分析中用来描述硬件系统的结构和工作原理。

例 3-4　试用框图进行环境监测系统硬件子系统的结构分析。

环境监测的参数很多，如大气的温度、湿度、烟尘、细颗粒物、一氧化碳、二氧化碳、二氧化硫、硫化氢、甲醛、氨、臭氧，以及水的温度、pH、总硬度、电导率、悬浮物、色度、浊度、透明度。不同的应用场景监测的参数一般是不同的。

以居住环境为例，常用的监测参数有大气的温度、湿度、烟尘、细颗粒物、一氧化碳、甲醛。因此，针对居住要求，环境监测系统硬件子系统由温度监测模块、湿度监测模块、烟尘监测模块、细颗粒物监测模块、一氧化碳监测模块、甲醛监测模块、显示模块、报警模块、通信模块、电源模块和中央控制模块等组成，如图 3-5 所示。

在图 3-5 中，各监测模块负责其相应的参数监测，显示模块负责显示监测结果、报警信息等，报警模块负责监测结果不正常时报警，通信模块负责系统与外部的通信，电源模块负责系统供电，中央控制模块负责整个硬件系统的控制、计算分析等工作。

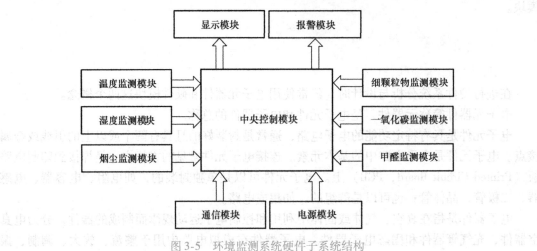

图 3-5　环境监测系统硬件子系统结构

3.4.4　软件系统结构分析

软件系统结构分析是分析组成软件系统的模块及其功能、性能，模块之间的相互关系，软件系统与硬件系统、外部系统之间的关系。

这里，软件模块是指具有一定功能的函数、过程和子系统等软件部件的统称，如显示模块、输入模块、打印模块和计算模块。

软件模块具有相对性。例如，打印模块中包含读取数据、预处理、打印设置、输出打印内容等模块。

常用的软件系统结构分析工具有层次框图和 HIPO 图。

1. 层次框图

层次框图基于树形结构，用方框（矩形框）表示模块，用多层次方框来描述软件模块之间的层次关系。

例 3-5　试用层次框图描述无人售货机软件子系统的结构。

无人售货机软件子系统由选货管理、取货管理、支付管理、查询管理、监控管理、补货管理、维护管理等模块组成。其中，支付管理模块包括现金支付管理模块、银行卡支付管理模块、微信支付管理模块、支付宝支付管理模块、校园卡支付管理模块。其结构如图 3-6 所示。

实际应用中，各模块还应进一步分解。

2. HIPO 图

HIPO 图是 IBM 公司于 20 世纪 70 年代中期在层

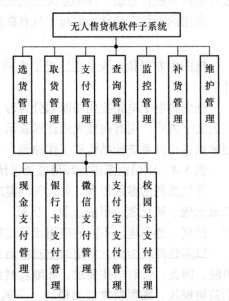

图 3-6　无人售货机软件子系统结构

次框图的基础上提出的一种描述系统结构和模块内部处理功能的工具。HIPO 图由层次框图和
IPO（Input/Processing/Output，输入/处理/输出）图两部分组成，前者描述软件系统结构，
后者描述每个模块的输入、处理和输出。

HIPO 图是描述软件总体需求的一个非常有力的工具，也可用于硬件系统结构分析。

3.5　物联网系统功能分析

3.5.1　物联网系统功能分析概述

物联网系统功能分析是指在系统调查的基础上分析系统的功能需求。不同的物联网系
统，其功能形式一般是不同的。然而，物联网系统的功能在本质上可抽象为数据采集、数据
查询、数据更新、数据存储与管理、数据传输、数据挖掘、数据发布、数据展示，以及系统
控制与系统执行等类型。

因此，物联网系统功能分析的内容包括数据采集、数据查询、数据更新、数据存储与管
理、数据传输、数据挖掘、数据发布、数据展示，以及系统控制与系统执行等功能的分析。
其中，最后两个功能的分析可查阅自动化相关专业的书籍。

3.5.2　数据采集功能分析

物联网系统的数据采集又称数据获取，是指通过传感器采集方式、人工输入方式，或者
从其他物联网系统和计算机软件系统读入等方式采集数据，传送到目标系统中进行处理、存
储和管理等。

通过传感器采集数据是物联网系统最常用的数据采集方式。例如，温度、湿度、水位、
水压、速度、加速度、重量、位置、电流和电压等都可以通过传感器采集。

数据采集一般通过采样方式实现，即每隔一定时间对同一点的数据重复采集。

数据采集方法有接触式和非接触式。例如，非接触式或接触式测量人体体温、非接触式
读取 RFID 卡中的数据。

可从以下几个方面进行数据采集功能分析：

1）需要采集哪些数据？

2）哪些数据是由传感器采集的？详细描述传感器的功能与性能需求、软硬件环境需求等。

3）哪些数据是由人工输入的？详细描述人员及其操作需求、软硬件环境需求等。

4）哪些数据是从其他物联网系统和计算机软件系统读入的？是批读入还是联机实时读
入？详细描述读入过程与相关要求等。

3.5.3　数据查询功能分析

物联网系统的数据查询是指从系统中查询符合给定条件的数据。

可从以下几个方面进行数据查询功能分析：

1）哪些人员需要查询数据？需要查询哪些数据？查询条件是什么？查询频率是多少？

2）本系统中哪些模块（如显示模块、控制模块、分析模块和打印模块）需要查询数
据？需要查询哪些数据？查询条件是什么？查询频率是多少？

3）本系统需要向哪些其他物联网系统、计算机软件系统主动推送数据？数据筛选条件
是什么？数据推送频率是多少？

3.5.4 数据更新功能分析

物联网系统的数据更新是指对系统中的数据进行各种更新操作，包括对数据进行插入、修改和删除等操作，从而使系统中的数据发生变化。

1. 数据插入

数据插入是指在原有数据的基础上增加新的数据。插入的数据一般来源于数据采集功能，也可通过数据查询、数据存储与管理、数据挖掘等功能产生，还可从其他系统导入。插入的数据可以是一条或者多条。

2. 数据修改

数据修改是指对原有数据进行修改。例如，在基于 RFID 的门禁管理系统中，如果某个客户更换了 RFID 卡，就需要修改原卡信息为新卡信息以保证该客户能够通过门禁。

可从以下几个方面进行数据更新功能分析：

1）需要更新哪些数据？

2）哪些数据是由人工更新的？

3）哪些数据是由软件系统模块更新的？其中，哪些数据是由软件系统功能触发引起更新的？哪些数据是由硬件系统功能触发引起更新的？

3. 数据删除

数据删除是指对原有的不需要的数据执行删除操作，从而达到减少数据使数据得到更新的目的。

3.5.5 数据存储与管理功能分析

物联网系统的数据存储与管理是指对系统中的数据进行存储、统计、排序与维护等。

1. 数据存储

数据存储是指数据以某种格式记录在计算机内部或外部存储介质上。

可从以下几个方面进行数据存储功能分析：

1）需要存储哪些数据？数据的结构是怎样的？

2）数据从何处来？

3）数据到何处去？有哪些模块会读取该数据？

4）每次存取多少数据？

5）数据的存取频率是多少？给出单位时间（如每天、每周或每月）内的存取次数。

6）数据的存取方式是什么？说明是批处理还是联机处理、是检索还是更新、是顺序检索还是随机检索，指出关键字等。

2. 数据统计

数据统计是指对数据进行计数、求和、求平均数、求最大值和求最小值等操作，是数据应用的重要形式。数据统计既可以是无条件统计，又可以是有条件统计。例如，求物联网工程专业学生的最小年龄，求 2021 年 1 月 1 日~2023 年 12 月 31 日装配车间的总用电量。

可从以下几个方面进行数据统计功能分析：

1）需要统计哪些数据？针对全部数据还是部分数据进行统计？例如，统计成绩为优秀的人数。

2）数据按哪些属性或属性组合统计？例如，分别按车间、按人员、按机床和按日期统计工时；又如，按业务员和月份组合统计销售业绩。

3）是否需要分类汇总？例如，统计学生成绩，按优、良、中、及格与不及格分类汇总各等级的人数。

3. 数据排序

数据排序是指将一组杂乱无章的数据按一定的规律顺次排列起来。升序和降序是排序的基本形式。

可从以下几个方面进行数据排序功能分析：

1）哪些数据需要排序？

2）按哪些属性或属性组合排序？例如，按专业和姓名组合对学生进行排序。

3）是否要先按某种标准分类，再排序？例如，先按成绩等级分类，再对每个等级的学生按专业和姓名组合排序。

4. 数据维护

数据维护是指在系统运行期间所做的数据备份、数据恢复、数据监控、数据故障处理和数据文件维护等工作的统称。数据维护功能分析是分析系统对数据备份、数据恢复、数据监控、数据故障处理和数据文件维护等工作的需求。

（1）数据备份　数据备份是指为防止由于操作失误或系统故障而导致数据丢失，将全部或部分数据从物联网系统复制到其他存储介质的过程。

可从以下几个方面进行数据备份功能分析：

1）需要备份哪些数据？

2）数据备份策略是怎样的？

3）数据备份的内容和时间有何需求？

（2）数据恢复　数据恢复是指由于系统重新安装或者系统故障等而把原备份数据恢复到系统中的过程。

可从以下几个方面进行数据恢复功能分析：

1）需要恢复哪些数据？

2）数据恢复的条件是怎样的？

3）数据恢复策略是怎样的？

（3）数据监控　数据监控是指系统在运行期间随时监控数据的存储状态、流动与变化情况。

可从以下几个方面进行数据监控功能分析：

1）需要监控哪些存储数据？如何定义、识别和处理存储数据异常？

2）需要监控哪些流动数据？如何监控？如何定义、识别和处理流动数据异常？

（4）数据故障处理　数据故障处理是指对各种硬件或软件故障造成的数据损坏与丢失进行处理。

可从以下几个方面进行数据故障处理功能分析：

1）如何及时识别数据故障？

2）数据故障处理的策略是什么？是修复还是恢复数据？

（5）数据文件维护　数据文件维护是指数据文件的创建和删除、数据结构和数据内容的维护等操作的统称。其中，数据文件的创建和删除、数据结构的维护往往出于功能增加和完善的需要，且一般伴随着程序维护；数据内容的维护可通过专门的维护程序实现。

可从以下几个方面进行数据文件维护功能分析：

1）哪些数据文件需要维护？

2）数据文件维护的条件是什么？

3）数据文件维护的策略是什么？是否需要同时进行程序维护？

3.5.6 数据传输功能分析

物联网系统的数据传输是指依照适当的协议，经过一条或多条链路在数据源和数据宿之间传送数据的过程。

可从以下几个方面进行数据传输功能分析：

1）需要传输哪些数据？

2）数据以何种方式传输？是无线通信方式、还是有线通信方式？

3）数据以何种通信协议传输？

4）数据是批方式、还是分时方式或实时方式传输？

3.5.7 数据挖掘功能分析

物联网系统的数据挖掘是指从大量的、不完全的、有噪声的、模糊的和随机的数据中提取隐含在其中的、人们事先不知道的但是又有用的信息和知识的过程。数据挖掘包括关联分析、聚类分析、分类、预测和偏差分析等内容。

1. 关联分析

关联分析是研究两个或两个以上数据之间是否存在某种联系。

可从以下几个方面进行关联分析的功能分析：

1）哪些数据需要做关联分析？

2）需要怎样利用数据之间的关联？

2. 聚类分析

聚类分析是指把数据按照某种标准划分为若干类，同一类中的数据具有相似性，不同类的数据具有相异性。

可从以下几个方面进行聚类分析的功能分析：

1）哪些数据需要做聚类分析？

2）聚类分析的目的是什么？

3）对数据聚类有哪些具体要求？

3. 分类

分类是指首先从数据中选出已经分好类的训练集，在该训练集上建立一个分类模型，再使用该模型对没有分类的数据进行分类。

可从以下几个方面进行分类功能分析：

1）哪些数据需要分类？

2）训练数据的来源是什么？

3）对分类准确率有何要求？

4. 预测

预测是指利用现在的数据和历史数据，采用科学方法建立模型描述数据的变化规律，并由此模型预测未来数据。

可从以下几个方面进行预测功能分析：

　　1）哪些数据需要做预测？

　　2）预测期限有何要求？

　　3）有偏爱的预测方法吗？

　　4）对预测精度有何要求？

5. 偏差分析

偏差分析是研究数据偏离的程度及变化规律，从数据的偏离发现价值，对良性偏离加以应用，对恶性偏离进行预警或控制。

可从以下几个方面进行偏差分析的功能分析：

　　1）哪些数据需要做偏差分析？

　　2）对良性偏离有哪些利用需求？

　　3）对恶性偏离有哪些预警或控制需求？

3.5.8　数据发布功能分析

物联网系统的数据发布是指将系统中的数据公布出来或者推送给特定的用户和系统。

数据发布的方式有专用显示系统发布、网页发布、短信推送、邮件推送和消息推送。专用的显示系统有 LED（Light Emitting Diode，发光二极管）大屏幕、iDLP（intelligent Digital Light Processing，智能数字光处理）无缝隙智能数字高清大屏幕显示系统；网页发布是指在官方网站或者第三方网站以网页形式发布；消息推送是指通过应用软件将数据推送给特定的用户或者系统，如通过 QQ 和微信推送消息。

可从以下几个方面进行数据发布功能分析：

　　1）哪些数据需要发布？采用何种方式发布？发布的时间是怎样的？

　　2）向哪些用户、用户群和系统发布数据？不同的用户或用户类型发送的内容是否不一样？

　　3）数据发布是否有保密要求？

3.5.9　数据展示功能分析

物联网系统的数据展示是指以一定的形式和载体把数据展现出来。数据展示方式包括文字、图形、报表、多媒体及它们的组合形式。数据展示的载体包括大屏幕系统、计算机显示器、纸质看板和有机玻璃看板。

1. 文字与图形展示方式

文字与图形展示方式是最常用的数据展示方式，其中，图形方式包括折线图、直方图和饼图。

2. 报表展示方式

报表展示方式是指通过二维表或者嵌套表把数据展现出来。

3. 多媒体展示方式

多媒体展示方式是指通过图像、音频、动画和视频把数据展现出来。

可从以下几个方面进行数据展示功能分析：

　　1）哪些数据需要展示？采用何种方式展示？

　　2）展示的载体是什么？展示场所在哪里？

　　3）展示内容的更新频率是多少？

3.6 物联网系统流程分析

物联网系统流程分析包括系统流程图、数据流程图和业务流程图的分析与制作。实际工作中，根据需要可选择其中一种或几种流程图来进行物联网系统流程分析。

3.6.1 系统流程图

1. 系统流程图的概念

系统流程图是一种描述物联网系统物理模型的常用工具，它以图形符号的形式表示系统中的输入/输出、处理、文档、数据库、人工处理等元素以及数据在各个元素之间的流动情况，且所有元素均以黑盒子形式体现。

2. 系统流程图的基本元素及其表示

系统流程图由一系列图形符号组成，这些符号在不同文献中的定义也不尽相同。为了项目顺利开展，开发方要根据国家标准和国际标准等制定企业标准或者指明要遵循的标准，规范各图形符号的样式及其含义、用法。

表 3-1 列出了典型的系统流程图符号。

表 3-1　典型的系统流程图符号

符号	名称	含义与用法
	处理	处理符表示能改变数据值或数据位置的加工或模块，如程序模块、处理器。使用时，在图形内标明处理的名称
	输入/输出	输入/输出符表示输入或输出（或既输入又输出），是一个广义的不指明具体设备的符号。使用时，在图形内标明输入/输出的名称
→	数据流	数据流符用于连接其他符号，指明数据的流动方向。使用时，箭头方向表示数据的流向
○	页内连接	页内连接符用于表示同一页内两个系统流程图的接转，以表明流程转向其他处，或从其他流程图转入流程。使用时，在圆圈内写上数字或字母等标识
	换页连接	换页连接符用于表示不同页内两个系统流程图的接转。使用时，在图形内写上数字或字母等标识
	文档	文档符表示打印输出，也可表示用打印端输入数据。使用时，在图形内标明文档的名称
	联机存储	联机存储符表示任何种类的联机存储，包括磁盘、软盘和海量存储器件。使用时，在图形内标明联机存储的名称
	磁盘	磁盘符表示磁盘输入/输出，也可表示存储在磁盘上的文件或数据库。使用时，在图形内标明磁盘的名称
	显示	显示符表示显示器、大屏幕系统或其他显示元素，可用于输入或输出，也可既用于输入又用于输出。使用时，在图形内标明显示的名称
	人工输入	人工输入符表示人工输入数据的脱机处理，例如，填写发货单。使用时，在图形内标明人工输入的名称
	人工操作	人工操作符表示人工完成的处理，例如，领取快递时签名。使用时，在图形内标明人工操作的名称
	辅助操作	辅助操作符表示使用设备进行的脱机操作。使用时，在图形内标明辅助操作的名称
⚡	通信链路	通信链路符表示通过远程通信线路或链路传送数据。使用时，可在图形旁标明通信链路的名称

3. 系统流程图的制作方法

系统流程图可采用结构化分析方法制作，即采用自顶向下、逐层分解和结构化、模块化的思想制作。具体方法如下：

1）从顶层开始，用一幅系统流程图描述其所有元素及其关联。

2）对于每个元素，主要是处理型元素，检查其细化程度是否满意。如果都满意，则结束，否则继续细化不满意的元素，即用一幅系统流程图描述它所有的子元素（子元素本质上也是元素）及其关联，直至所有元素的细化程度达到满意。

例 3-6　分析自动取款机（Automatic Teller Machine，ATM）的取款过程，画出系统流程图。

ATM 的取款过程：将银行卡插入 ATM 中，ATM 识别卡号并显示有关信息，用户输入密码，ATM 检查密码正误，用户点击取款并输入取款金额，用户取款，ATM 打印凭条，退出。流程图如图 3-7 所示。

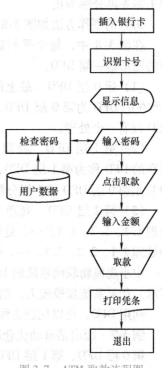

图 3-7　ATM 取款流程图

3. 6. 2　数据流程图

1. 数据流程图的概念

数据流程图是一种描述物联网系统数据流动的常用工具，它以图形符号的形式表示数据在系统中的流动、处理和存储情况。

2. 数据流程图的基本元素及其表示

DFD 的基本元素有外部实体、处理、数据流和数据存储，如表 3-2 所示。

表 3-2　数据流程图的基本元素

符号	名称	用　　法
▭	外部实体	使用时，在矩形框内标明外部实体的名称
⊟	处理	使用时，在上面的矩形框内标明处理的编号，在下面的矩形框内标明处理的名称
→	数据流	使用时，在直线上标明数据流的名称
⊨	数据存储	使用时，在左边矩形框内标明数据存储的编号，在右边开口框内标明数据存储的名称

3. 数据流程图的制作方法

DFD 的制作遵循自顶向下、逐层分解和结构化、模块化的原则，从 DFD 的顶层（即第 0 层）开始，逐层、逐幅画出系统的全部 DFD。具体方法如下：

（1）画出第 0 层 DFD　把整个系统看成一个处理，找出系统的所有外部实体，确定系统与外部实体之间的所有输入数据流和输出数据流。

（2）DFD 分解　把每个处理逐层分解，依次得到 DFD 第 1 层、DFD 第 2 层等，直到处理不需要再分解为止。

DFD 的制作方法如图 3-8 所示。

在图 3-8 中，每个平行四边形里
面的图形是一幅 DFD。

（1）第 0 层 DFD　最上面的处理
S 所在的 DFD 为第 0 层 DFD，第 0 层
DFD 仅有一个处理。

（2）第 1 层 DFD　处理 1、2、3
所在的 DFD 称为第 1 层 DFD，第 1 层
DFD 是第 0 层 DFD 的 1 级分解。

（3）第 2 层 DFD　处理 1 分解为
处理 1.1、1.2、1.3、…，处理 2 分解

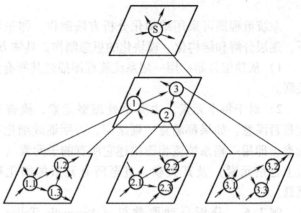

图 3-8　DFD 的制作方法

为处理 2.1、2.2、2.3、…，处理 3 分解为处理 3.1、3.2、3.3、…。

中小规模物联网系统的 DFD 一般至少要画到第 4 层，即总共至少 5 层才能充分描述其
需求。如果系统规模较大，则其 DFD 的层数将更多。

利用 DFD，可以比较方便地进行物联网系统总体设计。

例 3-7　画出某自动化仓库管理系统的 DFD。

第 0 层 DFD、第 1 层 DFD 分别如图 3-9、图 3-10 所示。

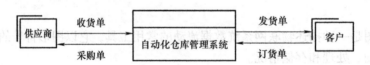

图 3-9　自动化仓库管理系统第 0 层 DFD

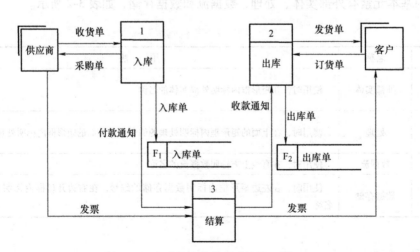

图 3-10　自动化仓库管理系统第 1 层 DFD

3.6.3　业务流程图

1. **业务流程图的概念**

业务流程图是一种描述物联网系统业务处理过程的常用工具，它以图形符号的形式表示

系统内各单位、人员之间的业务关系、作业顺序和信息流向情况。例如，去医院看病取药的业务流程为：首先挂号，然后到医生那里看病开药，去缴费处缴费，最后到药房取药。这个流程如果用业务流程图表示就会显得非常直观。

业务流程图的主要作用：

1）制作业务流程图的过程是全面了解业务处理的过程，是进行需求分析的依据。

2）业务流程图是系统分析员、管理人员和业务操作人员的交流工具。

3）系统分析员可直接在业务流程图上拟出可用计算机处理的部分。

4）利用业务流程图可分析业务流程的合理性。

2. 业务流程图的基本元素及其表示

业务流程图的基本元素如表3-3所示。

表 3-3　业务流程图的基本元素

符号	名称	含义与用法
（圆）	业务处理者	业务处理者符表示负责或参与处理对应业务的具体单位、部门或个人。使用时，在图形内标明业务处理者的名称，并画一条直线连接该业务处理者与对应的业务处理
（矩形）	业务处理	业务处理符表示具体的作业事项。使用时，在图形内标明业务处理的名称
（平行四边形）	输入/输出	输入/输出符表示输入或输出。使用时，在图形内标明输入/输出的名称或输入/输出的内容
（箭头）	流线	流线符用来连接两个图形符号，表示业务处理的顺序或信息流的传递方向。使用时，箭头方向表示处理顺序或信息的流向
（文档形）	文档	文档符表示业务处理中形成的报表、单据等文档。使用时，在图形内标明文档的名称
（多联文档形）	多联文档	多联文档符表示业务处理中形成的一式多份报表、单据等文档。使用时，在图形内标明多联文档的名称、在每联的右上角标明序号
（存储形）	存储	存储符表示文档资料的保存。使用时，在图形内标明存储的名称
（菱形）	决策/判断	决策/判断符表示业务处理中的决策或判断。使用时，在图形内标明决策/判断的名称
（圆）	页内连接	页内连接符用于表示同一页内两个业务流程图的接转，用于表明流程转向其他处，或从其他流程图转入流程。使用时，在圆圈内写上数字或字母等标识
（五边形）	换页连接	换页连接符用于表示不同页内两个业务流程图的接转。使用时，在图形内写上数字或字母等标识

3. 业务流程图的制作方法

业务流程图的制作是按照业务的实际处理步骤和过程进行的，一般和需求调查同时进行。很多企事业单位的管理文件一般包含业务流程图。

例3-8　画出某公司技术改造计划业务流程图。

经调查分析，某公司技术改造计划业务流程图如图 3-11 所示。

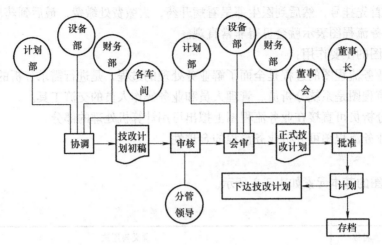

图 3-11　某公司技术改造计划业务流程图

3.7　物联网系统数据分析

数据字典、实体－联系图是物联网系统数据分析的有力工具。限于篇幅，本书对这两个工具只进行简要介绍，细节内容可查阅数据库原理与应用、数据库系统等相关教材。

3.7.1　数据字典

1. 数据字典的基本概念

数据字典是数据收集和分析后所获得的成果，它定义了所有与系统相关的数据项、数据结构、外部实体、数据流、数据存储和处理逻辑等数据字典元素，并按字典顺序组织编写，以方便开发人员和用户等查阅。

数据字典中的所有描述必须具有严密性、准确性和无二义性。

数据字典用相应数据字典元素的词条描述，每个词条包含以下信息：

（1）名称　给出数据字典元素的名称。每个数据字典元素都有一个区别于其他数据字典元素的名称，不允许不同的数据字典元素使用同一名称。数据字典元素的名称一般和业务管理的单据、票据、账本等实际工作中所用的名称一致。

（2）别名　给出数据字典元素的别名。有些数据字典元素可能有别名，如自动化仓库管理系统中的订货单的别名为订单。

（3）代码　给出数据字典元素的代码，代码一般用英文单词或词组、英文缩略词、汉语单字或词语拼音、汉语拼音声母缩略词等表示。

（4）编号　给出数据字典元素的编号。良好的编号方法能够很好地反映数据字典元素之间的关系，方便物联网系统开发人员阅读、审核，也是避免数据分析遗漏的有效手段。例如，层次化的编号方式就能够较好地体现数据字典元素之间的上下级关系和继承关系。

（5）分类　给出数据字典元素的类别，表明是数据项、数据结构、外部实体、数据流、数据存储还是处理逻辑。

（6）描述　给出数据字典元素的含义和构成等。

2. 数据字典的常用符号

在数据字典的编制过程中，人们经常会使用表 3-4 所示的符号。

表 3-4　数据字典的常用符号

符号	含义	说明
=	定义为，等于，由……构成	将等式左边内容"定义为"，"等于"右边，或者"由"右边内容"构成"
+	与	例如，$z = a + b$，表示 z 由 a 和 b 组成
[…|…]	或	例如，$z = [a \| b]$，表示 z 由 a 或 b 组成
{…}	重复	大括号中的内容重复出现。例如，$z = \{a\}$，表示 z 由 0 个或多个 a 组成
$m \{…\} n$	有重复次数限制的重复	大括号中的内容重复出现，其中 m、n 分别表示重复次数的下限和上限。例如，$z = 2 \{a\} 6$，表示 z 由 2~6 个 a 组成
(…)	可选	例如，$z = (a)$，表示 a 可在 z 中出现，也可不出现
'…'	字符或字符串	单引号中的内容是字符或字符串。例如，$z = \text{'}a12b\text{'}$，表示 z 取值字符串 $a12b$
..	连接符	例如，$z = 2 .. 11$，表示 z 取 2~11 中的任意一个值

3. 数据项

在数据字典中，数据项又称数据元素，是在其所属系统范围内具有完整意义的、不可再分的数据。例如，在考勤管理系统中，员工的姓名、工号和性别等分别具有完整意义，并且不可再分，所以均是数据项。

数据项用数据项词条描述。数据项词条包含如下内容：

（1）数据项名称　给出数据项的名称。

（2）别名　如果数据项有多个名称，则给出别名。

（3）编号　给出数据项的编号。

（4）含义说明　说明数据项的含义和用途等。

（5）类型　说明数据项的数据类型，如字符型、数值型、日期型、逻辑型、备注型等。

（6）长度　说明数据项长度，常用字节数、二进制位数等表示。

（7）取值范围及含义　说明数据项的取值范围及含义。例如，工号数据项取值范围为 '000001'~'999999'。

（8）相关元素　说明与该数据项有关的 DFD 和数据字典元素等。

4. 数据结构

在数据字典中，数据结构是由若干个相互关联的数据项依据某种逻辑联系组织起来的联合体。例如，在人事管理系统中，员工信息就是一个数据结构，即用姓名、工号和性别等数据项联合起来描述员工，表示员工身份的完整信息。

此外，数据结构可能是由若干个数据项或其他数据结构构成的。也就是说，数据结构中可以含有数据结构。

数据结构用数据结构词条描述。数据结构词条包含如下内容：

（1）数据结构名称　给出数据结构的名称。

（2）别名　如果数据结构有多个名称，则给出别名。

（3）编号　给出数据结构的编号。

（4）含义说明　说明数据结构的含义和用途等。

（5）组成　说明数据结构是由哪些数据项或数据结构组成的。

（6）相关元素　说明与该数据结构有关的 DFD 和数据字典元素等。

5. 外部实体

在 DFD 和数据字典中，外部实体是指不受系统控制、处于系统之外的事物、机构和人员等客观实体的统称。

外部实体在 DFD 中一般作为数据流的源点（起点）或汇点（终点）。

外部实体用外部实体词条描述。外部实体词条包含如下内容：

（1）外部实体名称　给出外部实体的名称。

（2）别名　如果外部实体有多个名称，则给出别名。

（3）编号　给出外部实体的编号。

（4）简要描述　说明外部实体的性质和职能等。

（5）输入的数据流　列出进入该外部实体的数据流。

（6）输出的数据流　列出离开该外部实体的数据流。

（7）数量　在整个 DFD 中，该外部实体出现的次数。

6. 数据流

在 DFD 和数据字典中，数据流是系统中有着起点和终点的数据结构，表示数据的流动。起点和终点可以是外部实体、处理、数据存储其中之一，但是起点和终点中至少有一个是处理。数据流反映了数据从起点到终点的移动。

数据流用数据流词条描述。数据流词条包含如下内容：

（1）数据流名称　给出数据流的名称。

（2）别名　如果数据流有多个名称，则给出别名。

（3）编号　给出数据流的编号。

（4）说明　简要介绍数据流产生的原因和结果。

（5）数据流来源　指出数据流来自何方。

（6）数据流去向　指出数据流去往何处。

（7）组成　说明数据流是由哪些数据结构组成的。

（8）平均流量　给出数据流平均流量，即单位时间（如每天、每周、每月、每季度或每年）内传输的次数。

（9）高峰期流量　给出数据流高峰期的流量。

（10）相关元素　说明与该数据流有关的 DFD 和数据字典元素等。

7. 数据存储

在 DFD 和数据字典中，数据存储是数据及其结构停留或保存的地方，是数据流的来源和去向之一。数据存储可以是手工文档、单据、凭证或计算机文档、数据库。例如，在人事管理系统中，员工基本信息就是一个数据存储。

数据存储用数据存储词条描述。数据存储词条包含如下内容：

（1）数据存储名称　给出数据存储的名称。

（2）别名　如果数据存储有多个名称，则给出别名。

（3）编号　给出数据存储的编号。数据存储编号一般以字母 F 开头，其后是数字序号。

（4）说明　简要介绍存放的是什么数据。

（5）输入的数据流　说明进入该数据存储的数据流。

（6）输出的数据流　说明从该数据存储出去的数据流。

（7）组成　说明数据存储是由哪些数据结构组成的。

（8）数据量　说明每次存取多少数据。

（9）存取频率　给出该数据存储单位时间（如每天、每周、每月、每季度或每年）内的存取次数。

（10）存取方式　说明是批处理还是联机处理、是检索还是更新、是顺序检索还是随机检索，并指明关键字等。

（11）相关元素　说明与该数据存储有关的 DFD 和数据字典元素等。

8. 处理逻辑

在 DFD 和数据字典中，处理是指数据的逻辑处理，用来改变数据值。处理逻辑用于描述处理是如何工作的，有哪些输入/输出。描述处理逻辑的方法比较多，如判定表、判定树和伪代码，但这些方法占用篇幅比较大。相反，数据字典中的处理逻辑词条用很小的篇幅即可给出处理逻辑的简明描述，便于快速地了解物联网系统的功能，因而应用非常广泛。

处理逻辑词条包含如下内容：

（1）处理名称　给出处理的名称。

（2）编号　给出处理的编号，编号与 DFD 一致。

（3）说明　简要介绍处理及其功能。

（4）输入的数据流　列出进入该处理的数据流。

（5）输出的数据流　列出离开该处理的数据流。

（6）处理逻辑　简要介绍处理事项、逻辑顺序。注意，由于词条的空间不能太大，因此处理逻辑在数据字典中一般不需要详细描述，详细描述应在系统功能分析中进行。

（7）平均执行频率　给出该处理单位时间（如每天、每周、每月、每季度或每年）内的平均运行次数。

（8）高峰期执行频率　给出该处理单位时间（如每小时、每天、每周、每月、每季度或每年）内的高峰期运行次数。

（9）相关元素　说明与该处理逻辑有关的 DFD 和数据字典元素等。

3.7.2　实体-联系图

1. 实体及其属性

实体是指客观存在并可相互区分的事物。实体可以是具体的人、事和物，也可以是抽象的概念或联系。例如，一个员工、员工的一次出勤、仓库的一次订货、一辆汽车、一张银行卡、一本书、一门课等都是实体。

属性是指实体所具有的某一特性。实际上，实体通过其特征把它和其他实体区别开来。例如，员工可通过姓名、工号、性别、部门、出生日期、最高学位和职务等特征来描述。

属性为实体的某一方面特征的抽象表示，可以具体取值，即属性值。例如，某员工，其姓名 = "李明"，工号 = "203015"，性别 = "男"，部门 = "技术开发部"，出生日期 = "1996 - 6 - 11"，最高学位 = "硕士"，职务 = "工程师"。其中，" = "表示取值。

2. 实体集及其表示

实体集是具有相同特征或能用相同特征描述的实体的集合。例如员工、考勤表、订货单、汽车、银行卡、图书、课程等都是实体集。

E-R图是一种表示实体集、属性和联系的方法。在E-R图中：

1）用矩形表示实体集，矩形框内写明实体名。

2）用椭圆表示实体集的属性，并用无向边将其与相应的实体集连接起来。例如，员工具有姓名、工号、性别、部门、出生日期、最高学位和职务等属性，其E-R图如图3-12所示。

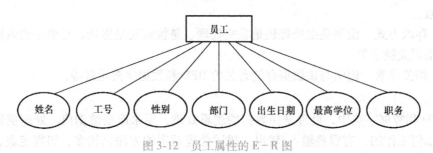

图3-12　员工属性的E-R图

当实体集的属性比较多时，实体集的属性在E-R图中可不用画出，而是用文字说明。

3. 联系及其表示

实体集不是孤立存在的，实体集之间有着各种各样的联系。例如，员工和项目之间有"开发"联系，学生和课程之间有"选修"联系。

联系是指实体集之间的相互关联。它分为两个实体集之间的联系、多个实体集之间的联系、同实体集之间的联系等情形。这里，同实体集是指相同的实体集。

（1）两个实体集之间的联系　两个实体集之间的联系分为3种类型：一对一、一对多、多对多。

1）一对一联系。指实体集 A 中的一个实体只能与实体集 B 中的一个实体对应，且实体集 B 中的一个实体只能与实体集 A 中的一个实体对应。记作1:1联系。例如，一个公民只能拥有一个身份证号，而一个身份证号只能对应一个公民，即公民与身份证之间具有一对一联系。

2）一对多联系。指实体集 A 中的一个实体可以与实体集 B 中的多个实体对应，且实体集 B 中的一个实体只能与实体集 A 中的一个实体对应。记作1:n联系。例如，一个公司里有多名员工，而每个员工只能在一个公司里工作，即公司与员工之间具有一对多联系。

3）多对多联系。指实体集 A 中的一个实体可以与实体集 B 中的多个实体对应，且实体集 B 中的一个实体可以与实体集 A 中的多个实体对应。记作m:n联系。例如，一个学生可以选修多门课，而一门课也可以有多名学生选修，即学生与课程之间具有多对多联系。

在E-R图中，用菱形表示实体集之间的联系，菱形内写明联系的名称，并用无向边与有关实体集连接起来，同时在无向边旁标出联系的类型。如果联系具有属性，则该属性仍用椭圆表示，并用无向边将属性与其联系连接起来。联系的属性必须在E-R图上标出，不能通过文字说明。

例如，学生、课程与选课之间的关系可用图3-13所示的E-R图表示。

（2）多个实体集之间的联系　多个实体集之间的联系分为两种类型：一对多、多对多。

1）多个实体集之间的一对多联系。例如，假定一门课程可以有多个教师讲授，一个教师只讲授一门课程，一门课程使用若干本参考书，每一本参考书只供一门课程使用，则课程与教师、参考书之间的联系是一对多联系。

2）多个实体集之间的多对多联系。例如，一个供应商可以为多个项目供给多种零件，一个项目可以使用多个供应商供应的多种零件，每种零件可由多个供应商供给多个项目，所以供应商、项目和零件 3 个实体集之间是多对多联系，如图 3-14 所示。

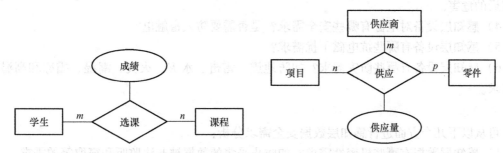

图 3-13　两个实体集之间的多对多联系　　　图 3-14　多个实体集之间的多对多联系

（3）同实体集之间的联系　同实体集之间的联系又称为自联系，也分为 1:1、1:n、m:n 这 3 种类型。例如，员工实体集内部存在领导与被领导的 1:n 自联系，如图 3-15 所示。

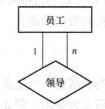

图 3-15　同实体集之间的一对多联系

3.8　物联网系统安全分析

3.8.1　物联网系统安全分析概述

物联网系统安全是指其软硬件系统受到保护，不因无意或恶意的因素而使数据遭到破坏、篡改、窃取和泄露，保证系统正常运行和服务不中断的状态。

物联网系统安全包括硬件系统安全和软件系统安全两个方面的内容。硬件系统安全是指硬件系统运行时具有预定的功能和性能，不对硬件本身、软件、人身和环境等造成伤害或破坏。软件系统安全是指软件系统运行时具有预定的功能和性能，不对硬件、软件本身、关联系统和环境等造成伤害或破坏，保证数据不遭到破坏、篡改、窃取和泄露，及时正确地应对黑客攻击、病毒攻击、操作系统和网络系统的漏洞攻击等各种非法攻击。

物联网系统安全分析是分析系统的安全需求。

物联网系统安全涉及数据采集、传输、应用和存储等系统运行的各个环节。因此，物联网系统安全分析的内容包括感知层安全分析、网络层安全分析、应用层安全分析和数据存储层安全分析。

3.8.2　感知层安全分析

物联网系统的很多感知层设备部署在无人场所，攻击者可能会实施窃取和破坏活动，对传感器进行非法操控。物联网系统的感知层数据大多采用无线传输方式，对于这种暴露在公共场所中的数据，如果缺乏有效的保护措施，则很容易被非法监听和窃取。

感知层安全分析是分析物联网系统感知层设备和数据等的安全需求。这里，感知层设备是指感知层设备的硬件、硬件运行所需的程序及数据的统称；感知层数据是指其采集的数据。以下网络层、应用层、数据存储层的设备和数据有类似解释，不再赘述。

1. 感知层设备安全需求分析

可从以下几个方面进行感知层设备安全需求分析：

1）系统接入的感知层设备是否有防盗和防破坏需求？

2）感知层设备接入和访问时是否需要安全认证？需要哪些安全认证？

3）感知层设备有何安全评估需求？对可能被控制的感知层设备进行安全评估，以降低入侵后的危害。

4）感知层设备对电源有哪些安全需求？是否需要防人畜触电？

5）感知层设备有哪些抗电磁干扰需求？

6）感知层设备有哪些防灾需求？如防地震、雷击、水灾、火灾、潮湿、霜冻和高温等的需求。

2. 感知层数据安全需求分析

可从以下几个方面进行感知层数据安全需求分析：

1）感知层数据有哪些机密性需求？如防止采集的数据被非法监听和窃取等的需求。

2）感知层数据有哪些完整性需求？例如，防止某些传感器结点数据整体缺失、时段数据缺失和数据项缺失，防止数据被破坏和篡改等的需求。

3.8.3 网络层安全分析

物联网是一种复杂的网络系统，信息传输的环节多，很容易被非法监听和窃取，安全问题显得尤为突出。例如，用手机近场通信（Near Field Communication，NFC）支付地铁乘车费时，就涉及跨架构的网络系统，因此信息传输的环节多，潜在的安全隐患也多。

网络层安全分析是分析物联网系统网络层设备和数据等的安全需求。

1. 网络层设备安全需求分析

可从以下几个方面进行网络层设备安全需求分析：

1）网络层设备接入和访问时是否需要安全认证？需要哪些安全认证？

2）网络层设备有何安全评估需求？

3）网络层设备对电源有哪些安全需求？是否需要防人畜触电？

4）网络层设备有哪些抗电磁干扰需求？

5）网络层设备有哪些防灾需求？

6）网络层设备在运行与维护方面有哪些安全需求？例如，网络层设备运行状态监控、分析和预测，故障识别、报警和处置，防盗和防破坏等的需求。

7）网络层程序有哪些防病毒需求？如病毒识别和清除等的需求。

8）网络层程序有哪些防黑客攻击需求？如黑客攻击识别、预警、治理等的需求。黑客攻击的主要手段有监听、密码破解、漏洞扫描、恶意程序码和阻断服务。

2. 网络层数据安全需求分析

可从以下几个方面进行网络层数据安全需求分析：

1）网络层数据有哪些机密性需求？如防止数据在传输过程中被窃取和泄露等的需求。

2）网络层数据有哪些完整性需求？如防止数据在传输过程中丢失、被破坏和篡改等的需求。

3）网络层数据有哪些防病毒需求？

3.8.4 应用层安全分析

应用层安全分析是分析物联网系统应用层设备和数据等的安全需求。

1. 应用层设备安全需求分析

可从以下几个方面进行应用层设备安全需求分析：

1）应用层设备接入和访问时是否需要安全认证？需要哪些安全认证？

2）应用层设备有何安全评估需求？

3）应用层设备对电源有哪些安全需求？是否需要防人畜触电？

4）应用层设备有哪些抗电磁干扰需求？

5）应用层设备有哪些防灾需求？

6）应用层设备有哪些可能的误操作？需要怎样处理？误操作主要体现在因工作不细致而误用设备功能、不按规定的流程操作设备，造成系统死机、设备毁损和数据毁损。

7）应用层设备在运行与维护方面有哪些安全需求？

8）应用层程序安装、登录和使用有哪些安全需求？如只允许合法的用户安装、登录和使用系统。

9）应用层程序有哪些防病毒需求？

10）应用层程序有哪些防黑客攻击需求？

2. 应用层数据安全需求分析

可从以下几个方面进行应用层数据安全需求分析：

1）应用层数据有哪些机密性需求？

2）应用层数据有哪些完整性需求？

3）应用层数据有哪些防病毒需求？

4）应用层有哪些数据备份和恢复需求？

3.8.5　数据存储层安全分析

数据存储层安全分析是分析物联网系统数据存储层设备和数据等的安全需求。

1. 数据存储层设备安全需求分析

可从以下几个方面进行数据存储层设备安全需求分析：

1）数据存储层设备接入和访问时是否需要安全认证？需要哪些安全认证？

2）数据存储层设备有何安全评估需求？

3）数据存储层设备对电源有哪些安全需求？

4）数据存储层设备有哪些防灾需求？

5）数据存储层设备有哪些可能的误操作？需要怎样处理？

6）数据存储层设备在运行与维护方面有哪些安全需求？

7）数据存储层需要哪些磁盘阵列？如果需要，则应详细列出磁盘阵列的功能与性能等要求。磁盘阵列是指把多个类型、容量、接口甚至品牌一致的专用磁盘或普通磁盘连成一个阵列，以准确、安全和快速的方式读写磁盘数据。

8）数据存储层是否需要双机容错存储设备？如果需要，则应列出具体要求。双机容错的目的在于保证系统数据服务的不间断性，即当某存储设备发生故障时，系统仍然能正常地提供数据服务，保证数据不丢失和服务不中断。

9）数据存储层是否需要异地容灾存储设备？如果需要，则应列出具体要求。异地容灾存储是指数据中心的备份中心如果是异地的，则当火灾和地震等灾难发生时，一旦数据中心瘫痪，备份中心就会接管数据中心提供服务。

2. 数据存储层数据安全需求分析

可从以下几个方面进行数据存储层数据安全需求分析：

1）数据存储层数据有哪些机密性需求？

2）数据存储层数据有哪些访问控制需求？

3）数据存储层数据有哪些防病毒需求？

4）数据存储层数据在运行与维护方面有哪些安全需求？例如，数据存储层数据的监控、分析、报告、预警、数据备份与恢复等的需求。

3.9 物联网系统环境分析

3.9.1 物联网系统环境分析概述

物联网系统环境分析是在系统调查的基础上分析系统的环境需求。

在需求分析阶段，物联网系统环境分析是面向系统开发层次的，其目的是了解系统开发与运行的各种环境需求，保证系统适应已存在的环境，并为建立合适的系统开发与运行环境提供依据。其内容包括系统开发与运行的硬件环境、软件环境，与系统生存和发展密切相关的自然环境、社会环境等的分析。

3.9.2 硬件环境分析

物联网系统的硬件环境是指系统开发内容之外的、与系统开发及运行有关的各种硬件。例如，外部通信系统、外部供电系统、外部被控系统等的硬件部分。

可从以下几个方面进行物联网系统硬件环境分析：

1）系统开发需要哪些硬件？包括系统开发环境、开发工具、调试和测试设备等的硬件部分。

2）系统与外部互联涉及哪些网络通信设备和通信方式？通信接口是怎样的？

3）系统使用的外部供电系统的电流和电压是多少？

4）与系统互联的其他设备有哪些？接口是怎样的？

3.9.3 软件环境分析

物联网系统的软件环境是指系统开发内容之外的、与系统开发及运行有关的各种软件系统。例如，嵌入式操作系统、网络操作系统、支撑软件和应用软件。

可从以下几个方面进行物联网系统软件环境分析：

1）系统开发需要哪些软件？包括系统开发环境、开发工具、调试和测试设备等的软件部分。

2）系统运行需要哪些嵌入式操作系统、网络操作系统和支撑软件？

3）与系统互联的外部软件有哪些？接口是怎样的？

4）系统中同时运行的第三方软件有哪些？对本系统有何影响？

3.9.4 自然环境分析

在需求分析阶段，可从以下几个方面进行物联网系统自然环境分析：

1）地形地貌、建筑物对物联网系统的信号强度和传输距离有哪些影响？

2）高温、低温对硬件功能和性能有何影响？是否有温度控制要求？

3）湿度要求是怎样的？是否需要防潮？

4）有防雷、防洪和防水要求吗？

5）电磁辐射对硬件有何影响？是否需要抗干扰？

3.9.5 社会环境分析

在需求分析阶段，可从以下几个方面进行物联网系统社会环境分析：

1）生活方式和风俗习惯对系统提出哪些要求？

2）审美观念对系统提出哪些要求？

3）人口规模与结构对系统提出哪些要求？

4）经济水平和消费能力对系统提出哪些要求？

5）文化传统和教育水平对系统提出哪些要求？

在社会环境分析中，还需特别注意其中的监管环境分析。监管环境是指对物联网系统开发、生产、销售等生产经营活动进行监管的法律、法规、法令和宏观经济政策等因素的统称。

在需求分析阶段，可从以下几个方面进行物联网系统监管环境分析：

1）国家法律、法规和法令对系统提出哪些要求？

2）国家标准、行业标准、地方标准和国际标准对系统提出哪些要求？

3）宏观经济政策、国民经济发展规划和产业发展规划对系统提出哪些要求？

3.10 物联网系统性能分析

3.10.1 物联网系统性能分析概述

物联网系统性能分析是分析系统的各种性能需求。不同类型的系统，其性能指标也不同。例如，智能电冰箱的性能指标有总容积、冷藏室容积、冷冻室容积、冷冻能力、额定耗电量、控制方式和运行噪声等，无人售货机的性能指标有响应时间、出货速度、储货量、储货种类、支付方式、重量和容积等。物联网系统的性能指标一般包括处理速度、资源利用率、抗干扰能力、精度、响应时间、吞吐量、并发用户数、可靠性、可用性、可扩展性、可维护性、安全性和兼容性。

物联网系统性能分析的内容包括硬件系统性能分析、软件系统性能分析和系统综合性能分析。硬件系统的性能指标一般包括处理速度、内存容量、外存容量、资源利用率、传输速率、抗干扰能力、精度、寿命、可靠性、可用性、可维护性和环境适应性。软件系统的性能指标一般包括响应时间、吞吐量、并发用户数、可靠性、可用性、可扩展性和可维护性。系统综合性能指软硬件结合时的系统性能。

3.10.2 硬件系统性能分析

在实际工作中，硬件系统性能分析一般根据硬件系统的特点选择若干性能指标进行分析。

1. 处理速度

从计算机角度来看，处理速度是指中央处理器（Central Processing Unit，CPU）的每秒浮点运算次数。

从物联网硬件系统角度来看，处理速度是指单位时间内 CPU 从存储设备读取、处理和存储信息的量。

从应用角度来看，处理速度是指系统单位时间内处理的作业量或进程数。

2. 内存容量

计算机的内存（即内存储器）容量通常是指随机存储器的容量。内存容量一般越大越好。

3. 外存容量

计算机的外存（即外存储器）是指除内存及 CPU 缓存以外的存储器，它一般在断电后仍然能保存数据。常见的外存储器有硬盘、光盘、U 盘、安全数据存储卡（Secure Digital Memory Card，SD 卡）、软盘和磁带等。外存容量越大，可存储的信息就越多。

4. 资源利用率

资源利用率是指一段时间内资源平均被占用的比率。

物联网系统的资源是指系统中硬件资源和软件资源的总和。例如，CPU、内存、外存、传感器、网络、打印机、显示器和数据、驱动程序、通信程序和应用程序。

对于数量为 1 的资源（此处是"资源作为一个整体"的含义），资源利用率可以表示为被占用的时间与整段时间的比值；对于数量不为 1 的资源，资源利用率可以表示为该段时间内平均被占用的资源数与总资源数的比值。

5. 传输速率

数据传输速率是指单位时间内由数据通路传输数据的数量，通常表示一秒内传输数据信息的比特数，单位为比特/秒。

6. 抗干扰能力

物联网系统的干扰因素包括电磁干扰、温度干扰、湿度干扰、声波干扰和振动干扰，其中电磁干扰对系统的影响最大。

7. 精度

精度是观测结果、计算值或估计值与真值（或被认为是真值）之间的接近程度，是描述物联网系统的性能和质量的重要指标。物联网硬件的精度包括几何精度、运动精度、传动精度、控制精度、定位精度及精度保持性等。

（1）几何精度　几何精度是指系统在空载条件下，在不运动或运动速度较低时各主要模块的形状、相互位置和相对运动的精确程度。几何精度直接影响工作质量，是评价系统质量的基本指标。它主要取决于系统结构设计、制造和装配质量。

（2）运动精度　运动精度是指系统的主要模块以工作状态的速度运动时的精度。运动精度和几何精度是不同的，它还受到运动速度、运动件的重力、传动力和摩擦力的影响。

（3）传动精度　传动精度是指系统内传动链两末端件之间的相对运动精度。

（4）控制精度　控制精度是指反馈控制系统中最终的控制参数值与额定值的符合程度。

（5）定位精度　定位精度是指系统运动模块在系统控制下运动时所能达到的位置精度。

（6）精度保持性　精度保持性是指系统在正常使用条件下在较长时间内保持其精度特性的能力。它主要取决于系统设计、制造、装配、操作方式、使用环境和维护质量。

8. 寿命

寿命是指系统从投入使用开始，到由于有形磨损或模块老化使系统在技术上完全丧失使用价值，或者继续使用在经济上不合理，或者技术过时而报废为止所经历的时间。

9. 可靠性

可靠性是指物联网系统在规定条件下和规定时间内完成规定功能的能力。"完成规定功能"就是能够连续地保持系统的工作能力，使各项技术指标符合规定值。如果系统不能完成规定功能，就称为失效，对于可修复的系统也称为故障。故障和失效在可靠性工程中不做区分。

故障是一种破坏物联网系统工作能力的事件。故障越频繁，可靠性就越低。

物联网系统完成规定功能是相对于"规定条件"和"规定时间"而言的。"规定条件"是指系统运行时的自然环境、软硬件环境和负载等条件，"规定条件"不同，可靠性也不同。例如，同一系统在不同的自然环境和供电环境下其可靠性可能会有所不同。"规定时间"长短的不同，系统可靠性也不同。一般来说，规定的时间越长，故障越多，可靠性也就越低。

系统可靠性可通过可靠度、故障率、平均无故障间隔时间等来描述。可靠性越高，系统质量就越高。

10. 可用性

可用性是指在要求的外部资源得到保证的前提下，系统在规定的条件下和规定的时刻或时间区间内处于可执行规定功能状态的能力。它是系统可靠性和可维护性的综合反映。可用性越高，系统质量就越高。

从用户角度来看，可用性主要是指系统的功能有效、高效、易学、易用、少出错和满意的程度。

11. 可维护性

可维护性是指系统维护的难易程度。可维护性越高，系统越容易维护，系统质量就越高。

12. 环境适应性

环境适应性是指系统在可能遇到的各种环境影响下能实现其所有预定功能和性能、不被破坏的能力。

3.10.3　软件系统性能分析

在实际工作中，软件系统性能分析一般根据软件系统的特点选择若干性能指标进行分析。软件系统可靠性、可用性和可维护性等性能指标的定义与硬件系统相似。

1. 响应时间

响应时间是指从用户向软件系统发出处理请求开始，经过处理，直到软件输出最终结果为止的时间间隔。

显然，响应时间越少，处理速度就越快，用户体验一般就越好。但是，响应时间并不能完全决定用户体验，用户体验取决于用户对该响应时间的接受程度。

2. 吞吐量

吞吐量是指软件系统单位时间内处理请求的数量。

对于无并发的软件系统，吞吐量与响应时间成反比关系，吞吐量为响应时间的倒数。但对于有并发的软件系统，通常需要将吞吐量作为性能指标。

3. 并发用户数

并发用户数是指软件系统可以同时承载的正常使用系统功能的用户数量。

4. 可扩展性

可扩展性是指软件系统为了应对未来需求而提供的一种扩展能力。当有新的需求出现时，系统无须修改或仅需少量修改就可以满足，整个系统无须重构或重建。

具有良好可扩展性的系统能够快速响应需求变化，最大限度地降低需求变化对系统的影响。为了获得良好的可扩展性，开发人员应准确地预测需求变化，并采取合理的对策。

3.11 需求评审

3.11.1 需求评审的概念

受人类认知能力和科学技术水平限制，物联网系统开发的每个阶段都有可能出现错误。这些错误如果得不到及时发现和纠正，就会传播到后续阶段，并在后续阶段中引发更多的错误。因此，物联网系统开发的每个阶段都要进行严格的技术评审，即阶段评审，尽量不让错误传播到下一个阶段。

需求评审就是论证系统需求的合理性、正确性、完整性和可行性。其主要依据是可行性研究报告、项目任务书和需求规格说明书。作为整个物联网系统开发的基础，需求分析阶段产生的错误影响深远。因此，需求评审是一项极其重要的工作。

需求评审首先要确定需求评审的组织者，确定需求评审组。

3.11.2 需求评审的组织

需求评审一般由项目组（或开发方）和用户方共同组织，也可由开发方和用户方认可的第三方机构组织。

需求评审组织者的任务是确定需求评审的形式、评审组、评审时间和地点，组织和主持需求评审会。

需求评审的形式有会议评审和材料评审。会议评审就是以召开会议的形式进行评审，项目组需要在会议上汇报项目立项和需求分析等情况。材料评审就是通过阅读可行性研究报告、项目任务书和需求规格说明书等材料进行评审。

3.11.3 需求评审组

无论是会议评审还是材料评审，都需要确定需求评审组。需求评审是由需求评审组具体完成的。

需求评审组一般由 3~11 名第三方专家组成，具体人数根据项目规模和重要程度确定。第三方专家一般是项目相关领域的不是项目组成员的技术专家，建议从大学、科研院所、优秀科技公司、开发方和用户方专家中遴选。

评审组需要推选一位专家作为组长。

3.11.4 需求评审的内容

需求规格说明书是需求评审会上最重要的资料。需求评审的主要内容是基于需求规格说明书论证需求的合理性、正确性、完整性和可行性。

1. 合理性

每一项需求必须是来自于用户的合理需求。

2. 正确性

每一项需求必须得到正确描述，避免二义性。

3. 完整性

需求规格说明书必须涵盖系统的全部需求，具有良好的可读性。

4. 可行性

每一项需求都应在项目组现有技术、经费、人员和开发工具等资源的约束下得到顺利实现。

3.11.5　需求评审的步骤

1. 会议评审

会议评审的主要步骤：会议组织、分发评审资料、项目组汇报、相关演示、质询与答辩、给出评审意见。

（1）会议组织　会议组织的主要任务如下：

1）建立评审组；确定其他参会人员，包括项目负责人、需求分析人员、系统设计与实现人员、测试人员、质量管理人员、用户。

2）确定会议时间、地点和会议议程，发出会议通知。

3）通知项目组准备评审材料，包括可行性研究报告、项目任务书和需求规格说明书。

（2）分发评审资料　会议开始之前，分发评审资料。

（3）项目组汇报　项目组汇报项目立项和需求分析等情况。

（4）相关演示　项目组可以进行相关演示、其他有关说明。例如，演示相关的原型系统和视频资料。

（5）质询与答辩　针对需求规格说明书、项目组的汇报和演示，评审组专家、用户等提出质询，项目组答辩。

（6）给出评审意见　评审组给出评审意见并签名，评审意见包括评审材料是否规范和齐全，需求分析是否合理、正确、完整和可行，修改建议，评审结论。评审结论一般是通过、不通过或修改后通过等。

上述（3）~（6）步由评审组组长主持。

2. 材料评审

材料评审的主要步骤：建立评审组、分发评审资料、各评审专家分别评审并把评审意见发给组长、组长综合形成评审组意见、各专家确认评审组意见并签名。

习　题

1. 什么是物联网系统需求分析？它包含哪些内容？
2. 试论述物联网系统需求分析的原则。
3. 简述物联网系统需求分析的步骤。
4. 什么是物联网系统需求调查？它包含哪些内容？
5. 试论述物联网系统需求调查的原则。

6. 分别解释以下物联网系统需求调查的方法：实地观察法、原型演示法、文档阅读法、网站访问法、专家介绍法、问卷调查法、单独询问法、团体会议法。

7. 什么是物联网系统目标分析？它包含哪些内容？

8. 试论述物联网系统目标分析的原则。

9. 如何使用目标/手段法进行物联网系统目标分析？

10. 如何使用相关树法进行物联网系统目标分析？

11. 什么是物联网系统结构分析？它包含哪些内容？

12. 名词解释：物联网系统总体架构、业务总体架构、应用总体架构、技术总体架构、功能总体架构。

13. 什么是硬件系统结构分析？

14. 如何使用框图进行硬件系统结构分析？

15. 什么是软件系统结构分析？

16. 如何使用层次框图进行软件系统结构分析？

17. 什么是物联网系统功能分析？它包含哪些内容？

18. 什么是数据采集？如何进行数据采集功能分析？

19. 什么是数据查询？如何进行数据查询功能分析？

20. 什么是数据更新？如何进行数据更新功能分析？

21. 名词解释：数据插入、数据删除、数据修改。

22. 什么是数据存储？如何进行数据存储功能分析？

23. 什么是数据统计？如何进行数据统计功能分析？

24. 什么是数据排序？如何进行数据排序功能分析？

25. 什么是数据维护？如何进行数据维护功能分析？

26. 什么是数据传输？如何进行数据传输功能分析？

27. 什么是数据挖掘？它包含哪些内容？

28. 什么是数据发布？它有哪些方式？

29. 什么是数据展示？它有哪些方式？

30. 什么是系统流程图？

31. 如何制作系统流程图？

32. 什么是数据流程图？

33. 如何制作数据流程图？

34. 什么是业务流程图？它有何作用？

35. 如何制作业务流程图？

36. 什么是数据字典？

37. 什么是数据项？数据项词条一般包含哪些内容？

38. 什么是数据结构？数据结构词条一般包含哪些内容？

39. 什么是外部实体？外部实体词条一般包含哪些内容？

40. 什么是数据流？数据流词条一般包含哪些内容？

41. 什么是数据存储？数据存储词条一般包含哪些内容？

42. 什么是处理逻辑？处理逻辑词条一般包含哪些内容？

43. 名词解释：实体、属性、实体集、联系、同实体集。

44. 名词解释：两个实体集之间的一对一联系、一对多联系、多对多联系。

45. 举例说明多个实体集之间的联系。

46. 举例说明同实体集之间的联系。

47. 什么是物联网系统安全？它包含哪些内容？

48. 什么是物联网系统安全分析？它包含哪些内容？

49. 什么是感知层安全分析？如何进行感知层安全分析？

50. 什么是网络层安全分析？如何进行网络层安全分析？

51. 什么是应用层安全分析？如何进行应用层安全分析？

52. 什么是数据存储层安全分析？如何进行数据存储层安全分析？

53. 什么是物联网系统环境分析？它包含哪些内容？

54. 什么是物联网系统的硬件环境？如何进行物联网系统硬件环境分析？

55. 什么是物联网系统的软件环境？如何进行物联网系统软件环境分析？

56. 在需求分析阶段，如何进行物联网系统自然环境分析？

57. 在需求分析阶段，如何进行物联网系统社会环境分析？

58. 在需求分析阶段，如何进行物联网系统监管环境分析？

59. 什么是物联网系统性能分析？它包含哪些内容？

60. 分别解释以下硬件系统的性能指标：处理速度、内存容量、外存容量、资源利用率、传输速率、抗干扰能力、精度、寿命、可靠性、可用性、可维护性、环境适应性。

61. 分别解释以下软件系统的性能指标：响应时间、吞吐量、并发用户数、可扩展性。

62. 什么是需求评审？其主要依据是什么？

63. 需求评审组织者的任务是什么？

64. 如何建立需求评审组？

65. 简述需求评审的内容。

66. 试论述需求评审之会议评审的步骤。

67. 需求评审之材料评审有哪些步骤？

68. 针对智能家居系统，完成以下工作：

1）系统目标分析。

2）硬件系统结构分析。

3）软件系统结构分析。

4）系统功能分析。

5）画出系统流程图。

69. 针对智能停车场系统，完成以下工作：

1）系统总体架构分析。

2）画出数据流程图。

3）编写数据字典。

4）画出 E - R 图。

5）系统安全分析。

6）系统环境分析。

7）系统性能分析。

70. 针对智能环境监控系统，完成以下工作：

1）系统目标分析。

2）系统总体架构分析。

3）软件系统结构分析。

4）系统功能分析。

5）画出系统流程图。

6）画出数据流程图。

7）编写数据字典。

8）画出 E - R 图。

9）系统安全分析。

10）系统环境分析。

11）系统性能分析。

12）撰写需求规格说明书。

71. 针对智能无人售货系统，完成以下工作：

1）系统目标分析。

2）系统总体架构分析。

3）硬件系统结构分析。

4）软件系统结构分析。

5）系统功能分析。

6）画出系统流程图。

7）画出数据流程图。

8）编写数据字典。

9）画出 E－R 图。

10）系统安全分析。

11）系统环境分析。

12）系统性能分析。

13）撰写需求规格说明书。

第4章
物联网系统总体设计

物联网系统总体设计是物联网系统开发的重要环节，是系统实现的重要依据。本章首先介绍物联网系统总体设计的概念、内容、原则、步骤、方法与工具，然后分别介绍物联网系统总体架构设计、硬件系统总体设计、软件系统总体设计、接口设计、安全设计和可靠性设计，最后介绍物联网标准与通信协议。

4.1 概述

4.1.1 物联网系统总体设计的概念与内容

1. 物联网系统总体设计的概念

物联网系统设计是在系统需求分析的基础上建立设计模型，给出需求的实现方案。它是系统开发的重要环节，是系统实现的重要依据。从工作阶段上看，物联网系统设计由总体设计和详细设计两部分组成。从系统构成上看，物联网系统设计由硬件系统设计和软件系统设计两部分组成。在不引起混淆时，硬件系统设计和软件系统设计分别简称为硬件设计和软件设计。

物联网系统总体设计又称概要设计，是在系统需求分析的基础上确定系统的组成模块及其功能和性能、模块的约束及模块之间的关系等。物联网系统总体设计不考虑模块的设计细节，给出模块的设计细节属于系统详细设计阶段的工作。

2. 物联网系统总体设计的内容

物联网系统总体设计的内容包括物联网系统总体架构设计、硬件系统总体设计、软件系统总体设计、接口设计、安全设计和可靠性设计。

4.1.2 物联网系统总体设计的原则

物联网系统总体设计应遵循系统性、先进性、实用性、经济性、开放性、安全性、稳定性、可靠性和可维护性等原则。

1. 系统性

物联网系统总体设计要按照系统的观点，从总体目标出发，坚持整体性、全局性、长远性的观点；注意软件与硬件的协调，先进性、实用性和经济性的协调，开放性与安全性的协调等。

2. 先进性

物联网系统总体设计应采用国内外先进、成熟、符合科学技术发展方向的技术、软件与硬件。经验告诉我们，先进的技术尤其是领先的技术一般意味着风险较高，因此还要考虑技术的成熟性；不符合科学技术发展方向的系统意味着其进一步升级的空间很可能不大。

3. 实用性

实用性有两层含义：一是从实用出发，即物联网系统要最大限度地满足用户的需求，实现人与人、人与系统的高效协同，系统界面友好、易学、易用；二是从实际出发，物联网系统总体设计要考虑实际应用环境、用户特性和开发者的能力。

4. 经济性

经济性是指在满足系统功能及性能等需求的前提下，采用经济实用的技术、软硬件模块、材料、开发设备和开发平台等，降低系统的开发、生产、运行与维护成本。

5. 开放性

开放性是指物联网系统根据实际需要支持多种软硬件系统接入。为了保证系统具有较好的开放性，系统各项技术应遵循有关国家标准、行业标准、地方标准和国际标准。

6. 安全性

安全性不但包括系统本身的安全，还包括人身安全、关联系统安全和环境安全。

7. 稳定性

物联网系统的稳定性是指在外部环境影响下，系统保持功能和性能稳定的能力。稳定性有两个方面的含义：一是外部环境变化对系统的功能和性能无显著影响；二是系统受到某种干扰而偏离正常状态，但当干扰消除后，能恢复其正常状态。

较强的稳定性是系统在异常情况下正常运行的基础。例如，如果某物联网系统在数据采集错误、存储设备故障、路由器故障或黑客攻击等情况下仍能按设计要求运行，则该系统具有较强的稳定性。

8. 可靠性

综合考虑系统的功能、性能等需求和资源约束，采用可靠性设计方法，保证系统在其寿命周期内符合所规定的可靠性要求。

9. 可维护性

提高系统可维护性，有利于系统故障处理和系统升级，有利于提供良好的用户体验，延长系统的寿命，提高系统的效益。

4.1.3 物联网系统总体设计的步骤

物联网系统总体设计的主要步骤为：提出供选择的方案、确定最优的方案、物联网系统总体架构设计、硬件系统总体设计与软件系统总体设计、撰写总体设计说明书、制订测试计划、总体设计评审等，如图 4-1 所示。

1. 提出供选择的方案

系统开发人员应该仔细研究需求规格说明书，考虑各种可能的系统实现方案，去掉技术上不可行的方案，提出供选择的方案。

2. 确定最优的方案

从技术、经济等方面综合考虑，选择一个最优的方案。

3. 物联网系统总体架构设计

基于最优的方案，设计系统的总体架构。

4. 硬件系统总体设计和软件系统总体设计

分别完成硬件系统总体设计和软件系统总体设计。

5. 撰写总体设计说明书

总体设计说明书包括总体架构设计、硬件系统总体设计、软件系统总体设计、安全设计和可靠性设计。

6. 制订测试计划

制订与系统总体架构、硬件系统总体设计和软件系统总体设计有关的测试计划，主要是集成测试计划。

7. 总体设计评审

为了保证物联网系统总体设计的质量，还需组织专家对系统总体设计方案进行评审。总体设计评审过程与需求评审类似，参会人员除评审组专家外，还包括项目负责人、需求分析人员、系统设计人员、系统实现和测试人员、质量管理人员、用户。

总体设计评审的主要内容就是论证总体设计方案的合理性、正确性、完整性和可行性，所需材料包括需求分析规格说明书、总体设计说明书、会议议程，评审的步骤与需求评审类似。

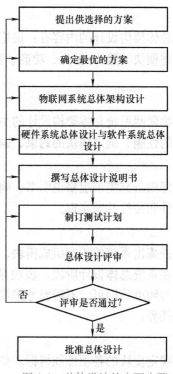

图 4-1　总体设计的主要步骤

评审结束后，评审组应给出评审意见并签名。总体设计评审一般和详细设计评审一起进行。

4.1.4　物联网系统总体设计的方法与工具

1. 物联网系统总体设计的方法

物联网系统总体设计的方法有结构化设计方法和面向对象设计方法。

2. 物联网系统总体设计的工具

（1）硬件系统总体设计的工具　硬件系统总体设计的常用工具有框图、结构图、总体布局图和总体装配图。

（2）软件系统总体设计的工具　软件系统总体设计的工具包括模块结构图、层次框图和 HIPO 图。

4.2　物联网系统总体架构设计

4.2.1　总体架构设计概述

1. 总体架构设计的概念

物联网系统总体架构设计是根据需求规格说明书的要求设计系统的总体架构，主要是确定系统组成模块及模块之间的关系，对模块进行必要的说明。注意，这里的模块泛指硬件模块或者硬件子系统、软件模块或软件子系统、软硬件集成的模块或者子系统。

总体架构设计主要依据系统结构分析的成果，并综合利用目标分析、功能分析、流程分析、数据分析、安全分析、环境分析和性能分析等的成果。

2. 总体架构设计的内容

总体架构设计的内容有：提炼系统组成模块，设计系统的总体架构；进行模块说明，包括描述模块的输入/输出、功能、性能与约束。

4.2.2 总体架构设计的步骤

物联网系统总体架构设计的主要步骤：确定功能的实现方式、提炼系统组成模块、确定模块的性能、确定模块的约束、确定模块之间的关系、画出总体架构图。

1. 确定功能的实现方式

仔细研究需求规格说明书，确定哪些功能由硬件实现，哪些功能由软件实现，哪些功能由软件和硬件共同实现。

2. 提炼系统组成模块

提炼出系统的所有组成模块，明确各模块的功能。

在系统总体设计阶段，模块是一个黑盒子，设计者只需说明模块的输入/输出、功能、性能与约束等即可，不需要考虑模块的具体实现细节，模块的具体实现细节属于系统详细设计的任务。

3. 确定模块的性能

确定模块的各项性能指标。如果模块比较抽象或者还可以细化，且不易明确性能，则可以不用描述其性能。

4. 确定模块的约束

确定模块的各种约束。硬件模块的约束包括外形、尺寸和接口要求，软件模块的约束包括接口和运行环境要求。

5. 确定模块之间的关系

硬件模块之间的关系包括物理连接、电能输送与信号传输关系，软件模块之间的关系主要是模块调用关系。

6. 画出总体架构图

总体架构图主要反映系统组成模块以及模块之间的关系。总体架构图可以选择几种总体设计工具来描述。

若系统规模较大或者较复杂，一般还需要进一步做硬件系统总体设计和软件系统总体设计等。此时，总体架构图的模块可以抽象一些，即不用分解得太细。

4.2.3 总体架构设计示例

例4-1 某小区停车场管理系统总体架构设计。

某小区停车场管理系统应用物联网技术、计算机技术等对进出停车场的车辆进行管理。该停车场由系统管理子系统、数据库子系统、计算机网络子系统、入口管理子系统、出口管理子系统组成。总体架构如图4-2所示。

1）系统管理子系统，负责对整个系统进行管理，包括统计分析、RFID卡管理、用户管理、系统维护。

2）数据库子系统，负责停车场管理系统的数据管理。

3）计算机网络子系统，负责系统的网络通信。

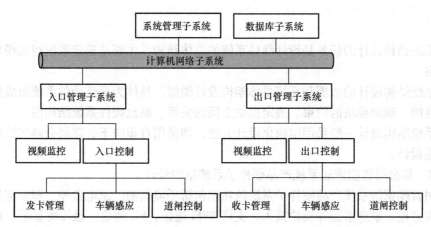

图 4-2 停车场管理系统总体架构

4）入口管理子系统，负责车辆进场管理，由视频监控、入口控制模块组成。其中，入口控制模块由发卡管理、车辆感应、道闸控制等模块组成。

5）出口管理子系统，负责车辆出场管理，由视频监控、出口控制模块组成。其中，出口控制模块由收卡管理、车辆感应、道闸控制等模块组成。

4.3 硬件系统总体设计

4.3.1 硬件系统总体设计概述

1. 硬件系统总体设计的概念

硬件系统总体设计是根据系统需求规格说明书、总体架构设计等的要求，确定硬件系统的组成模块及其功能和性能、模块的约束及模块之间的关系、关键技术与模块选型等。

2. 硬件系统总体设计的内容

硬件系统总体设计的内容包括硬件系统结构设计、模块说明、模块选型（包括处理器、传感器、通信模块、设备、仪表、仪器等的选型）、存储设计、电源设计、接口设计、安全设计、可靠性设计、可维护性设计，确定硬件系统运行的软硬件环境。

3. 硬件系统总体设计的原则

硬件系统总体设计的原则与物联网系统总体设计的原则类似，它包括系统性、先进性、实用性、经济性、开放性、安全性、稳定性、可靠性和可维护性等原则。

不过，这些原则的运用要结合硬件的特点。例如，硬件系统总体设计的实用性是指选择项目组熟悉的硬件技术和模块，或者在允许的时间内可以掌握的硬件技术；选择的硬件要与系统的整体相适应，应尽量降低系统的复杂度；采用的硬件技术与可能得到的模块要适应，不要采用那些购买不到的模块；采用的硬件技术与环境保护要求相适应，应尽量采用环保型技术；选择技术支持好、可利用的资源丰富、生命周期长于系统生命周期的那些技术。

4. 硬件系统总体设计的步骤

硬件系统总体设计的主要步骤：确定硬件系统的运行环境，进行结构设计、模块选型、存储设计、电源设计、接口设计、安全设计、可靠性设计、可维护性设计等，撰写总体设计说明书，制订测试计划，进行总体设计评审。

4.3.2　硬件系统结构设计

硬件系统结构设计的任务是设计硬件系统的总体结构，主要是确定系统组成模块及模块之间的关系。

硬件系统结构设计的步骤和系统总体架构设计类似，具体为提炼硬件系统组成模块、确定模块的性能、确定模块的约束、确定模块之间的关系、画出硬件系统结构图。

硬件系统结构设计一般采用结构化设计方法，即采用自顶向下、逐层分解和结构化、模块化的思想设计。

例4-2　某公司智能家居系统产品硬件子系统结构设计。

某公司智能家居系统产品硬件子系统的功能包括环境监测、家电监控、窗帘监控、照明监控、门窗监控、紧急求助等模块接入，支持 WiFi 通信、5G 通信、触摸屏显示，提供 USB 接入、SD 卡接入。硬件子系统结构如图 4-3 所示。

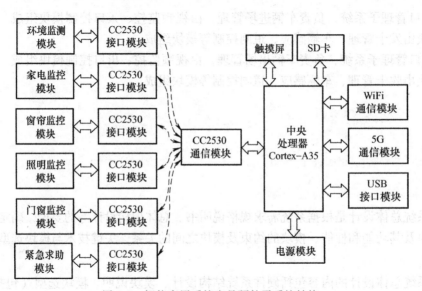

图 4-3　智能家居系统产品硬件子系统结构

1）中央处理器，采用 Cortex-A35，负责智能家居系统的运行、管理和控制，并通过 WiFi、5G 与外部计算机、手机等互联。

2）触摸屏，用于显示系统的有关信息，对系统进行操控。

3）SD 卡，用于存储系统的有关数据。

4）WiFi 通信模块，用于系统与外部计算机、手机等的通信，并可用于接入摄像机、电视机等各种支持 WiFi 通信的设备。

5）5G 通信模块，用于系统与外部的通信。

6）USB 接口模块，用于接入 U 盘、硬盘等。

7）电源模块，为系统提供电能。

8）CC2530 接口模块，提供与中央处理器之间基于 ZigBee 的无线通信。

9）CC2530 通信模块，提供与前端设备之间基于 ZigBee 的无线通信。

10）环境监测模块，负责采集温度、湿度、亮度等环境数据。

11）家电监控模块，负责冰箱、空调、音箱等家用电器的监测与控制。

12）窗帘监控模块，负责窗帘的监测与控制。

13）照明监控模块，负责照明系统的监测与控制。

14）门窗监控模块，负责门窗的监测与控制。

15）紧急求助模块，用于紧急求助。

4.3.3　模块说明

硬件系统模块说明的任务是对硬件系统结构设计中涉及的所有模块进行必要的说明，包括对模块的输入/输出、功能、性能和约束等的说明。

1. 模块的输入/输出和功能说明

简要描述模块的输入/输出、功能，但不需要考虑模块的具体实现细节。

2. 模块的性能说明

如果模块的功能具体或者不需要进一步细化，则应详细说明模块的性能。如果模块的功能抽象或者还需要进一步细化，则可只简要说明其性能。

3. 模块的约束说明

详细说明模块的约束，包括外形、尺寸和接口要求。

4.3.4　处理器选型

1. 处理器选型的概念

处理器选型是根据系统需求规格说明书、总体架构设计，以及硬件系统结构设计和模块说明等的要求，选择合适的处理器。

处理器在整个物联网系统中处于核心地位。其选型直接影响系统的功能和性能，影响传感器、通信模块、存储器等其他模块的选型或设计，影响开发设备和开发平台选择，影响系统的开发效率和经济效益，甚至影响系统开发工作的成败。

处理器选型包括处理器架构技术及其实现技术等的选型，同时也包含生产厂家选择。主流的处理器架构有 X86、RISC－V（Reduced Instruction Set Computing，精简指令集计算机）、MIPS（Microprocessor without Interlocked Pipelined Stages，无内部互锁流水级的微处理器）、ARM（Advanced RISC Machine，进阶精简指令集机器）和 MSC－51。处理器实现技术是指基于某个芯片架构的不同内核版本、不同厂家生产的处理器的实现技术，如基于 ARM 架构就有 ARM7、ARM9、ARM11 和 Cortex 家族，有些家族还包含了多种内核版本。而且即使是同一个家族的同一种内核，不同厂家的实现技术也可能不同。

MSC－51、ARM、FPGA（Field Programmable Gate Array，现场可编程门阵列）和 DSP（Digital Signal Processing，数字信号处理）是物联网系统中常见的处理器类型，广泛应用于智能手机、高清摄像机、智能电视机、无人驾驶汽车、机器人等系统中。

2. 处理器选型的方法

处理器选型要考虑的主要因素有应用领域、技术先进性和成熟性、技术继承性和延续性、功能和性能、扩展性、功耗、操作系统、开发工具、仿真器、技术支持、经济性、供应链。

（1）应用领域　为了简化选型过程，一般先确定系统的应用领域，再从适合于该应用领域的所有处理器中选择所需的处理器。常见的应用领域有通信、电力、交通、医疗健康、智能制造、消费电子等。例如，智能制造中的工业机器人要求耐高温，因此其处理器也应选择能耐高温的工业级处理器。

（2）技术先进性和成熟性　应选择技术先进、成熟、应用广泛的处理器。这样的处理器一般有较多的开发资源可供利用，能提高项目的开发效率，而且市场需求量较大，价格较合理。尽量不要使用技术不成熟、应用较少的处理器，以降低风险。

（3）技术继承性和延续性　由于处理器更新换代的速度较快，在选型时要考虑处理器技术的继承性和延续性。尽量选择以前用过的、在可预见的时间内不会停产的处理器。如果处理器是同一厂家采用同一处理器架构技术的同一家族等的系列产品，则其技术可继承性就较好，厂家的实力越强其技术延续性的可能性越大。

（4）功能和性能　处理器功能越强大、越接近系统需求，开发就越简单。因此，如果处理器的运行速度高、具有预定的各种接口、支持预定的操作系统、支持在线仿真，则能极大地简化硬件系统设计。

（5）扩展性　扩展性是指处理器能满足传感器接入、通信、控制和存储等的扩展需求。

（6）功耗　较低的处理器功耗可节能环保，降低散热设计难度，而且当用蓄电池供电时还可提高系统的续航能力。

（7）操作系统　处理器选型要考虑能否获得预定的、适合于处理器的操作系统。操作系统包括单用户操作系统、多任务操作系统、多用户操作系统、实时操作系统。

（8）开发工具　能获得理想的、适合于处理器的开发工具。

（9）仿真器　能利用已有的仿真器，或者是否能以合理的代价获得仿真器。仿真器是硬件和底层软件调试时要用到的工具，合适的仿真器可提高系统开发效率和开发质量。

（10）技术支持　选择知名公司的产品，一般能获得较好的技术支持。良好的技术支持是项目开发成功的重要因素。

（11）经济性　在技术、功能、性能、使用广泛性都相近的情况下，尽量选择价格比较合适的处理器，降低系统成本。

（12）供应链　尽量选择市场上货源稳定、可靠、供货周期短、采购方便的处理器。

4.3.5　传感器选型

1. 传感器选型的概念

传感器选型是根据系统需求规格说明书、总体架构设计，以及硬件系统结构设计、模块说明和处理器选型等的要求，选择合适的传感器。

要选择传感器，首先要确定数据的采集方法。数据采集方法包括传感器获取、软测量获取、人工输入和从其他系统导入。当然，还应该根据实际情况，进一步确定数据采集方式。数据采集方式包括在线采集、离线采集、互联网采集和第三方提供。

基于传感器和软测量方法采集数据，都涉及传感器的选型。可用的传感器有传统传感器、RFID、条码与二维码、电荷耦合元件、定位系统。

2. 传感器选型的方法

传感器选型分为两步：首先确定传感器的类型，然后确定传感器的功能和性能。一般选择满足系统需要、价格合理、结构简单的传感器。

（1）确定传感器的类型　要测量同一物理量，一般有多种原理的传感器可供选用。哪一种原理的传感器比较合适，则应根据测量目的、测量对象与测量环境来决定。

（2）确定传感器的功能　选择的传感器应满足系统提出的功能要求。

（3）确定传感器的性能　传感器的性能指标具体包括：

1）灵敏度。传感器的灵敏度一般是越高越好。但要注意，灵敏度越高，与被测量无关的噪声也越容易混入，从而影响测量的精度。

2）频率响应特性。传感器的频率响应特性决定被测量的频率范围。频率响应越高，可测的信号频率范围就越宽。

3）线性范围。传感器的线性范围是指输出与输入成正比的范围。线性范围越宽，则其量程越大。

4）稳定性。传感器的稳定性是指其在使用一段时间后保持性能不变的能力。影响稳定性的主要因素有传感器结构和环境适应能力。

5）精度。传感器的精度关系到整个系统的功能和性能。一般而言，精度越高，价格也越高。

4.3.6　通信模块选型

1. 通信模块选型的概念

通信模块选型是根据系统需求规格说明书、总体架构设计，以及硬件系统结构设计、模块说明和处理器选型等的要求，选择合适的通信模块。

2. 通信模块选型的方法

通信模块选型首先确定通信模块的类型，然后确定通信模块的功能、性能及其他因素。

（1）确定通信模块的类型　要选择通信模块，首先要确定通信模块的类型。通信模块的类型由通信技术类型所决定。常见的通信技术有计算机网络、现场总线、蜂窝移动通信网络和无线传感器网络。这些技术各自都包含一些亚类，如蜂窝移动通信网络包括 2G、3G、4G 和 5G，无线传感器网络包括 WiFi、ZigBee、蓝牙、红外线通信和 6LoWPAN。

（2）确定通信模块的功能　选择的通信模块应满足系统提出的功能要求。

（3）确定通信模块的性能　选择的通信模块应满足系统提出的性能要求，包括灵敏度和抗干扰能力。

（4）确定通信模块的其他因素　选择的通信模块应满足技术先进性和成熟性、可靠性，以及系统提出的形状、尺寸、体积、重量、质量、价格、交货期、厂家技术支持能力等要求。

4.3.7　存储设计

1. 存储设计的概念

存储设计是根据系统需求规格说明书、总体架构设计，以及硬件系统结构设计、模块说明和处理器选型等的要求，对存储模块进行设计。

2. 存储设计的方法

存储设计首先确定存储器的类型，然后确定存储模块的功能、性能及其他因素，最后设计存储模块电路。

（1）确定存储器的类型　在进行存储设计时，首先要按照设计要求选择合适的存储器。常见的存储器分类如下：

1）按作用分，有高速缓冲存储器、主存储器和辅助存储器。

2）按存储介质分，有磁表面存储器、磁心存储器、半导体存储器和光存储器。

3）按存取方式分，有随机存储器、只读存储器和串行访问存储器。

4）按信息的可保存性分，有易失性存储器和非易失性存储器。

实际应用中往往同时需要几种存储器，如某系统同时需要随机存储器、只读存储器和串行访问存储器。

（2）确定存储模块的功能　选择的存储器应满足系统提出的功能要求。

（3）确定存储模块的性能　选择的存储器应满足系统提出的性能要求，包括存储容量和存取速度。

（4）确定存储模块的其他因素　选择的存储器应满足技术先进性和成熟性、可靠性，以及系统提出的接口、价格、交货期、厂家技术支持能力等要求。

4.3.8　电源设计

1. 电源设计的概念

电源设计是根据系统需求规格说明书、总体架构设计，以及硬件系统结构设计、模块说明等的要求，对电源模块进行设计。电源模块一般能提供 +5V、−5V、+12V、−12V、+3.3V 等电压的直流电，以供硬件系统的处理器、传感器、通信模块、存储模块和显示模块等使用。

2. 电源设计的方法

电源设计首先确定电源模块的类型，然后确定电源模块的功能、性能及其他因素，最后设计电源模块电路。

电源设计应遵循以下原则：

（1）稳定性高　设计的电源能适应负载的快速和大范围波动以及过载的冲击，保证系统长期稳定、可靠工作。

（2）抗干扰好　设计的电源必须能抵抗进电电压波动以及各种干扰对系统的影响，避免自身的工作噪声对系统用电模块和外部供电系统的干扰。

（3）精度高　输出电压精度一般为 ±0.5% ~ ±4%；输出电压温度系数一般为 ±0.1 ~ ±0.5mV/℃；线性调整率一般为 (0.01 ~ 0.1)%/V；负载调整率一般为 (0.01 ~ 0.5)%/mA。

（4）散热好　系统运行速度快、功能多，那么电能消耗一般就多，产生热量也高，因此良好的散热模块是系统稳定、可靠运行的关键。

（5）功率密度高　设计的电源在安全可靠的原则下尽量提高功率密度，以满足系统运行的需要。

（6）保护措施完善　设计的电源应当包括输出过电流限制、过热保护、短路保护及电池极性接反保护，使电源工作安全可靠，不易损坏。

4.4　软件系统总体设计

4.4.1　软件系统总体设计概述

1. 软件系统总体设计的概念

软件系统总体设计是根据系统需求规格说明书、总体架构设计等的要求，确定软件系统的组成模块及其功能和性能、模块的约束及模块之间的关系，进行数据设计、存储方式设计、接口设计等。

2. 软件系统总体设计的内容

软件系统总体设计的内容包括结构设计、模块说明、数据设计、存储方式设计、接口设计、安全设计、可靠性设计、可维护性设计，确定软件系统运行的软硬件环境。

3. 软件系统总体设计的原则

软件系统总体设计要遵循抽象化、模块化、结构化、接口简单、使用软件复用技术等原则。

（1）抽象化　抽象化包括模块抽象和数据抽象。模块抽象是指在软件系统总体设计环节将模块实现细节隐藏起来，通过模块接口调用模块。数据抽象是指采用抽象数据类型表示数据，把数据封装起来，通过接口使用数据，而不必关心数据结构的具体实现。

（2）模块化　模块化是指软件系统的每个功能都分解为一个或者多个模块功能，每个模块都可独立地设计、实现与测试。所有模块组装成完整的软件系统。

模块化的实质是将复杂问题"分而治之"，使软件系统的结构清晰，容易理解、修改和测试。

（3）结构化　结构化是指软件系统模块之间的关系用系统化、层次化的结构图来描述。

（4）接口简单　模块之间、模块与外部环境之间的接口尽量简单。

（5）使用软件复用技术　使用软件复用技术可提高软件设计的效率和质量。

4. 软件系统总体设计的步骤

软件系统总体设计的主要步骤：确定软件运行环境，进行结构设计、数据设计、存储方式设计、接口设计、安全设计、可靠性设计、可维护性设计等，撰写总体设计说明书，制订测试计划，进行总体设计评审。

4.4.2　软件系统结构设计

软件系统结构设计的任务是设计软件系统的总体结构，主要是确定系统组成模块及模块之间的关系。

软件系统结构可以用模块结构图、层次框图和 HIPO 图描述。

1. 模块结构图的概念

模块结构图是软件系统结构设计的常用工具，它以图形符号的形式表示模块之间的调用、数据与控制信息的传递情况。

2. 模块结构图的基本元素及其表示

模块结构图的基本元素有模块、调用关系、数据流、控制信息等，如表 4-1 所示。

表 4-1　模块结构图的基本元素

符号	名称	含义与用法
☐	模块	软件模块。使用时，在矩形框内标明模块的名称
→	调用关系	模块调用，箭尾对应的模块调用箭头对应的模块，箭尾模块为上级模块，箭头模块为下级模块
○→	数据流	从箭尾对应的模块向箭头对应的模块传送数据。使用时，应在箭线旁边标明数据流的名称

（续）

符号	名称	含义与用法
•——▶	控制信息	从箭尾对应的模块向箭头对应的模块传送控制信息。使用时，应在箭线旁边标明控制信息的名称
◇	判断调用	判断调用模块。使用时，判断调用的具体条件在模块结构图中无须给出，可在调用模块的详细设计中描述
↻	循环调用	循环调用模块。使用时，循环调用的具体条件在模块结构图中无须给出，可在调用模块的详细设计中描述
○	转接符号	连接两个模块结构图。使用时，在圆圈内写上数字或字母等标识

图 4-4 所示为模块调用示例。其中，图 4-4a 所示为模块 A 调用模块 B，图 4-4b 所示为模块 A 条件调用模块 B 和 C，图 4-4c 所示为模块 A 循环调用模块 B 和 C。

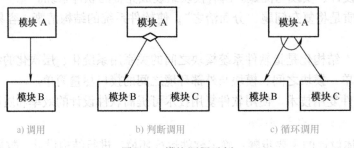

a) 调用　　　　　　b) 判断调用　　　　　　c) 循环调用

图 4-4 模块调用示例

3. 模块的类型

模块分为传入模块、传出模块、变换模块和协调模块等 4 类，如图 4-5 所示。

（1）传入模块　传入模块是指从下级模块取得数据，经某种处理后，再将数据传送给上级模块的模块。

（2）传出模块　传出模块是指从上级模块取得数据，经某种处理后，再将数据传送给下级模块的模块。

（3）变换模块　变换模块是指从上级模块取得数据，经某种变换转换成其他形式，再传回上级模块的模块。

（4）协调模块　协调模块是指对所有下级模块进行协调和管理的模块。

4. 模块结构图的设计方法

模块结构图一般是以 DFD 为基础进行设计的。DFD 中的一个处理一般对应模块结构图的一个模块，DFD 中的一个层次一般对应模块结构图的一个层次。

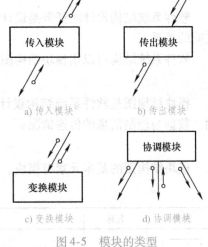

a) 传入模块　　　b) 传出模块

c) 变换模块　　　d) 协调模块

图 4-5 模块的类型

如果 DFD 的处理不够细化，则可将 DFD 的一个处理分解为若干个同级处理，也可将 DFD 的一个处理分解为若干个下级处理。

因此，可以比照 DFD 的层次结构，按自顶向下、逐层分解和结构化、模块化的原则从顶层开始，逐层画出模块结构图。也就是说，比照 DFD，把每个模块逐层分解，依次得到模块结构图的第 1 层、第 2 层等，直到不需要再分解为止。

具体步骤如下：

1）画出顶层模块。

2）逐层画出模块结构图。

例4-3 某公司自动化仓库管理系统结构设计。

该公司自动化仓库管理系统是一个软件系统，由入库管理、结算管理、出库管理等子系统组成。其中，入库管理子系统包括新增入库单、查询入库单、修改入库单等功能，结算管理子系统包括结算单对账、结算单统计、结算单查询等功能，出库管理子系统包括新增出库单、查询出库单、修改出库单等功能，如图4-6所示。

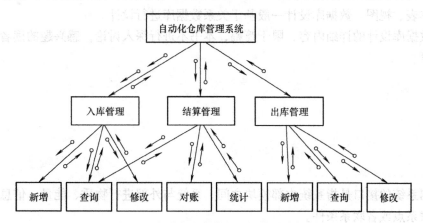

图4-6　自动化仓库管理系统模块结构图

4.4.3　模块说明

软件系统模块说明的任务是对软件系统结构设计中涉及的所有模块进行必要的说明，包括模块的输入/输出、功能、性能和约束等的说明。

1. 模块的输入/输出和功能说明

简要描述模块的输入/输出、功能，但不需要考虑模块的具体实现细节。

2. 模块的性能说明

详细说明模块的性能。

3. 模块的约束说明

详细说明模块的约束，包括运行环境和接口要求。

4.4.4　数据设计

数据设计的任务是在数据字典、E-R图等的基础上对物联网系统所涉及的全局变量与数据结构、数据文件、数据库等进行设计。

1. 全局变量与数据结构设计

根据数据字典对数据项和数据结构等的描述，设计全局变量、全局数据结构和共享数据区。

2. 数据文件设计

数据文件设计的任务是根据使用要求、处理方式、存储量、访问速度和硬件条件等，确定数据文件的类别、组织方式、存取方法和存储介质。

以下情况可使用数据文件：

1）数据量大的非结构化数据，如音频和视频信息。

2）数据量大但结构不统一的数据，如历史记录和档案文件。

3）对数据存取速度要求高的情况。

4）不适合用关系数据库存储的文件，如系统配置文件。

5）临时存放的数据。

3. 数据库设计

数据库设计就是根据数据字典、E-R图等设计软件系统涉及的数据库，主要是设计数据库的基本表、视图。数据库设计一般基于关系数据库进行设计。

关于数据库设计的详细内容，限于篇幅，本书不进行深入讨论，感兴趣的读者可查阅相关专业书籍。

4.5 接口设计

4.5.1 接口设计概述

1. 接口及其分类

物联网系统的接口是指系统内部模块之间、系统与外部进行物质、能量、信息等的传输和转换的联系点或者联系条件。

常用的接口分类方法：按接口双方的特征划分、按接口功能的性质划分。

（1）按接口双方的特征划分　物联网系统的接口可分为硬件接口、软件接口、软件-硬件接口、人机接口等类型。

1）硬件接口是指硬件系统的硬件模块之间、硬件系统与外部硬件系统的接口。

2）软件接口是指软件系统的软件模块之间、软件系统与外部软件系统的接口。

3）软件-硬件接口是指系统的软件模块与硬件模块、软件系统与外部硬件系统、硬件系统与外部软件系统的接口。

4）人机接口是指人与系统交互和通信的接口，它包括人机输入接口、人机输出接口和用户界面。人机接口按接口对象特征可分为人机硬件接口和人机软件接口。

（2）按接口功能的性质划分　物联网系统的接口可分为物理接口、信息接口和环境接口。

1）物理接口是指系统的硬件模块之间、硬件系统与外部硬件系统的接口，其受接口部位的物质、能量、信息的具体形态和物理条件约束，如RS232、RS485、USB和RJ45。

2）信息接口是指系统中传递数据和控制信息的接口，如各种通信协议。

3）环境接口是指对周边温度、湿度、电磁场、振动、水、火和粉尘等环境条件具有保护和隔绝作用的接口，如屏蔽、减振、隔热、防爆、防潮和防放射线等装置。

2. 接口设计的概念及内容

物联网系统接口设计是根据系统总体架构设计、硬件系统总体设计和软件系统总体设计等的要求，对系统内部模块之间、系统与外部的接口进行设计。

物联网系统接口设计的内容包括硬件接口设计、软件接口设计、人机接口设计和通信接口设计。

3. 接口设计的一般原则

接口设计一般应遵循以下原则：

（1）软硬件关联　系统的接口通常由接口电路和与之对应的驱动程序组成，即接口同时会涉及硬件接口和软件接口。接口电路是指能够使被传输的数据在电气和时间上相互匹配的电路，它是接口的骨架。驱动程序负责数据的输入/输出、传送，以及接口的参数设置和初始化工作，是接口的核心。

（2）满足信息传输和转换的要求　接口应能可靠地传输状态信息和控制信息，并能实现信息转换，以满足输入/输出要求。信息转换包括数字量到模拟量的转换、模拟量到数字量的转换、数字量转换成脉冲量、电平转换、电量到非电量的转换、弱电到强电的转换。

（3）接口简洁　无论是硬件接口，还是软件接口，都应力求做到简洁，以降低系统的复杂性。

（4）抗干扰能力强　接口的信号传输要准确、可靠，抗干扰能力强。

4.5.2　硬件接口设计

1. 硬件接口设计的内容

硬件接口设计的任务是根据系统总体架构设计、硬件系统结构设计、模块说明和处理器选型等的要求，对硬件的接口进行设计。

硬件接口设计的内容包括键盘接口电路设计、显示接口电路设计、传感器接口电路设计、人机接口电路设计、通信接口电路设计、控制接口电路设计、电源变换及其监控接口电路设计、逆变器接口电路设计、检测接口电路设计、电磁兼容及其可靠性设计等。

2. 硬件接口设计的原则

硬件接口设计除遵循接口设计的一般原则外，还需遵循以下原则：

（1）选择合适的接口技术　详细分析系统需求和总体设计要求，根据技术和产品的发展现状、发展趋势选择合适的接口技术。常见的接口技术有总线、中断接口、并行接口、串行接口和 DMA（Direct Memory Access，直接存储器访问）接口。

（2）输入接口需要模拟量到数字量的转换　很多物联网系统传感器是以模拟量形式输出信号的。然而，物联网系统一般使用数字量进行传输和存储，因此需要模拟量到数字量的转换接口，以实现从传感器输入数据。

（3）输出接口需要数字量到模拟量的转换　很多物联网系统的被控对象都将模拟量作为控制信号。但物联网系统一般使用数字量建模和控制，因此需要数字量到模拟量的转换接口，以实现向被控对象输出数据。

4.5.3　软件接口设计

1. 软件接口设计的内容

软件接口设计的任务是根据系统总体架构设计、软件系统结构设计、模块说明和数据设计等的要求，对软件的接口进行设计。

软件接口设计的内容包括软件模块之间的接口设计、软件与其他软件系统之间的接口设计。

2. 软件接口设计的原则

软件接口设计除遵循接口设计的一般原则外，还需遵循以下原则：

（1）一致性　接口风格要保证一致性和标准化，以提高系统开发和维护的效率，降低出错的可能性。

（2）充分性　满足系统的当前接口需求，并尽量满足未来功能扩展的需要。

（3）通用性　满足系统的多样化接口需求。如图像读取模块一般支持 BMP、JPG、PNG、TIF 和 GIF 等常用图像格式。

（4）稳定性　尽量定义稳定的功能和接口，这样即使模块内部的逻辑改变了，调用程序也可以不用修改。

4.5.4　人机接口设计

1. 人机接口设计的内容

人机接口设计的任务是对人机接口进行合理设计，包括输入设计、输出设计和用户界面设计。注意，用户界面设计和输入设计、输出设计存在一定的交集，即针对人的输入、输出就涉及用户界面设计。好的人机接口设计能让系统的操作变得简单、舒适和高效，降低操作失误。

人机接口设计在物联网系统总体设计和详细设计阶段均会涉及。

在总体设计阶段，人机接口设计的内容包括硬件系统主界面设计，软件系统的主界面设计、主菜单设计、工具栏设计，以及涉及多个模块且与模块内部处理逻辑无关的人机接口设计。

2. 人机接口设计的一般原则

人机接口设计应遵循以下一般原则：

（1）实用性　实用性是指人机接口设计要满足系统的功能和性能要求，最大限度地满足用户的个性化要求。

（2）全面性　全面性是指人机接口设计往往同时涉及人与硬件、软件的接口设计。

（3）专业性　专业性是指避免使用计算机专业术语，使用系统所属的应用领域用语；尽量用肯定句，不要用否定句；用主动语态，不用被动语态；英文词语尽量避免缩写；进行菜单和按钮命名时尽量使用动词。

（4）协调性　协调性是指人机接口设计要注意人机处理速度的协调。

（5）成熟性　成熟性是指人机接口设计要尽量利用成熟的人机接口模式，方便用户学习、掌握和熟练使用。

（6）顺序性　顺序性是指按照事务处理的逻辑顺序、时间顺序、访问顺序和控制工艺流程等设计人机接口。如按照由整体到单项、由大到小、由上层到下层等的顺序设计人机接口。

（7）层次性　层次性是指按功能分区、分组和分级进行人机接口设计，方便用户学习、掌握和使用，提高人机接口的友好性和易操作性。

（8）一致性　一致性是指功能分区、分组和分级规则的一致性，以及字体、字号、颜色、符号、图标、按钮、鼠标手势等使用的场景和方式具有一致性；统一规定画面中的活动对象颜色鲜明、非活动对象暗淡，前景色鲜艳、背景色暗淡；若用颜色表示某种信息或对象属性，则应符合预定规则，易于用户理解。

（9）频率性　频率性是指为使用频率高的按钮、菜单安排快捷键，以及将常用功能键布置在比较方便的位置等。

（10）重要性　重要性是指将对系统影响比较大的功能按钮、菜单布置在比较方便的位置。

3. 输入设计

人通过操控输入设备或装置，实现信息或数据的输入，因而需要进行输入的人机接口设计。

常见的输入设备或装置有键盘、鼠标、触摸屏、按钮、旋钮、传声器（俗称麦克风）、光笔、扫描仪、照相机、条码扫描器和 RFID 读写器。输入的内容包括硬件的键盘、鼠标、触摸屏、按钮等所表达的信息，以及软件的文字、图形、图像、音频和视频等数据。

输入设计除遵循人机接口设计的一般原则外，还需遵循以下原则：

（1）高效性　高效性是指设法减少人工操作，以提高输入效率。例如，减少键盘输入，减少鼠标操作，减少菜单层级，采用复选框、单选按钮、列表框和下拉列表等方式输入，自动输入默认值，自动输入用户上次输入的内容，采用输入编码和缩写等方式实现输入原内容。

（2）减少记忆　尽量减少用户记忆量，降低工作强度。例如，尽量不要用户记忆商品编码和准确名称，采用扫描条码、在模糊查找结果中挑选等方式输入数据。

（3）防误操作　采用输入内容辅助提示、修改内容辅助提示、保存确认、取消确认、删除确认、删除警告、使当前语境中不用的命令不起作用等方式，最大限度地防止由于误操作引起数据出错和劳动无效。

（4）允许用户自选输入方式　如同时允许键盘输入、快捷编码输入和鼠标单击选择输入。

（5）在线帮助　对所有的操作都提供在线帮助信息。

4. 输出设计

人通过操控输出设备或装置，实现信息或数据的输出，因而需要进行输出的人机接口设计。

常见的输出设备或装置有显示器、打印机、扬声器和指示灯。输出的内容包括文字、数字、表格、图形、图像、音频、动画和视频。

输出设计应遵循人机接口设计的一般原则。

5. 用户界面设计

用户界面是人与机器之间传递和交换信息的媒介，包括硬件界面和软件界面，属于计算机科学与心理学、美学、认知科学、人机工程学、艺术设计学和设计学等的交叉领域。

用户界面设计除遵循人机接口设计的一般原则外，还需遵循以下原则：

（1）合理布局　用户界面布局要均衡，如屏幕上下左右均衡、疏密得当，注意输出信息的规范、简明和清晰，对象显示的顺序应依需要排列等。

（2）丰富性　丰富性是指灵活使用图形、图像、音频和视频等多媒体元素，丰富用户界面。

（3）简洁性　简洁性是指一个页面内的功能、显示内容不宜过多。如果功能或显示内容确实很多，则可将它们分成若干组，然后使用标签页，每个标签页内放置一组。另外，显示的内容尽量不要左右滚屏，以方便阅读。

4.5.5　通信接口设计

1. 通信接口设计的内容

通信接口设计的任务是对系统内部模块之间、系统与外部为实现数据通信而产生的接口进行设计。

通信接口设计的内容包括硬件通信接口设计、软件通信接口设计、软件-硬件通信接口设计。

（1）硬件通信接口设计　例如，显卡与显示器之间、CPU 与串口模块之间等的通信接口设计。

（2）软件通信接口设计　软件之间的通信通常通过软件接口协议实现。例如，Java 数据库连接（Java Database Connectivity，JDBC）、联合图像专家组（Joint Photographic Experts Group，JPEG）、文件传输协议（File Transfer Protocol，FTP）、实时传输协议（Real-time Transport Protocol，RTP）、简单邮件传输协议（Simple Mail Transfer Protocol，SMTP）就是软件接口协议。

（3）软件-硬件通信接口设计　例如，软件访问 WiFi 网卡、软件访问 5G 卡、软件访问串口、软件访问显卡、软件访问 RFID 读写器等的接口设计。

2. 通信接口设计的原则

通信接口设计应遵循硬件接口和软件接口设计的原则。

4.6 安全设计

物联网系统安全设计的内容包括感知层安全设计、网络层安全设计、应用层安全设计和数据存储层安全设计。

4.6.1 感知层安全设计

感知层安全设计的内容包括感知层设备安全设计和数据安全设计。

1. 感知层设备安全设计

可从以下几个方面进行感知层设备安全设计：

1）对感知层设备进行身份认证，防止非法结点接入。

2）对感知层设备进行实时监控、定时检测和异常报警。

2. 感知层数据安全设计

可从以下几个方面进行感知层数据安全设计：

1）采用登录验证、访问权限控制、数字签名等手段，实现对感知层数据访问者的身份认证。

2）采用对称加密算法或非对称加密算法对感知层数据进行加密。

4.6.2 网络层安全设计

网络层安全设计的内容包括网络层设备安全设计和数据安全设计。

1. 网络层设备安全设计

可从以下几个方面进行网络层设备安全设计：

1）对网络层设备进行身份认证，防止非法结点接入。

2）优化网络布局和供电线路布局，降低电磁干扰。

3）采用容灾技术，提高网络层设备的可靠性。

4）对网络层设备进行实时监控、分析与预警。

2. 网络层数据安全设计

可从以下几个方面进行网络层数据安全设计：

1）采用动态路由技术，防止攻击者掌握数据传输路径。

2）对网络层数据进行实时监控、分析与预警。

3）对外网和内网进行必要的隔离，避免信息外泄。

4）使用防火墙防止外网对内网的未授权访问。

5）采用对称加密算法或非对称加密算法对网络层数据进行加密。

4.6.3 应用层安全设计

应用层安全设计的内容包括应用层设备安全设计和数据安全设计。

1. 应用层设备安全设计

可从以下几个方面进行应用层设备安全设计：

1）对应用层设备进行身份认证，防止非法结点接入。

2）采用容灾技术，提高应用层设备的可靠性。

3）对应用层设备进行实时监控、分析与预警。

2. 应用层数据安全设计

可从以下几个方面进行应用层数据安全设计：

1）使用密码、验证码、手机短信、人脸识别、电子邮件等方式登录应用系统，实现登录安全。

2）采用数据访问权限控制、内容筛选和访问追踪等手段，实现应用层数据访问安全。

3）采用对称加密算法或非对称加密算法对应用层数据进行加密。

4）通过建立功能与用户组的对应机制、操作风险识别与控制机制等手段，实现应用层的功能操作安全。例如，只有指定的用户组才能使用某些权限；对操作的风险进行动态识别和评估，当风险达到一定的程度时采用中止操作等手段来规避风险。

5）通过建立防毒杀毒机制与组织管理机制等手段，实现应用层病毒防治。

6）对应用层数据进行实时监控、分析与预警。

4.6.4 数据存储层安全设计

数据存储层安全设计的内容包括数据存储层设备安全设计和数据安全设计。

1. 数据存储层设备安全设计

可从以下几个方面进行数据存储层设备安全设计：

1）采用双机容错、异地容灾、磁盘阵列等方法提高数据存储层的可靠性和安全性。

2）对数据存储层设备进行实时监控、分析与预警。

2. 数据存储层数据安全设计

可从以下几个方面进行数据存储层数据安全设计：

1）应用数据加密、身份认证等技术，保证数据存储层数据安全。

2）采用周期备份、自动化备份等技术及时备份数据。

3）建立数据访问日志，并及时更新、维护与分析。

4）对数据存储层数据进行实时监控、分析与预警。

4.7 可靠性设计

4.7.1 可靠性设计概述

1. 可靠性设计的概念

物联网系统可靠性设计是应用可靠性设计的理论和方法进行系统可靠性设计，以满足系统需求。它是提高系统可靠性的有效方法。

可靠性设计的目的是在考虑系统的功能、性能、费用等因素的基础上，采用可靠性设计技术，使系统满足所规定的可靠性要求。

2. 可靠性设计的内容

可靠性设计的内容包括硬件系统可靠性设计、软件系统可靠性设计、利用软件提高系统可靠性。

3. 可靠性设计的原则

可靠性设计应遵循以下原则：

1）可靠性指标应该明确且定量化，可靠性评估方案应易于操作。

2）可靠性意识应贯穿于系统设计的各个环节甚至整个系统生存期，在满足系统功能和性能的同时，全面考虑影响可靠性的各种因素。

3）采用先进成熟的可靠性设计理论、技术、工艺、模块、材料，如采用故障监测和诊断装置，实施冗余设计、容错设计、防误操作设计等，提高系统的可靠性。

4）对系统的结构、功能、性能、可靠性、费用、时间等因素进行综合权衡，制订最优的可靠性设计方案。

5）针对系统、模块故障的表现形式进行可靠性设计，最大限度地消除或控制系统在生存期内可能出现的故障。

6）简化系统的结构，避免复杂的结构引发可靠性问题，尽量减少模块的数量。

4. 可靠性设计的步骤

可靠性设计的步骤如下：

（1）确定可靠性指标　明确可靠性设计的任务，确定可靠性指标。

（2）优化系统结构　针对系统的可靠性要求，优化系统总体架构、硬件系统结构和软件系统结构。

（3）分配可靠性指标　通过理论计算和实验仿真，结合实际经验，将可靠性指标分配到系统的各个组成模块。

（4）可靠性分析　建立可靠性模型，采用理论分析和实验仿真等手段，预测系统的可靠性水平，通过发现隐患找出可靠性设计的薄弱环节。

（5）完善可靠性设计　根据可靠性分析所发现的问题，返回上述（1）~（3）的相应步骤，完善可靠性设计，满足预定要求。

4.7.2 硬件系统可靠性设计

硬件系统可靠性设计主要从电路设计、模块选择、结构设计和噪声抑制等方面着手，并合理使用冗余技术和诊断技术。

1. 电路设计

为了保证系统可靠性，在电路设计时应考虑最极端的情况。各种模块的特性一般不是恒定值，而是在其额定参数的某个范围内。此外，电流和电压也有一个波动范围。

最坏情况设计法是一种常见的电路设计方法。它考虑所有模块的公差，并取其最不利的数值核算电路中每一个规定的特性。如果这一组参数值能保证电路正常工作，那么在公差范围内的其他参数值都能使电路正常工作。

在电路设计时，还要根据模块的故障特征和使用场所采取相应的措施，对容易产生短路的模块以串联方式复制，对容易产生开路的部分以并联方式复制。

2. 模块选择

在确定模块参数之后，还要确定模块的型号。在选择模块时，要保证模块有足够的参数裕量，以适应系统的工作环境波动。

3. 结构设计

结构设计要有利于模块加工、硬件系统装配；有利于控制系统的工作环境，如控温、除湿和防尘；有利于系统维护。

4. 噪声抑制

模拟电路中的噪声会影响系统的精度，数字电路中的噪声会造成误动作。因此，在系统设计时需采用噪声抑制和屏蔽措施。对于模拟电路，可在电源端增加一些低通滤波电路来抑制由电源引入的干扰；对于数字电路，通常采用滤波器和接地系统；在整体布局时，应注意模块的位置和信号线的走向。对于电磁干扰、电场干扰，可采用电磁屏蔽和静电屏蔽来隔离噪声，也可采用接地、使用去耦电容等措施来降低噪声的影响。

5. 冗余技术

冗余技术又称储备技术，是利用系统的并联模型来提高系统可靠性的一种技术。冗余技术是一种故障掩蔽法，通过掩蔽故障使系统在一定时间内继续保持工作能力，但故障其实是一直存在的。冗余技术有工作冗余和后备冗余两种方式。

（1）工作冗余　工作冗余是指并联各单元同时工作。例如，双机热备份冗余有两个单元，一个单元（称为值班单元）处于正常工作状态，另一个单元（称为备用单元）处于待命状态，两个单元同步进行相同的操作。一旦监测机制发现值班单元有故障，备用单元就自动代替值班单元，使系统继续正常运行。

（2）后备冗余　后备冗余又称备用冗余，是指并联各单元中只有一个工作，其余单元作为后备单元且不工作，只有工作单元不工作时才启动其中一个后备单元并工作。例如，双机冷备份冗余有两个单元，即值班单元和备用单元，其备用单元不加电工作，只在值班单元出现故障时才加电工作并代替值班单元。

一般地，如果故障检测和转换装置绝对可靠，则可采用后备冗余；如果不绝对可靠，就用工作冗余。如果多个单元同时完成同一工作会显著地影响系统的工作特性，就不能采用工作冗余。

系统设计是否采用冗余技术，要分析引起故障的可能原因。当故障是随机故障时，冗余技术就能大大地提高可靠度。如果故障是由过负载引起的，冗余技术就没有用；如果某一环境条件是并联各单元故障的共同因素，则冗余单元也不可靠。

硬件系统冗余设计可以在模块级、子系统级或系统级上进行。硬件系统冗余会增加成本，设计时应仔细权衡采用硬件冗余的利弊。

6. 诊断技术

诊断技术是一种检测技术，用来取得故障的类型和位置信息。诊断技术是一种故障暴露法，它把故障及时暴露出来，以便迅速修复。其目的在于缩短修复时间，提高系统可靠性。它的任务有两个：一是出现故障时，迅速确定故障的类型和位置，以便及时修复；二是在故障尚未发生时，确定模块距离极限状态的程度，找到系统工作能力下降的原因，以便采取维护措施或进行自动调整，防止发生故障。

诊断过程：首先对诊断对象进行特定的测试，取得诊断信号（输出参数）；然后从诊断信号中分离出能表征故障类型和位置的异常性信号，即征兆；最后将征兆与标准数据相比较，确定故障的类型和位置。

硬件系统的诊断模式有在线诊断与离线诊断、预测诊断与事后诊断。

4.7.3 软件系统可靠性设计

软件系统可靠性比硬件系统可靠性更难保证。在进行软件系统可靠性设计时，要做好软件设计标准化、降低系统的复杂性、控制模块的复杂性、异常处理设计、健壮性设计、可测试性设计和设计评审等工作，合理使用容错设计、冗余设计等技术。

1. 软件设计标准化

软件设计应遵循有关国家标准、行业标准、地方标准和国际标准，应满足以下基本要求：

(1) 明确性　软件设计明确，无二义。

(2) 正确性　软件设计正确反映软件需求。

(3) 完整性　软件设计满足全部的软件需求。

(4) 规范性　软件设计说明书结构清晰，表达流畅，术语与符号规范。

(5) 可测试　软件应能根据需求规格说明书和软件设计说明书进行测试。

(6) 易维护　需求变更时，设计也容易变更。

2. 降低系统的复杂性

复杂的软件会导致系统模块多、模块关系复杂、代码量大，从而可能导致缺陷多、难测试。采用结构化、模块化和面向对象等技术进行软件系统设计，可保证系统结构清晰、简明，易于修改和维护，从而降低系统的复杂性。

3. 控制模块的复杂性

控制模块的复杂性可降低系统的复杂性。例如，模块代码长度控制在30～80行，明确定义模块的所有输入/输出，保证模块有唯一的入口和出口，确保模块中的循环有正常的退出条件。

4. 异常处理设计

异常处理是一种处理程序运行出现异常情况的机制。为了做好异常处理设计，需要仔细分析程序运行过程中可能出现的各种异常情况，并设计相应的处理措施，包括发出警告、显示异常信息、做好善后处理工作。

5. 健壮性设计

健壮性是指在不正常输入、不正常软硬件环境、黑客攻击、病毒攻击等情况下软件仍能正常运行的能力。健壮性设计是一项很有挑战性的工作。以处理不正常输入为例，健壮性设计的具体方法有：

1）人机接口设计时，软件能判断用户输入的合理性和正确性。常用方法有：不接受错误输入；接受错误输入，什么也不处理；接受错误输入，输出错误提示信息，指出错误的类型和纠正措施；接受错误输入，留给系统处理。

2）模块接口设计时，对输入参数进行合法性检查，对非法参数进行处理。常用方法有：返回错误代码；使用下一个合法数据代替；使用上一个合法数据代替；使用最接近的合法值；调用异常处理程序进行处理；调用显示错误信息程序并打印出来；关闭程序。

3）软件与硬件接口设计时，健壮性设计的常用方法有：使用握手信号保证通信的联通性；预先确定数据传输的格式和内容；每次传输都包含一个字或字符串来指明数据类型及内容；使用奇偶校验、循环冗余校验（Cyclic Redundancy Check，CRC）、海明码等来验证数据传输的正确性；对关键数据进行重复传送并进行校验，防止数据在传送过程中出错；充分预估接口的各种可能故障，并设计相应的处理措施；对非法的外部中断进行处理：软件应能够识别合法的及非法的外部中断。

6. 可测试性设计

软件故障具有和硬件故障不同的特点。软件故障往往是设计阶段的人为失误或运行初期的操作失误而引起的错误。软件故障很少在系统长期运行后仍然存在，必须通过反复测试才能发现。为了使软件便于测试，应进行可测试性设计。常用策略：把软件便于测试、易于测试的思想贯穿于系统开发的全过程，系统开发的每个环节都要考虑软件的可测试性，尤其是把软件设计成便于测试的形式；保证软件设计的质量，使测试易于进行。

7. 设计评审

设计评审可及时发现软件设计错误，有效提高软件系统的可靠性。

8. 容错设计

采用容错设计可使软件在一定程度上对自身故障具有屏蔽能力，能从错误状态自动恢复到正常状态，因缺陷而发生故障时仍然能在一定程度上完成预定的功能。

对于软件错误会引起严重后果的系统，一般要采用容错设计技术来提高软件系统的可靠性。例如，飞行控制系统、空中交通管制系统和核反应堆控制系统。

容错设计的方法有：

1）加强软件的健壮性，缓解软件错误的影响，避免造成死锁和崩溃等严重后果。

2）采用 N（>2）版本编程法，即尽可能用不同的算法与编程语言设计软件的不同版本，保证各软件版本的独立性。这 N 个软件版本同时在 N 台计算机上运行，各计算机间能进行高效的通信，并做出快速比较，当结果不一致时，按多数表决或预定的策略选择输出。

3）采用恢复块法，即给需要做容错处理的块提供备份块，并附加错误检测和恢复措施。

9. 冗余设计

冗余设计的方法有空间冗余、时间冗余、结构冗余。

（1）空间冗余 空间冗余是指多预留一些空间以处理有关事务，当某空间出现问题时，可以启用另外的空间来工作。常见的空间冗余有存储空间冗余、处理器空间冗余、网络空间冗余和进程冗余。

（2）时间冗余 时间冗余是指多预留一些时间以处理有关事务。例如，为了获得正确的结果，留出足够的时间，重复执行相同的操作；相关的应用场景有远程数据的重传输、传感器数据的重采集、磁盘数据的重读取。

（3）结构冗余　三模冗余是最常用的一种结构冗余技术，它由 3 个相互独立的相同的工作模块和一个表决模块组成。3 个模块同时执行相同的操作，表决模块对这 3 个模块的输出采用三取二的方式进行表决，多数输出作为系统的输出，当其中一个模块出现错误时并不影响系统的输出。由于 3 个模块是相互独立的，两个模块同时出现相同错误的概率较低，故三模冗余可提高系统的可靠性。

4.7.4　利用软件提高系统可靠性

物联网系统是由软件系统与硬件系统组成的。除了通过提高硬件系统可靠性和软件系统可靠性来提高系统可靠性外，还可以利用软件提高整个系统的可靠性。具体手段包括：

1）利用软件进行系统诊断，及时发现故障、定位故障，以便缩短维修时间。

2）利用软件进行系统调度。如系统发生故障时，进行现场保护，并将系统切换到备用装置继续运行；在负载或环境条件变化时，采取应急措施；在排除故障后，使系统迅速恢复正常运行。

3）利用软件处理硬件故障问题，如电源故障保护。

4）设计系统信息管理的软件模块，与硬件配合，对信息进行保护。例如，为防止信息被破坏，在出现故障时保护信息，在故障排除后恢复信息。

4.8　物联网标准与通信协议

4.8.1　标准与通信协议的概念

物联网系统开发过程的每一个环节都必须遵循有关标准。在系统需求分析阶段所提出的需求必须与有关标准相一致，这些标准包括硬件接口标准、软件接口标准、安全标准和质量标准。为了实现需求，在系统总体设计、详细设计、实现和测试阶段必须遵循各种相关标准；在生产环节，必须满足生产管理和环境保护等标准的要求；为了保证系统正常运行，必须遵循相关的维护标准。

1. 标准

标准是以科学、技术和实践经验的综合成果为基础，以实现良好的社会效益为目的，为了在一定范围内获得最佳秩序，经协商一致制定并由公认机构批准，为各种活动或其结果提供规则、指南或特性，供有关方共同使用和重复使用的一种文件。

物联网系统开发具有跨行业、跨领域和跨学科等特征，涉及技术开发、制造和运行维护等标准。

2. 通信协议

通信协议又称通信协议标准，在不引起混淆时简称协议，是指两个实体为完成通信或服务应遵循的规则和约定。两个实体要通信，必须制定必要的规则对通信内容、通信方式和通信时间进行约定，这些规则和约定就是通信协议。

通信协议实质上是通信领域的标准。

4.8.2　标准的分类与制定

标准按使用范围可划分为国家标准、行业标准、地方标准、企业标准和国际标准、区域标准；按内容可划分为基础标准（一般包括术语、符号、代号）、产品标准、辅助产品标准

（工具、模具、量具和夹具等）、原材料标准、方法标准（包括工艺要求、过程、要素和工艺说明）；按成熟程度可划分为法定标准、推荐标准、试行标准和标准草案。

1. 国家标准

国家标准是为了满足社会经济发展需要，在全国范围内统一的技术要求。它在全国范围内适用，其他各级标准不得与之抵触。

国家标准分为强制性国家标准和推荐性国家标准。强制性国家标准是为保障人民身体健康和生命财产安全、国家安全、生态环境安全以及满足经济社会管理基本需要所提出的技术要求；它由国务院有关行政主管部门负责提出、组织起草、征求意见和技术审查，由国务院标准化行政主管部门负责立项、编号和对外通报，由国务院批准发布或授权发布。推荐性国家标准又称非强制性标准、自愿性标准，是通过经济手段或市场调节而自愿采用的一类标准，由国务院标准化行政主管部门制定。

2. 行业标准

行业标准是对没有国家标准而又需要在全国某个行业范围内统一技术要求所制定的标准，由国务院有关行政主管部门制定并报国务院标准化行政主管部门备案。

3. 地方标准

地方标准是由地方（省、自治区、直辖市）标准化主管机构或专业主管部门批准、发布的在某一地区范围内使用的标准。

4. 企业标准

企业标准是指其所生产的产品没有相应的国家标准和行业标准，为组织生产而制定的企业内部标准。企业标准需报有关部门备案。

5. 国际标准

国际标准是指国际标准化组织（International Organization for Standardization，ISO）、国际电工委员会（International Electrotechnical Commission，IEC）和国际电信联盟（International Telecommunication Union，ITU）制定的标准，以及国际标准化组织确认并公布的其他国际组织制定的标准，在世界范围内使用。

4.8.3 标准的作用

标准的作用主要有：

1. 标准是科学管理的基础

科学管理以标准为基础，提供科学、和谐和协同的工作环境，实现低成本、高效率和高产出。

2. 标准是科研、生产和使用三者之间的桥梁

科研成果只有遵循相关标准，才能迅速得到生产和应用。

3. 标准是组织现代化大生产的前提

随着科学技术的发展，技术要求越来越复杂，生产规模越来越大，社会化程度越来越高，分工越来越细，协作越来越广泛，标准有利于各方在技术上保持统一和协调，保证生产正常进行，有利于产品的通用互换及协调配套。

4. 标准有利于提高工作效率和经济效益

在科学研究、产品开发、物质生产和企业管理等过程中，标准可促进工作的规范化，提

高工作效率和经济效益。

5. 标准有利于保障人民的身体健康和生命财产安全

环保标准、卫生标准和安全标准等对保障人民的身体健康和生命财产安全发挥着重要作用。

6. 标准有利于保证产品质量，维护消费者利益

标准不但可用于最终产品的检测，也可用于产品生产中间环节的模块质量检测和工序检验，是保证产品质量的重要手段。消费者可以利用标准保护自己的权益。

7. 标准有利于消除贸易障碍

标准可作为货物与服务质量的交付标准，有利于消除贸易障碍，提高贸易效率，促进国内及国际贸易发展。

4.8.4 常见的物联网标准与协议

物联网标准与协议很多，可分为基础层、感知层、通信传输层、发现层、数据层、设备管理层、安全层、语义层、框架层和应用层等。

（1）基础层　基础层有 IPv4/IPv6 和 UDP（User Datagram Protocol，用户数据报协议）等协议。

（2）感知层　感知层有条码、二维码、RFID 和 NFC 等协议。

（3）通信传输层　通信传输层有现场总线、WiFi、蓝牙、ZigBee 和 4G/5G 等协议。

（4）发现层　发现层有 mDNS（multicast Domain Name System，多播域名系统）和 UPnP（Universal Plug and Play，通用即插即用）等协议。

（5）数据层　数据层有 MQTT（Message Queuing Telemetry Transport，消息队列遥测传输）、MQTT-SN（Message Queuing Telemetry Transport for Sensor Networks，用于传感器网络的消息队列遥测传输）、CoAP（Constrained Application Protocol，约束应用协议）和 SOAP（Simple Object Access Protocol，简单对象访问协议）等协议。

（6）设备管理层　设备管理层有 TR069（Technical Report 069）和 OMA-DM（Open Mobile Alliance Device Management，开放移动联盟设备管理）等协议。

（7）安全层　安全层有 OTrP（Open Trust Protocol，开放信任协议）、X.509 和 IPSec（Internet Protocol Security，互联网安全协议）等协议。

（8）语义层　语义层有 SensorML（Sensor Model Language，传感器模型语言）和 SenML（Sensor Markup Language，传感器标记语言）等协议。

（9）框架层　框架层有 Alljoyn、IoTivity 和 IEEE P2413 等协议。

（10）应用层　应用层的标准与协议很多，各应用领域一般根据其自身特点制定相应的标准与协议，如安防、智能电网、智能家居、智能交通等领域都有其标准与协议。

（11）其他　物联网硬件系统开发与生产还要遵循电路、元器件和电源等相关技术标准，以及 ISO 9000 系列、ISO 14000 系列等管理标准，并需要通过 3C 认证（China Compulsory Certification，CCC，中国强制性产品认证）。物联网软件系统开发还要遵循软件开发标准。

 习　题

1. 什么是物联网系统设计？

2. 什么是物联网系统总体设计？它包含哪些内容？

3. 试论述物联网系统总体设计的原则。

4. 试论述物联网系统总体设计的步骤。

5. 什么是物联网系统总体架构设计？它包含哪些内容？

6. 试论述物联网系统总体架构设计的步骤。

7. 什么是硬件系统总体设计？它包含哪些内容？

8. 硬件系统总体设计的原则是怎样的？

9. 硬件系统总体设计有哪些步骤？

10. 硬件系统结构设计的任务是什么？

11. 简述硬件系统模块说明的任务。

12. 什么是处理器选型？

13. 试论述处理器选型的方法。

14. 什么是传感器选型？

15. 试论述传感器选型的方法。

16. 什么是通信模块选型？

17. 试论述通信模块选型的方法。

18. 什么是存储设计？

19. 试论述存储设计的方法。

20. 什么是电源设计？

21. 试论述电源设计的方法。

22. 什么是软件系统总体设计？它包含哪些内容？

23. 试论述软件系统总体设计的原则。

24. 软件系统总体设计有哪些步骤？

25. 软件系统结构设计的任务是什么？

26. 名词解释：模块结构图、传入模块、传出模块、变换模块、协调模块。

27. 简述模块结构图的设计方法。

28. 简述软件系统模块说明的任务。

29. 简述数据设计的任务。

30. 什么是接口？如何对接口进行分类？

31. 什么是物联网系统接口设计？它包含哪些内容？

32. 试论述接口设计的一般原则。

33. 简述硬件接口设计的任务和内容。

34. 简述硬件接口设计的原则。

35. 简述软件接口设计的任务和内容。

36. 简述软件接口设计的原则。

37. 简述人机接口设计的任务和内容。

38. 试论述人机接口设计的一般原则。

39. 试论述输入设计的原则。

40. 简述用户界面设计的原则。

41. 简述通信接口设计的任务和内容。

42. 物联网系统安全设计包含哪些内容？

43. 试论述感知层安全设计的内容及设计方法。

44. 试论述网络层安全设计的内容及设计方法。

45. 试论述应用层安全设计的内容及设计方法。

46. 试论述数据存储层安全设计的内容及设计方法。
47. 什么是物联网系统可靠性设计？它包含哪些内容？
48. 可靠性设计的目的是什么？
49. 试论述可靠性设计的原则。
50. 试论述可靠性设计的步骤。
51. 如何进行硬件系统可靠性设计？
52. 简述硬件系统可靠性设计的冗余技术。
53. 简述硬件系统可靠性设计的诊断技术。
54. 如何进行软件系统可靠性设计？
55. 简述软件设计标准化。
56. 如何进行软件健壮性设计？
57. 简述软件系统可靠性设计的容错设计技术。
58. 简述软件系统可靠性设计的冗余设计技术。
59. 如何利用软件提高系统可靠性？
60. 名词解释：标准、通信协议。
61. 名词解释：国家标准、强制性国家标准、推荐性国家标准。
62. 名词解释：行业标准、地方标准、企业标准、国际标准。
63. 标准的作用有哪些？
64. 物联网基础层、感知层、通信传输层、发现层协议各有哪些？
65. 物联网数据层、设备管理层、安全层、语义层、框架层协议各有哪些？
66. 针对智能家居系统，完成以下工作：
1）接口设计。
2）安全设计。
3）可靠性设计。
67. 针对智能停车场系统，完成以下工作：
1）总体架构设计。
2）硬件系统总体设计。
3）软件系统总体设计。
68. 针对智能环境监控系统，完成以下工作：
1）总体架构设计。
2）硬件系统总体设计。
3）软件系统总体设计。
4）接口设计。
5）安全设计。
6）可靠性设计。
7）撰写总体设计说明书。
69. 针对智能无人售货系统，完成以下工作：
1）总体架构设计。
2）硬件系统总体设计。
3）软件系统总体设计。
4）接口设计。
5）安全设计。
6）可靠性设计。
7）撰写总体设计说明书。

第5章

物联网系统详细设计

物联网系统详细设计是物联网系统实现的重要依据。本章首先介绍物联网系统详细设计的概念、内容、原则、步骤和工具，然后分别介绍硬件系统详细设计和软件系统详细设计。

5.1 概述

5.1.1 物联网系统详细设计的概念与内容

1. 物联网系统详细设计的概念

物联网系统详细设计是在系统需求分析和总体设计的基础上对系统设计的细节进行描述，主要关注系统的模块设计。物联网系统详细设计是系统实现的重要依据。

2. 物联网系统详细设计的内容

物联网系统详细设计的内容包括硬件系统详细设计和软件系统详细设计。

5.1.2 物联网系统详细设计的原则

物联网系统详细设计应遵循以下原则：

1. 实用性

系统详细设计必须满足模块的功能和性能等要求。

2. 规范性

系统详细设计要采用规范、统一的术语与符号，尽可能采用标准的设计方案。

3. 简明性

系统详细设计要选择合适的设计工具，实现设计内容的简明表达和易于修改。

4. 易读、易理解

系统详细设计文档要层次清晰、注释充分，以便相关人员阅读、理解和修改。

5. 经济性

系统详细设计时应尽量保证系统易于实现、生产和维护，实现经济效益最大化。

5.1.3 物联网系统详细设计的步骤

物联网系统详细设计的主要步骤：模块设计、设计审核、撰写详细设计说明书、制订测试计划、详细设计评审。

1. 模块设计

选择合适的详细设计工具、方法和表现形式来设计各模块内部细节和接口。

2. 设计审核

根据系统需求和总体设计的要求以及相关标准和规范，尽可能找出模块设计的不当或错误之处。

3. 撰写详细设计说明书

详细设计说明书一般包括各模块内部细节和接口说明书，对于硬件还要给出详细的物料清单。

4. 制订测试计划

制订测试与调试计划，主要是制订模块测试和调试计划。

5. 详细设计评审

详细设计评审与总体设计评审可一起进行，其评审过程与总体设计类似。

系统详细设计评审的内容就是论证详细设计的合理性、正确性、完整性和可行性，所需材料包括需求规格说明书、总体设计说明书、详细设计说明书和会议议程，评审的步骤与需求评审类似。

评审结束后，评审组应给出评审意见，并签名。

5.1.4 物联网系统详细设计的工具

1. 硬件系统详细设计工具

硬件系统详细设计常用的工具有电子电路原理图、PCB 图和接线图。

2. 软件系统详细设计工具

软件系统详细设计常用的工具有程序流程图、过程设计语言、伪 C、N‑S 图、状态转换图、PAD 图、判定表和判定树。

5.2 硬件系统详细设计

5.2.1 硬件系统详细设计概述

1. 硬件系统详细设计的概念

硬件系统详细设计是在物联网系统需求分析和硬件系统总体设计等的基础上设计每个硬件模块的实现细节、测试与调试方案，撰写硬件系统详细设计说明书，进行硬件系统详细设计评审，为硬件系统实现提供依据。

2. 硬件系统详细设计的内容

硬件系统详细设计的内容包括模块电子电路设计、外观设计。

3. 硬件系统详细设计的原则与步骤

硬件系统详细设计的原则与步骤和物联网系统详细设计的相同。

5.2.2 电子电路设计

1. 电子电路设计的概念

电子电路图简称电路图，是用约定的符号描述电路结构的图形，主要由元器件符号、连线、结点和注释 4 部分组成。其中，元器件符号表示实际电路中的元器件，连线表示实际电路中的导线，结点表示元器件引脚或导线之间的连接，注释是指元器件的名称和型号等的文字说明。

电子电路图有电子电路原理图、框图、PCB 图、接线图和装配图等形式。

电子电路原理图是最常用和最重要的。以它为基础，可方便地设计 PCB 图、接线图和装配图。

电子电路接线图是用约定的符号描述元器件及它们之间连接关系的电路图。它用于电路装配和维修。

电子电路装配图是描述电子电路装配关系的电路图，图上的符号一般是元器件的实物外形图。它用于电路装配，一般供初学者使用。

2. 电子电路设计的内容

电子电路设计的主要内容如下：

1）根据物联网系统需求和硬件系统总体设计的要求设计电子电路原理图，计算参数和选择元器件。

2）以电子电路原理图为基础，根据需要设计 PCB 图、接线图和装配图等电路图。注意局部电路对其他电路和整个系统的影响，要考虑电路是否易于实现，易于检测等。

3）按照需要完成电子电路的可靠性设计。

4）对电子电路的电磁特性进行分析、计算，然后确定模块的电磁兼容结构和特性，进行电磁兼容特性设计。

5）进行测试与调试方案设计，包括测试与调试的目标、内容、步骤、方法、所需仪器设备，以及测试用例及预期结果、可能发生的问题及处理方法等设计。

3. 电子电路设计的原则

电子电路设计除遵照硬件系统详细设计的原则外，还应遵循电磁兼容性好、可靠性高、集成度高、体积小、节能环保、调试简单方便、生产工艺简单、使用方便等原则。

1）电磁兼容性好。所设计的电子电路图应满足预定的电磁兼容条件，确保系统正常工作。

2）可靠性高。所设计的电子电路图应满足可靠性指标要求。

3）集成度高。提高集成度是设计过程中应当遵循的一个重要原则。

4）体积小。所设计的电子电路体积应尽可能小。

5）节能环保。所设计的电子电路应节能环保。

6）调试简单方便。所设计的电子电路应便于调试，有利于降低工作的难度。

7）生产工艺简单。简单的生产工艺有利于提高生产效率，降低生产和维护成本。

8）使用方便。使用方便是现代电子电路系统的重要特征，难于使用的系统是没有生命力的。

4. 画电路图的原则

在画电路图时，应遵循以下原则：

1）布局合理，疏密恰当，画面清晰，协调美观，易于阅读理解。

2）信号的流向一般从输入端或信号源画起，自左向右或自上而下按信号的流向依次画出各模块电路。电路图的长度和宽度比例要合适，尽量不要画成窄条。

3）尽量把总电路图画在一张纸上，如果电路比较复杂，需绘制几张图，则应把主电路图画在一张图纸上，而把一些比较独立或次要的部分画在另外的图纸上，并在图的断口两端做上标记，指明信号从一张图到另一张图的引出点和引入点，以说明各图纸之间的关系。

4）完成特定功能的模块应集中布置在一起，便于看清各模块电路的关系。

5）连接线应画成水平线或竖线，一般不画斜线。十字联通的交叉线，应在交叉处用圆点标出。连线要尽量短，少折弯。有的连线可用符号表示，如果把各元器件的每一根连线都画出来，电路图就会比较复杂，不易阅读。

6）图形符号要标准，并加适当的标注。电路图上的中大规模集成电路器件一般用方框表示，并在方框中标出其型号，在方框的边线两侧标出每根线的功能名称和引脚号。除中大规模器件外，其余元器件符号应当标准化。

7）数字电路中的门电路、触发器在总电路原理图中建议用门电路符号、触发器符号来画，而不按接线图形式画。

5. 电子电路设计的步骤

电子电路设计的一般步骤如下：

（1）模块电子电路原理图设计　设计模块电路原理图，确定所需元器件。

（2）模块电路参数计算　为保证模块达到预定的功能和性能要求，需计算相关参数。例如，放大器电路中的各电阻值和放大倍数，振荡器中的电阻、电容和振荡频率等参数。

（3）设计审核　由于设计时难免考虑不周，参数计算也可能出错，因此在完成电子电路原理图初步设计后需进行审核，以发现其中的错误和缺陷。

（4）仿真和实验　通过仿真实验和分析，发现模块电子电路原理图存在的问题，并设法解决。尽管电路仿真有很多优点，但其仍然不能完全代替实验。对于比较成熟的电路可以只进行仿真，而对于电路中的关键部分或采用新技术、新电路、新元器件的部分，一定要进行实验。仿真和实验主要做以下工作：

1）验证各元器件的功能、性能、质量是否满足设计要求。

2）验证各模块电路的功能和性能是否达到设计要求。

3）验证各接口电路是否符合设计要求。

4）把所有模块电路集成起来，验证整个硬件电路的功能和性能是否达到设计要求。

（5）电子电路原理图集成　采用自底向上等策略进行集成，得到整个硬件系统的电子电路原理图。

（6）列出元器件清单　列出全部元器件，包括元器件名称、型号、规格、数量和推荐供应商等内容。

（7）PCB图设计　根据模块电子电路原理图、元器件清单设计PCB图，并给出元器件接线图等。

（8）接线图和装配图设计　根据需要设计接线图和装配图。

（9）工艺说明　对制造工艺比较复杂或者有特殊工艺要求的，需要给出工艺说明。

5.2.3　电子电路原理图设计

电子电路原理图是通过元器件符号以及它们之间的连接方式来描述电子电路的结构和工作原理的电路图，广泛应用于电子电路分析与设计中。

电子电路原理图包含了电路的全部元器件，它还可以作为采购元器件和制作电路的依据。

电子电路原理图设计就是依据物联网系统需求和硬件系统总体设计的要求设计相关的电子电路原理图。与电子电路设计相比，其原则与之基本相同，其步骤为：模块电子电路原理图设计、模块电路参数计算、设计审核、仿真和实验、电子电路原理图集成、列出元器件清单。

例 5-1 某物联网系统电源子系统降压模块的电子电路原理图设计。

某物联网系统的电源子系统为整个硬件系统供电。该物联网系统输入 12V 直流电源，通过降压模块将其降为 5V 后，供给其他模块使用。经过计算和设计，得到降压模块的电子电路原理图，如图 5-1 所示。

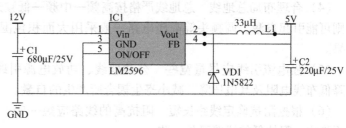

图 5-1　降压模块的电子电路原理图

在图 5-1 中，降压模块采用 LM2596 芯片。LM2596 芯片是 3A 电流输出降压开关型集成稳压芯片，其内含 150kHz 固定频率振荡器和 1.23V 基准稳压器，并具有完善的保护电路、电流限制和热关断电路。

5.2.4　印制电路板设计

1. 印制电路板设计的概念

印制电路板是在绝缘基材的敷铜板上用印制的方法制成印制线路、印制元器件或两者组合而成的电路。PCB 按照层数可分为单面板、双面板和多层板。多层板具有体积小、质量轻、连线少、灵活性高、抗干扰性强、可靠性高等优点，同时也有造价高的缺点。目前，大多数系统使用 4~8 层的 PCB。

PCB 图是制作 PCB 的电路图。PCB 图和电子电路装配图属于同一类的电路图，也用于电路装配，是装配图的主要形式。PCB 图的元器件布局和电子电路原理图不同，它要考虑元器件的体积、抗干扰、抗耦合和散热等因素，而电子电路原理图一般只需考虑功能和性能。

PCB 设计是以电子电路原理图为蓝本来设计 PCB 图。PCB 设计的质量不仅影响整机功能和性能，还关系元器件焊接、装配和调试的方便性。简单的 PCB 设计可以用手工实现，复杂的 PCB 需要用 Altium Designer 等计算机辅助设计软件来实现。

PCB 是基于 PCB 图制作的。具体过程为：首先在一块绝缘板上敷上一层金属箔，然后将不需要的金属箔腐蚀掉，将剩下的金属箔作为元器件之间的导线，最后将电路中的元器件安装在该绝缘板上。

2. 印制电路板设计的内容

PCB 设计的主要内容是设计 PCB 图，包括元器件、金属连线、通孔和外部连接的布局设计，以及抗干扰、抗耦合和散热等设计。

3. 印制电路板设计的原则

（1）不允许有交叉电路　对于有可能交叉的线路，可以用"钻""绕"两种办法解决，即让某引线从别的电阻、电容、晶体管脚下的空隙处"钻"过去，或从可能交叉的某条引线的一端"绕"过去。如果电路很复杂，为简化设计，也允许用导线跨接。

（2）合理使用元器件安装方式　电阻、二极管、管状电容器等元器件有立式和卧式两种安装方式。立式是指元器件体垂直于 PCB 安装和焊接，其优点是节省空间；卧式是指元器件体平行并紧贴 PCB 安装和焊接，其优点是元器件安装稳固。两种安装方式会导致元器件在 PCB 上的空间占用不同。

（3）同级电路接地点靠近　同一级电路的接地点应尽量靠近，并且本级电路的电源滤波电容也应接在该级接地点上。特别是本级晶体管基极、发射极的接地点不能离得太远，否则会因两个接地点间的铜箔太长而引起干扰与自激。

（4）合理布局总地线　总地线严格按高频—中频—低频逐级按弱电到强电的顺序排列，否则可能引起自激。调频头等高频电路一般采用大面积包围式地线，以保证有良好的屏蔽效果。

（5）强电流引线应尽量宽些　公共地线、功放电源引线等强电流引线应尽可能宽些，以降低布线电阻及其电压降，减小寄生耦合所产生的自激。

（6）根据阻抗确定线路长短　阻抗高的线路应短一些，因为阻抗高的线路容易引起电路不稳定；阻抗低的线路可长一些。

4. 印制电路板设计的步骤

（1）确定 PCB 的材料、形状、厚度和尺寸

1）PCB 的材料主要由整机的性能要求、使用条件以及价格决定。

2）PCB 的形状由整机结构和内部空间位置的大小决定。外形应该力求简单，一般为矩形。

3）PCB 的厚度主要由元器件的承重和振动冲击等因素决定。PCB 的尺寸由整机的内部结构和板上元器件的数量、尺寸、安装方式、排列方式决定，一般要接近标准值，以便加工。如果 PCB 的尺寸过大或元器件过重，就应该适当增加板的厚度或对 PCB 采取加固措施，否则 PCB 容易变形。

（2）元器件布局　元器件在 PCB 上合理布局可使系统具有抗干扰、稳定可靠、美观、操作和维修方便等优点。

（3）绘制排版连线图　根据电路原理图绘制排版连线图。排版连线图使用简单线条表示印制导线的走向和元器件的连接。在排版连线图中应尽量避免导线的交叉，但可在元器件处交叉。

（4）检查　主要检查内容如下：

1）PCB 尺寸和硬件系统是否相符合。

2）元器件是否无遗漏，布局是否均衡，排列是否整齐。

3）开关、插件板等需经常更换的元器件是否方便使用。

4）热敏元器件与发热元器件距离是否合理，散热性是否良好。

5）线路干扰问题是否处理好。

例 5-2　设计例 5-1 所述的降压模块的 PCB 图。

利用 Altium Designer 可得到所要求的 PCB
图，如图 5-2 所示。

5.2.5　外观设计

1. 外观设计的概念

物联网硬件系统外观设计就是设计硬件的
外部形状、尺寸、颜色、图案以及按键、开关
等硬件模块的布局。

外观设计服务于系统的整体设计，用于满

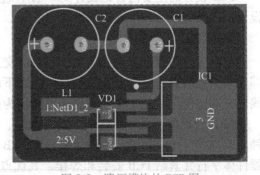

图 5-2　降压模块的 PCB 图

足人们对系统的功能、性能、环境、工艺、易操作与易维护等技术需求，以及文化、艺术、习俗、美学和时尚等非技术需求，同时满足用户的个性化需求。

2. 外观设计的步骤

外观设计的一般步骤如下:

(1) 分析需求 阅读系统需求规格说明书和总体设计说明书,分析系统的功能、性能、环境、工艺、易操作与易维护等对外观设计的要求与限制;与用户充分沟通,从文化、艺术、习俗、美学和时尚等方面调查、分析用户的外观设计需求。

(2) 明确主题 收集资料,包括相同系统、相似系统的外观信息,以及与系统局部相似的系统的外观信息,明确外观设计的主题。

(3) 手工草绘 围绕外观设计主题,在纸张上勾勒出草图。此草图一般比较粗略、无细节,但包含了外观设计的主要元素。

(4) 计算机建模 利用外观设计软件构建系统外观的三维模型。

(5) 仿真分析 基于系统外观的三维模型,应用虚拟现实等技术进行仿真分析。

(6) 确认 将设计方案提交给用户确认,如果不满意就继续修改,直至最后确认。

5.3 软件系统详细设计

5.3.1 软件系统详细设计概述

1. 软件系统详细设计的概念

软件系统详细设计又称过程设计,是在物联网系统需求分析和软件系统总体设计等的基础上设计每个软件模块的实现细节和测试用例,撰写软件系统详细设计说明书,进行软件系统详细设计评审,为软件系统实现提供依据。

软件系统详细设计的目标是保证模块功能正确、具有良好的可靠性和可维护性,文档可读性好。

2. 软件系统详细设计的内容

软件系统详细设计的内容包括模块算法设计、模块接口设计、模块内部数据结构设计、数据详细设计、人机接口设计、模块测试用例设计,并撰写软件系统详细设计说明书。

(1) 模块算法设计 模块算法设计就是选择适当的软件系统详细设计工具设计每个模块的算法或者处理细节,对关键内容进行适当的解释,必要时可举例说明。

(2) 模块接口设计 模块接口设计就是详细描述每个模块的输入/输出数据结构、与系统内部其他模块的接口、与外部系统的接口等。严格说来,人机接口设计也属于模块接口设计。

(3) 模块内部数据结构设计 模块内部数据结构设计就是确定模块内部定义和使用的变量及其数据类型。

(4) 数据详细设计 数据详细设计就是对于包含数据库的软件系统进行数据库详细设计,包括数据库物理设计、存储过程与触发器等的详细设计。

(5) 人机接口设计 软件系统人机接口设计包括输入设计、输出设计和用户界面设计。

在详细设计阶段,人机接口设计的主要内容:一是细化总体设计阶段所设计的人机接口,包括选择或具体设计所涉及的文字与其字体字号颜色、表格、图形、图像、音频、视频等细节内容;二是设计并实现只涉及一个模块或者涉及多个模块且与其中至少一个模块的内部处理逻辑有关的人机接口。

详细设计阶段人机接口设计的原则和总体设计阶段的基本相同。

（6）模块测试用例设计 模块测试用例设计就是为每一个模块设计一组测试用例，以便在编码阶段对模块进行测试。

（7）撰写软件系统详细设计说明书 按规范撰写软件系统详细设计说明书，要求内容正确完整、层次清晰、表述简明流畅、图表规范、逻辑性强、易读、易理解。

3. 软件系统详细设计的原则与步骤

软件系统详细设计的原则与步骤和物联网系统详细设计的相同。

5.3.2 程序流程图

1. 程序流程图的概念

程序流程图又称程序框图，是用规定的图形符号来描述模块算法的一种工具。其使用十分广泛。

程序流程图的基本控制结构有 3 种：顺序结构、选择结构和循环结构。

（1）顺序结构 顺序结构由几个连续的执行步骤依次排列构成，按箭头方向顺序执行，如图 5-3a 所示。

（2）选择结构 常见的选择结构有简单选择结构与多路分支结构。

简单选择结构是对给定条件进行判断，按条件取值为真（True，T）或假（False，F）来分别执行相应内容，如图 5-3b 所示。多路分支结构列举多种执行内容，根据控制变量取值选择其一执行，如图 5-3c 所示。

（3）循环结构 循环结构有两种：当型（While）循环结构和直到型（Until）循环结构。

当型循环首先判断循环控制条件，若条件为真，则执行循环体内的内容 A，否则退出循环，如图 5-3d 所示。

直到型循环首先执行循环体内的内容 A，然后判断循环控制条件，若条件为假，则执行循环体内的内容 A，否则退出循环，如图 5-3e 所示。

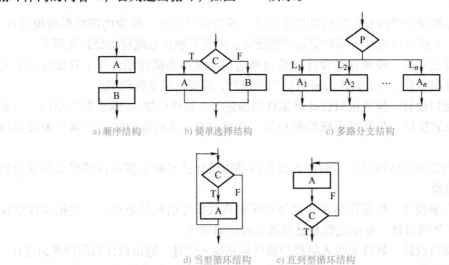

a) 顺序结构   b) 简单选择结构   c) 多路分支结构

d) 当型循环结构   e) 直到型循环结构

图 5-3 程序流程图的 3 种基本控制结构

图 5-3 中，A，B，A_1，A_2，…，A_n 均为非转移语句、空语句、3 种基本控制结构之一；C 为判定条件；P 为表达式；L_1，L_2，…，L_n 为 P 的可能取值。

任何程序流程图都可用以上 3 种基本控制结构作为设计单元按一定的规范设计出来。例如，基本控制结构之间可以并列、相互包含，但不允许交叉，不允许从一个结构直接转到另一个结构的内部。

2. 程序流程图的基本符号

程序流程图的基本符号如表 5-1 所示。

表 5-1　程序流程图的基本符号

符号	名称	含义与用法
⬭	起止框	起止框表示程序开始或结束。使用时，在图形内标明"开始"或者"结束"
▭	处理框	处理框表示变量赋值、操作、事务处理等各种处理。使用时，在矩形内标明处理的名称或者功能简述
◇	判断框	判断框表示条件判断，有一个入口和若干个可供选择的出口。典型的判断框有两个出口，分别表示条件为真、为假时的分支。多出口的判断对应多路分支结构。在对菱形内定义的条件求值后，有一个且仅有一个出口被激活。使用时，在菱形内标明条件，求值结果在表示出口路径的流线附近标明
▱	输入/输出框	输入/输出框表示输入或输出。使用时，在平行四边形内标明输入/输出的名称或内容
⏢	循环上界	循环上界框表示循环开始，与循环下界框配对使用。通常，这对符号要上下对应、对齐，循环体在中间。使用时，在图形内标明循环的名称；对于当型循环，在图形内还要标明进入循环的条件
⏢	循环下界	循环下界框表示循环结束，与循环上界框配对使用。使用时，在图形内标明循环的名称；对于直到型循环，在图形内还要标明退出循环的条件
⬡	预处理	预处理框表示准备。例如，设置开关、变量初始化、算法初始化。使用时，在图形内标明预处理的名称或者功能简述
⊐⊏	预定义流程	预定义流程框又称预定义过程、子流程，表示使用一个预先已定义的流程。使用时，在矩形内标明预定义流程的名称或者功能简述
⌐	注释框	注释框表示对流程图中的某个图形进行必要的说明。使用时，注释内容写在右边半开口符号的右边，虚线连接到要注释的图形
○	页内连接	页内连接符用于表示同一页内两个程序流程图的接转，用于表明流程转向其他处，或从其他流程图转入流程。使用时，在圆圈内写上数字或字母等标识
⌂	换页连接	换页连接符用于表示不同页内两个程序流程图的接转。使用时，在图形内写上数字或字母等标识
------	虚线	虚线用于连接图形与其注释
═══	并行方式	平行线表示同步进行两个或两个以上并行方式的操作
→	流线	流线用于连接两个图形，箭头表示流程的路径和方向

3. 程序流程图的优缺点

程序流程图具有直观、清晰、易学、易理解等优点。但缺点较多，主要有：由于流线使用几乎不受约束，因此易造成非结构化的程序设计；修改不易，特别是改变选择型、循环型单元位置时，需要重新布局，可能需要重新画图；不易描述层次结构，不易描述数据结构和模块间的调用关系；本质上不支持逐步求精；不适合于复杂模块的设计。

例5-3 设计某小区停车场管理系统入口管理模块的程序流程图。

某小区停车场管理系统入口管理模块的程序流程图如图 5-4 所示。

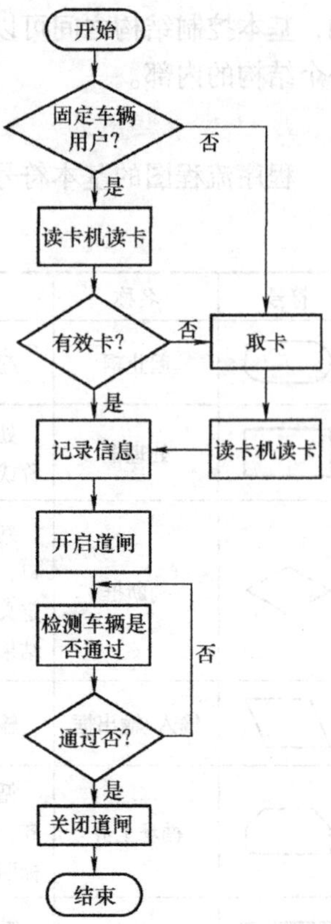

5.3.3 自然语言

自然语言就是人们日常使用的语言，如汉语、英语和德语。

自然语言通俗易懂，在软件系统详细设计时经常用来编写模块算法。但是，自然语言在描写分支结构和循环结构时，一般用"转"等字词描述，不符合结构化程序设计要求，可读性较差。

例5-4 试用自然语言设计求两个正整数的最大公约数的算法。

输入：两个正整数为 m 和 n。

输出：m 和 n 的最大公约数。

1）若 $m < n$，则交换 m 和 n。

2）令 $r = m - n$。

3）若 $r = 0$，则输出 n，算法结束，否则转4）。

4）若 $r < n$，则令 $m = n$，$n = r$，否则令 $m = r$。

5）转2）。

5.3.4 过程设计语言

1. 过程设计语言的概念

过程设计语言（Process Design Language，PDL）是一种结构化伪码语言，可用于模块算法设计和处理细节描述。PDL 的语法规则分为外语法和内语法，外语法用于定义控制结构和数据结构，内语法用于定义实际操作和条件。PDL 具有严格的关键字外语法，并且约定关键字全部大写。使用 PDL 时，除关键字外语法外，其他内容用自然语言表达，也可用汉字书写。

2. 过程设计语言关键字外语法

（1）数据说明 PDL 程序中用 TYPE 指明数据名的类型及作用域。其形式为

TYPE <数据名> AS <限定词1> <限定词2>

其中，<限定词1>指明数据类型，<限定词2>指明变量的作用域。

数据类型有 SCALAR（纯量）、INTEGER（整数）、CHAR（字符）、STRING（字符串）、BOOL（布尔型）、ARRAY（数组）、LIST（列表）、STRUCTURE（结构）。

作用域有 LOCAL（局部）、GLOBAL（全局）。

（2）子程序结构

```
PROCEDURE   <子程序名>
INTERFACE   <参数表>
BEGIN
  <PDL 语句>
  …
```

图 5-4 停车场管理系统入口管理模块的程序流程图

      <PDL 语句>

END <子程序名>

其中，

<PDL 语句>

…

<PDL 语句>

可简写为

<PDL 语句序列>

（3）语句块

BEGIN　<分程序名>

    <PDL 语句序列>

END　<分程序名>

（4）控制结构

1）选择型。

IF　<条件>　THEN

    <PDL 语句序列>

ELSE

    <PDL 语句序列>

ENDIF

以及

IF　<条件>　THEN

    <PDL 语句序列>

ELSE IF　<条件>　THEN

    <PDL 语句序列>

ELSE

<PDL 语句序列>

ENDIF

2）WHILE 循环。表示满足条件进入循环。

LOOP WHILE　<条件>

    <PDL 语句序列>

ENDLOOP

3）UNTIL 循环。表示满足条件退出循环。

LOOP UNTIL　<条件>

    <PDL 语句>

ENDLOOP

或者

LOOP

    <PDL 语句序列>

    EXIT WHEN　<条件>

ENDLOOP

4）多路分支。

```
CASE OF  < CASE 变量名 >
WHEN  < 变量值 1 > SELECT
    < PDL 语句序列 >
WHEN  < 变量值 2 > SELECT
    < PDL 语句序列 >
…
DEFAULT
    < PDL 语句序列 >
ENDCASE
```

3. 过程设计语言的特点与优缺点

（1）过程设计语言的特点

1）使用少量能够表明程序结构的关键字和简单语法规则，程序的处理过程采用自然语言和自由语法，易于理解。

2）关键字外语法简明、直观、可读性好。关键字外语法类似于 Pascal 风格，可满足结构化程序设计要求。控制结构具有头尾关键字，保证了结构清晰、可读性好，如 IF…ENDIF。

3）数据类型丰富。既包括简单数据结构，又包括复杂数据结构，还可以自定义数据类型。

4）程序可按逐步求精的方式写出，可使用注释行对语句进行解释，以提高程序的可读性。

（2）过程设计语言的优点 可用普通文本编辑器编写 PDL 程序，编写效率高、易于理解、可读性好、易于修改，有利于从 PDL 程序直接生成源程序，并把 PDL 语句作为注释插入源程序中，增强源程序的可读性和可维护性。

（3）过程设计语言的缺点 PDL 的缺点是不如程序流程图等图形工具直观。

例 5-5 某文字处理系统内置单词检查模块，以找出不在指定字典中的单词并做相应的处理。试用 PDL 设计单词检查模块的算法。

```
PROCEDURE   WordCheck
BEGIN
    split all sentences in the document into single words
    look up all words in the dictionary
    report words which are not in the dictionary
    deal with words which are not in the dictionary
END   WordCheck
```

由于 PDL 除关键字外语法外，其他内容可用汉字书写，因此本例也可这样求解：

```
PROCEDURE   WordCheck
BEGIN
    把文件中所有句子的单词分离出来
    对单词查字典
    报告字典中查不到的单词
    处理字典中查不到的单词
END   WordCheck
```

5.3.5　伪 C

伪 C 是一种采用 C 语言风格的软件系统详细设计工具，使用伪 C 设计的算法可比较方便地转换为计算机程序。

伪 C 可约定循环结构、语句块、注释分别用 C 语言风格描述，其他用自然语言描述。

类似地，可以定义伪 Java、伪 Python 等。伪 C、伪 Java、伪 Python 与 PDL 具有类似的特点与优缺点。

例 5-6　设函数 $f(x)$ 在 $[a, b]$ 上连续，且 $f(a) f(b) < 0$。试用伪 C 设计求方程 $f(x) = 0$ 的一个近似实根的算法，精度为 $\varepsilon > 0$。

这里采用二分法求根。

因为 $f(x)$ 在 $[a, b]$ 上连续，且 $f(a) f(b) < 0$，故 $f(x) = 0$ 在 $[a, b]$ 上至少有一个实根，如图 5-5 所示。

为了说明二分法求方程 $f(x) = 0$ 近似解的算法的思想，这里用自然语言来描述其具体步骤。

输入：$f(x)$，区间 $[a, b]$，精度 ε。

输出：$f(x) = 0$ 的近似解。

1）检查区间 $[a, b]$ 的长度，如果 $|a-b| < \varepsilon$，则令 $x = (a+b)/2$（实际上，此时 $[a, b]$ 内的任一点都是 $f(x) = 0$ 的近似解），输出 x，算法结束，否则转 2）。

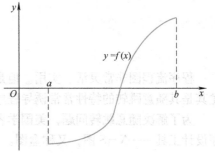

图 5-5　函数 $f(x)$

2）求区间 $[a, b]$ 的中点 $x = (a+b)/2$，如果 $f(x) = 0$，则输出 x，算法结束，否则转 3）。

3）如果 $f(a) f(x) < 0$，则根在区间 $[a, x]$ 内（注意：$[a, x]$ 的长度只有 $[a, b]$ 的一半），令 $b = x$，转 1），否则转 4）。

4）令 $a = x$，转 1）。此时隐含着 $f(a) f(x) > 0$，根在区间 $[x, b]$ 内（注意：$[x, b]$ 的长度只有 $[a, b]$ 的一半）。

这样，每迭代一次，解所在区间的长度就只有前一步的一半；经过 n 步迭代之后，区间的长度只有最初的 $1/2^n$。因此，二分法求根的速度很快。

用伪 C 编写的二分法求根算法如下：

输入：$f(x)$，区间 $[a, b]$，精度 ε。

输出：$f(x) = 0$ 的近似解。

```
while |a-b| ≥ ε
{
  令 x = (a+b)/2;
  如果 f(x) = 0
  {
    break;
  }
  如果 f(a) f(x) < 0
  {
    令 b = x;
```

```
    }
    否则
    {
        令 a = x;
    }
}
如果 f (x) ≠ 0
{
    令 x = (a + b) /2;
}
输出 x;
算法结束。
```

5.3.6　N-S图

1．N-S图的概念

程序流程图非常灵活、实用。但是也许它太灵活了，设计者可以没有任何约束地使用，尤其是其随意跳转的特性常常诱导程序员编写出非结构化的程序代码。

为了解决随意跳转问题，美国学者 Nassi 和 Shneiderman 于 1972 年提出了一种结构化程序设计工具——N-S图，又称盒图。

2．N-S图的基本符号

N-S图的顺序结构、选择结构和循环结构这 3 种基本控制结构如图 5-6 所示。其中，A，B，A_1，A_2，…，A_n均为非转移语句、空语句、3 种基本控制结构之一；C 为判定条件；P 为表达式；L_1，L_2，…，L_n为 P 的可能取值。

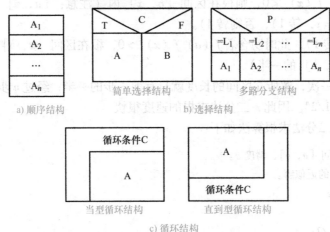

图 5-6　N-S图的基本控制结构

N-S图支持层次化模块结构，允许模块调用。子模块仍然用矩形表示，模块名写在矩形中的椭圆内，如图 5-7 所示。

图 5-7　模块调用

3．N-S图的特点与优缺点

（1）N-S图的特点

1）N-S图中的每个矩形框都对应着一个处理（多路分支结

构中表示条件取值的矩形除外）。使用时，在矩形内标明处理的名称或者功能简述。

2）结构化程序设计的特征极为明显，不能随意转移控制。

3）局部和全局数据的作用域清晰。

4）选择与循环结构的作用范围、嵌套关系都非常直观、明确，处理逻辑清晰。

（2）N-S图的优点　N-S图的优点是数据的作用域清晰，处理逻辑清晰、易理解、可读性好。

（3）N-S图的缺点　N-S图的缺点是修改不易，特别是改变选择型、循环型单元位置时需要重新布局，甚至需要重新画图。

5.3.7 状态转换图

1. 状态转换图的概念

在现实世界中，事物是变化的。为了反映事物的变化，需要建立动态模型。状态转换图简称状态图，是一种由状态、转换（又称转移、变迁）、事件和活动组成的对象状态变化过程描述图。例如，在图书管理信息系统开发中，可以用状态图描述图书采购、到货验收、编目、上架、借出、归还和注销的状态变化过程。

状态图能为单一对象的行为进行建模，不能为多个对象之间的行为建模。它适用于描述实时系统。

（1）状态　状态是任何可以被观察到的系统行为模式，一个状态代表系统的一种行为模式。状态规定了系统对事件的响应方式，当事件触发时，系统可以做一个或多个动作，也可以只改变状态，还可以既做动作又改变状态。

在状态图中定义的状态主要有初态（即初始状态）、终态（即最终状态）和中间状态。一张状态图中只能有一个初态，而终态则可以有 0 至多个。

需要指出的是，状态图既可以表示系统循环运行过程，也可以表示系统单程运行过程。当描绘循环运行过程时，通常不关心循环是怎样启动的。当描绘单程运行过程时，需要明确初始状态和最终状态。

（2）事件　事件是在某个特定时刻发生的事情，它是对引起系统做动作或（和）从一个状态转换到另一个状态的外界事件的抽象。事件就是引起系统做动作或（和）转换状态的控制信息。例如，用鼠标单击某个按钮、按电梯的关门按钮、启动发动机等都是事件。

2. 状态转换图的基本符号

状态转换图的基本符号如图 5-8 所示。

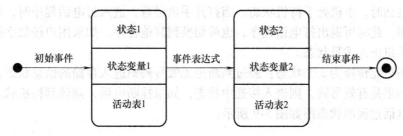

图 5-8　状态转换图的基本符号

（1）初态和终态　状态图的初态用实心圆表示，终态用一对同心圆（内圆为实心圆）表示。

（2）中间状态　状态图的中间状态用圆角矩形表示，可以用两条水平横线把它分成上、中、下 3 个部分：上面为状态名称；中间为状态变量名称和值，为可选部分；下面为活动表，为可选部分。

活动表的语法如下：

事件名（参数表）/动作表达式

其中，事件名指明事件的名称，必要时可为事件指定参数表；参数表由参数名、冒号和类型组成；动作表达式描述要做的动作。

活动表中经常使用 3 种标准事件：entry、exit 和 do。

1）entry 事件指明进入该状态要做的动作。

2）exit 事件指明退出该状态要做的动作。

3）do 事件指明在该状态下要做的动作。

（3）状态转换　状态图中两个状态之间带箭头的连线称为状态转换，箭头指明了转换方向，箭线上可以标明事件表达式。箭头所对应的状态称为箭头状态，箭尾所对应的状态称为箭尾状态。

（4）事件表达式　状态转换通常是由事件触发的，此时应在表示状态转换的箭线上标明触发转换的事件表达式。事件表达式的语法如下：

［事件说明］［守卫条件］/［动作表达式］

其中，事件说明的语法为：事件名（参数表）；守卫条件是一个布尔表达式，指明转换的条件；动作表达式是一个过程表达式，描述状态转换开始时要做的动作。

事件表达式的含义：当指定的事件触发且守卫条件为真时状态转换发生，并且状态转换开始时要执行动作表达式所描述的动作。

事件表达式的 3 个部分中，每个部分都可以省略。

1）如果未使用事件说明，则只要守卫条件为真，状态转换就发生。

2）如果未使用守卫条件，则只要事件触发，状态转换就发生。

3）如果未使用动作表达式，则只要事件触发且守卫条件为真时状态转换发生，但状态转换时不做任何动作。

4）如果同时未使用事件说明、守卫条件和动作表达式，则表示在箭尾状态的内部活动执行完成后自动触发状态转换。

3. 应用举例

例 5-7　试用状态图描述手机打电话的过程。

手机打电话程序是一个循环运行的系统，因此不关心初始状态和结束状态。

在不打电话时，手机处于待机状态。当打开手机屏幕，进入打电话程序时，手机显示打电话程序界面，此时可退出打电话程序，也可切换到其他程序。如果用户按数字按钮后按通话按钮，则手机进入拨号状态。

拨号状态可能转换为 3 个状态：经过判断是无效号码则进入存储的信息状态，执行播放信息活动；如果是有效号码，则进入接通中状态；如果挂断电话，则转到待机状态。

手机打电话过程的状态图如图 5-9 所示。

5.3.8　PAD 图

1. PAD 图的概念

PAD（Problem Analysis Diagram，问题分析图）是一种图形化软件系统详细设计工具，

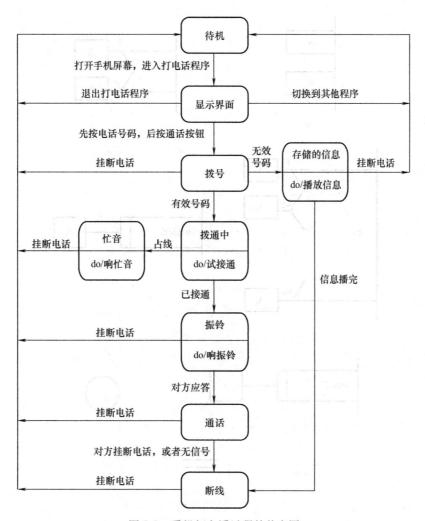

图 5-9　手机打电话过程的状态图

由日本日立公司于 1973 年发明。它用二维树形图来表示程序的控制流,可比较方便地转换为计算机程序。

2. PAD 图的基本符号

图 5-10 所示为 PAD 图的基本符号。其中,A,B,A_1,A_2,…,A_n均为非转移语句、空语句、3 种基本控制结构之一;C 为判定条件;P 为表达式;L_1,L_2,…,L_n为 P 的可能取值。

3. PAD 图的特点

1)程序结构清晰。PAD 图中,最左面的竖线是程序的主线,即第一层结构;随着程序层次的增加,PAD 图逐渐向右延伸,每增加一个层次,图形向右扩展一条竖线。

2)程序执行路径清晰。PAD 图为二维树形图,程序从图中最左竖线上端的结点开始执行,按自上而下、从左向右的顺序执行,遍历所有结点。

3)既可用于结构化程序设计,又可用于描述数据结构和业务流程图。

4)支持自顶向下、逐步求精的程序设计方法。最初可以定义一个抽象的程序,使用 def 符号逐步细化设计,直至完成详细设计,如图 5-11 所示。

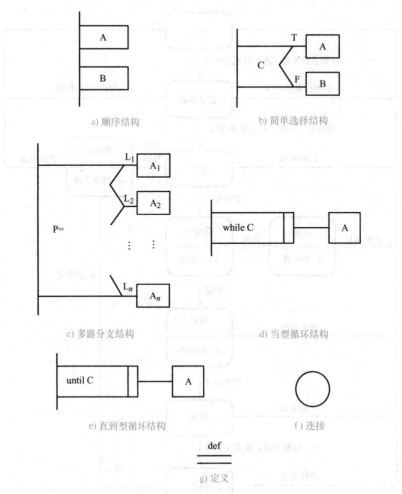

a) 顺序结构   b) 简单选择结构

c) 多路分支结构   d) 当型循环结构

e) 直到型循环结构   f) 连接

g) 定义

图 5-10　PAD 图的基本符号

由日本日立公司于 1973 年发明，它用二维树形结构表示程序的逻辑，易读、易写，用这种方法编写的程序必然是结构化程序。

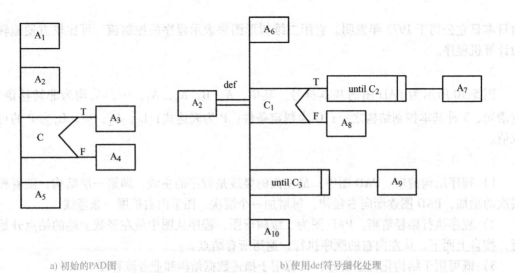

a) 初始的PAD图   b) 使用def符号细化处理

图 5-11　PAD 图逐步求精

5.3.9　判定表

1. 判定表的概念

判定表又称判断表、决策表，是一种表格型软件系统详细设计工具，适合条件（条件表达式）由若干个条件成分合取（与）而成且每个条件成分取值组合执行一个动作的模块算法设计。

判定表的优点是把所有条件成分取值组合及对应的动作（处理）明确地表达出来，避免遗漏，不易误解。缺点是不够直观，建立过程较复杂。

判定表由条件桩、动作桩、条件项、动作项等 4 个部分组成，如表 5-2 所示。

（1）条件桩　在左上部，列出所有的条件成分。注意，每个条件成分可取真、假值；又因为条件由若干个条件成分合取而成，故条件成分的顺序无关紧要。

（2）动作桩　在左下部，列出所有的动作。通常，动作的顺序无关紧要。

（3）条件项　在右上部，列出所有的条件项，一列对应一个条件项，一个条件项对应一个条件成分取值组合。

（4）动作项　在右下部，列出每个条件项下的对应动作。

判定表右半部的一列实质上是一条规则，它表达了该列的条件成分取值组合及其对应的动作。

表 5-2　判定表的结构

条件桩	条件项
动作桩	动作项

2. 建立判定表的步骤

建立判定表的步骤如下：

（1）建立条件桩　列出所有的条件成分。

（2）建立动作桩　列出所有的动作。

（3）列出所有的条件项　假设条件桩有 n 个条件成分，因为每个条件成分可取真、假值，故条件成分组合有 2^n 个，即条件项有 2^n 个，对应 2^n 个表格列。

（4）列出所有的动作项　列出每个条件项对应的动作，得到初始判定表。

（5）建立化简表　如果同一动作对应多个条件项，则尽量把这些条件项合并，以简化判定表，降低算法的编程工作量。合并后的条件项的相应条件成分取值用符号"–"表示，说明执行的动作与该条件成分的取值无关。

例 5-8　某航空公司规定，乘客可以免费托运重量不超过25kg 的行李。当行李重量超过25kg 时，头等舱乘客行李超重部分每千克收费 4 元，其他舱乘客行李超重部分每千克收费 6 元，残疾乘客行李超重部分每千克收费为正常乘客的一半。试用判定表描述计算行李费的算法。

计算行李费的初始判定表及其化简表分别如表 5-3、表 5-4 所示。其中 w 表示行李的重量，Y 表示条件成分取真值，N 表示条件成分取假值，√表示条件项对应此动作。

表 5-3 计算行李费的初始判定表

条件项及动作项		1	2	3	4	5	6	7	8
条件桩	$w > 25$	Y	Y	Y	Y	N	N	N	N
	头等舱	Y	Y	N	N	Y	Y	N	N
	残疾乘客	Y	N	Y	N	Y	N	Y	N
动作桩	$(w-25) \times 2$	√							
	$(w-25) \times 4$		√						
	$(w-25) \times 3$			√					
	$(w-25) \times 6$				√				
	免费					√	√	√	√

表 5-4 计算行李费判定表的化简表

条件项及动作项		1	2	3	4	5
条件桩	$w > 25$	Y	Y	Y	Y	N
	头等舱	Y	Y	N	N	—
	残疾乘客	Y	N	Y	N	—
动作桩	$(w-25) \times 2$	√				
	$(w-25) \times 4$		√			
	$(w-25) \times 3$			√		
	$(w-25) \times 6$				√	
	免费					√

5.3.10 判定树

1. 判定树的概念

判定树又称判断树、决策树，是一种图形化软件系统详细设计工具，适合条件由若干个条件成分合取（与）而成且每个条件成分取值组合执行一个动作的模块算法设计。

判定树在某种意义上讲是判定表的图形化表示。与判定表相比，判定树具有结构清晰、简明直观、易理解等特点。

判定树是一棵以从左往右或者从上往下等方式表示的有根树。以从左往右判定树为例，最左边的根结点表示算法名称；中间结点表示条件成分取值；最右边的叶结点表示所执行的动作，其执行条件对应判定表的一个条件项，是从根结点到叶结点路径上的所有条件成分取值的合取。

2. 构造判定树的步骤

为叙述方便，不妨设条件成分有 n 个。

对照初始判定表或其化简表，都较易构造判定树。例如，对照初始判定表构造判定树，其一般步骤为：

（1）构造根结点 算法名称作为根结点。

（2）构造满二叉树 基于根结点，构造一个 $n+1$ 层的满二叉树。

1）第 1 层结点为根结点。

2）构造第 2 层结点。对于第 1 层结点，构造它的两个子结点作为第 2 层结点：第 1 个条件成分（即条件桩的第 1 行）的真值、假值取值分别对应这两个第 2 层结点。

3）构造第 3 层结点。对于每个第 2 层结点，构造它的两个子结点作为第 3 层结点：第 2 个条件成分（即条件桩的第 2 行）的真值、假值取值分别对应这两个第 3 层结点。

4）仿照上述步骤 3）构造第 4 层结点，…，第 $n+1$ 层结点。

（3）基于上述满二叉树，完成判定树构造　对于每个第 $n+1$ 层结点，找出从根结点到该结点路径上所有条件成分取值的合取所对应的动作（等价于在初始判定表中找出对应的条件项及动作项），把这个动作作为该结点的子结点（即第 $n+2$ 层结点）。

例 5-9　针对例 5-8 所述的计算行李费的问题，对照初始判定表构造判定树。

初始判定表（表 5-3）有 3 个条件成分。

条件成分 1：$w>25$（真值：$w>25$；假值：$w\leqslant25$）。

条件成分 2：头等舱（真值：头等舱；假值：其他舱）。

条件成分 3：残疾乘客（真值：残疾乘客；假值：其他乘客）。

按上述步骤，首先构造根结点，再依次构造第 2 层结点、第 3 层结点、第 4 层结点，得到满二叉树，最后把动作连接到满二叉树的叶结点来作为最后一层结点。由此得到对照初始判定表的判定树，如图 5-12 所示。

图 5-12 可进一步简化。因结点 $w\leqslant25$ 右边的所有叶结点均为免费，故可将这些免费叶结点合并为一个免费叶结点，并将此免费叶结点直接连接到结点 $w\leqslant25$，可得到图 5-12 的简化形式，如图 5-13 所示。

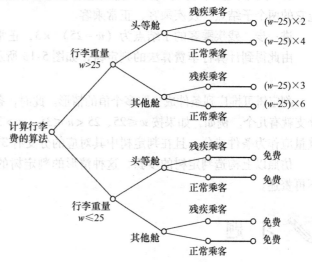

图 5-12　对照初始判定表构造判定树

3. 直接构造判定树

从初始判定表构造判定树是一个层数为 $n+2$ 的二叉树：根结点（第 1 层）、条件成分取值结点（中间层，共 n 层）、动作结点（最后一层）。该判定树除倒数第 2 层结点只有一个子结点（动作结点）、最后一层结点为叶结点外，其他的结点都恰好有两个子结点，分别对应条件成分取真值、假值。这种判定树的结点数为 $2^{n+1}+2^n-1$ 个，显然不够简明。

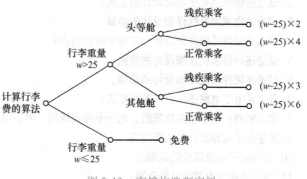

图 5-13　直接构造判定树

一般地，如果问题本身是按条件成分取值的合取来执行动作的，则求解问题的算法可考虑用判定树来描述。对于这类问题，往往可直接构造判定树，而且所得的判定树非常简明、直观。

例5-10 试用判定树描述例5-8所述的计算行李费的算法。

(1) 构造根结点 算法名称作为根结点。

(2) 构造根结点的子结点 分析题意，不超过25kg的行李免费托运，超过25kg收费，由此对根结点进行分支，构造它的两个子结点：$w>25$、$w\leqslant25$。

(3) 对有根树继续分支 分两种情况：

1) 对于$w\leqslant25$的情况，由于免费托运，因此结点$w\leqslant25$的子结点为动作免费。

2) 对于$w>25$的情况，分头等舱、其他舱两种情况，因此对结点$w>25$进行分支，构造它的两个子结点：头等舱、其他舱。

① 对于头等舱，分为残疾乘客、正常乘客两种情况，因此对结点头等舱进行分支，构造它的两个子结点：残疾乘客、正常乘客。

进一步，残疾乘客的子结点为$(w-25)\times2$，正常乘客的子结点为$(w-25)\times4$。

② 对于其他舱，分为残疾乘客、正常乘客两种情况，因此对结点其他舱进行分支，构造它的两个子结点：残疾乘客、正常乘客。

进一步，残疾乘客的子结点为$(w-25)\times3$，正常乘客的子结点为$(w-25)\times6$。

由此得到计算行李费算法的判定树，如图5-13所示。

4. 判定树的推广

判定树可推广到条件成分取多个值的情形。此时，条件成分取几个值，该条件成分对应的分支就有几个。例如，如果按$w\leqslant25$、$25<w\leqslant35$、$w>35$这3个重量段计算行李费，则行李重量应作为条件成分，且在判定树中其对应的分支有3个：$w\leqslant25$、$25<w\leqslant35$、$w>35$。

仿照以上构造判定树的步骤，这种情形的判定树的具体构造步骤不难得出。限于篇幅，不再赘述。

习 题

1. 什么是物联网系统详细设计？它包含哪些内容？
2. 试论述物联网系统详细设计的原则。
3. 试论述物联网系统详细设计的步骤。
4. 什么是硬件系统详细设计？它包含哪些内容？
5. 试论述硬件系统详细设计的原则。
6. 试论述硬件系统详细设计的步骤。
7. 什么是电子电路图？它有哪些形式？
8. 名词解释：电子电路原理图、电子电路接线图、电子电路装配图。
9. 简述电子电路设计的主要内容。
10. 简述电子电路设计的原则。
11. 试论述电子电路设计的步骤。
12. 名字解释：PCB、PCB图、PCB设计。
13. 简述PCB设计的主要内容。
14. 试论述PCB设计的原则。
15. 试论述PCB设计的步骤。
16. 什么是外观设计？
17. 试论述外观设计的步骤。

18. 什么是软件系统详细设计？它包含哪些内容？

19. 试论述软件系统详细设计的原则。

20. 试论述软件系统详细设计的步骤。

21. 什么是程序流程图？它有何优缺点？

22. 试用程序流程图描述例 5-6 所述的算法。

23. 试用自然语言描述例 5-3 所述的程序流程图。

24. 什么是 PDL？它有何特点、优缺点？

25. 试用 PDL 描述例 5-6 所述的算法。

26. 什么是伪 C？它有何特点、优缺点？

27. 试用伪 C 描述例 5-3 所述的程序流程图。

28. 什么是 N－S 图？它有何特点、优缺点？

29. 试用 N－S 图描述例 5-4 所述的算法。

30. 什么是状态转换图？它有何用途？

31. 画出垂直升降电梯的状态转换图。要求：

1）单电梯，至少 3 层。可考虑更多的楼层、多个电梯联动。

2）无终态，至少包含初始状态（停在底层、门是关的）、停靠楼层（门是关的）、停靠楼层（门是开的）、上行、下行等状态。可考虑更多的状态，如正在开门、正在关门、超载、休眠、告警。

3）至少包含电梯外部按上升、下降按钮，电梯内部按楼层号、关门、开门按钮，到达楼层等事件。可考虑更多的事件，如超载、故障、按告警按钮、消除告警。

32. 什么是 PAD 图？它有何特点？

33. 什么是判定表？它有何优点？

34. 简述建立判定表的步骤。

35. 什么是判定树？它有何特点？

36. 试论述构造判定树的步骤。

37. 针对智能家居系统，选用合适的系统详细设计工具，选择若干个硬件模块，完成系统详细设计工作。

38. 针对智能停车场系统，选用合适的系统详细设计工具，选择若干个软件模块，完成系统详细设计工作。

39. 针对智能环境监控系统，选用合适的系统详细设计工具，分别选择若干个软件模块和硬件模块，完成系统详细设计工作。

40. 针对智能无人售货系统，选用合适的系统详细设计工具，选择一个子系统完成系统详细设计工作。

第6章

物联网系统实现

物联网系统实现就是按照设计要求把系统制作出来。本章首先介绍物联网系统实现的概念、内容、原则、步骤、方法与工具，然后依次介绍硬件系统和软件系统实现的内容和方法。

6.1 概述

6.1.1 物联网系统实现的概念与内容

1. 物联网系统实现的概念

物联网系统实现是在系统总体设计和详细设计的基础上，采用自行加工、委托加工等方式把硬件模块制造出来或者购买过来，并装配成硬件系统本身或样机；采用合适的开发工具将软件模块通过编程实现或者购买过来，并组装为软件系统；分别完成软件系统、硬件系统调试后，进行软硬件系统联合调试，保证整个系统能运行并可进入测试阶段。

本质上，物联网系统实现是把硬件系统设计转换为实体，将软件系统设计转换成计算机程序代码。

2. 物联网系统实现的内容

物联网系统实现的内容包括硬件系统实现和软件系统实现。

6.1.2 物联网系统实现的原则

物联网系统实现应遵循以下原则：

1. 按照总体设计和详细设计说明书实现系统

认真阅读并理解总体设计和详细设计说明书，按照其要求实现系统。

2. 按照相关标准实现系统

按照项目相关的国家标准、行业标准、地方标准、国际标准等的要求实现系统。

3. 不断地进行模块测试和调试

对每个软硬件模块进行测试和调试；按照自底向上或者自顶向下等策略装配或组装系统，期间需要不断测试和调试。

4. 保证系统质量和可靠性

系统实现应保证系统整体质量和系统可靠性，满足设计要求。

5. 确保系统实现文档的正确和完整

要确保系统实现文档的正确和完整，具有良好的可读性。硬件系统实现文档包括工艺文件、加工过程记录和质量记录，软件系统实现文档包括源程序和编码过程记录。

6.1.3　物联网系统实现的步骤

物联网系统实现的主要步骤如下：

1. 阅读和理解总体设计和详细设计说明书

系统总体设计和详细设计说明书是系统实现的主要依据。

2. 分别实现硬件系统和软件系统

分别确定物联网软硬件系统开发与运行环境，选择软硬件系统实现工具，实现软硬件系统。

实际上，系统开发与运行环境一般在系统实现阶段开始之前就确定了，有些甚至在需求分析阶段就确定了，在系统实现阶段只做必要的完善。

系统开发与运行环境包括计算机、网络系统、开发板等硬件环境，以及操作系统、主语言编译系统、数据库管理系统、中间件等软件环境。系统开发环境和运行环境一般是一致的，如操作系统是相同的，CPU 是相同的；但是很多情况下并不完全相同，如系统运行环境并不需要开发板。

3. 软硬件系统的集成

在系统开发环境下，把软件系统和硬件系统集成在一起，得到整个系统。

4. 系统联合调试

在系统运行环境下对整个系统进行联合调试。如果有需要，也可以在开发环境下调试，在开发工具的支持下往往更容易发现问题。

6.1.4　物联网系统实现的方法与工具

1. 物联网系统实现的方法

物联网系统实现的方法主要有结构化实现方法、面向对象实现方法和原型化实现方法。

2. 物联网系统实现的工具

（1）硬件系统实现的工具　硬件系统实现工具是指硬件系统加工、装配和调试等所需的装备与工具，包括光刻机、贴片机和焊接工具。

光刻机和贴片机是集成电路和装配制造的关键设备，它们横跨电子、机械、自动化、光学和计算机等学科，涉及精密光电子、高速高精度控制、精密机械加工和计算机集成制造等技术。

（2）软件系统实现的工具　软件系统实现的工具包括主语言、物联网应用系统开发工具和数据库管理系统。

常见的主语言有 Java、C/C++、Delphi、C#、Python、Objective-C、Swift 和 PHP。

常见的物联网应用系统开发工具有 IntelliJ IDEA、Eclipse、Visual Studio、Qt、Android Studio 和 Xcode。

常见的数据库管理系统有 Microsoft SQL Server、MySQL、MariaDB、MongoDB、SQLite、PostgreSQL、Oracle、Sybase、DB2、Informix、Access 和 Visual Foxpro。

6.2 硬件系统实现

6.2.1 硬件系统实现概述

1. 硬件系统实现的概念

物联网硬件系统实现是根据硬件系统总体设计和详细设计说明书，采用自行加工、委托加工等方式把硬件模块制造出来或者购买过来，把这些硬件模块按要求装配成硬件系统本身或样机，并进行调试。

2. 硬件系统实现的内容

硬件系统实现的主要内容：确定硬件系统开发与运行环境、确定实现技术、选择实现工具、制订工艺流程、材料采购、模块加工、模块测试和调试、装配、调试。

注意，由于硬件系统模块测试和调试往往同时进行，因此模块调试与测试均在第 7 章介绍。

3. 硬件系统实现的步骤

硬件系统实现的一般步骤如下：

（1）确定硬件系统开发与运行环境　包括场地、电力、配套设备与设施、通信网络等硬件，以及硬件系统运行所需的操作系统、设备驱动程序等相关软件。

（2）确定实现技术　根据硬件系统总体设计和详细设计要求、装备水平、技术水平和人员能力等情况，选择合适的硬件系统实现技术。硬件系统实现技术是指硬件系统加工、装配和调试等所需的各种技术，如激光加工技术、电解加工技术、蚀刻技术、封装技术、贴片技术和热处理技术。

（3）选择实现工具　根据硬件系统实现技术和人员能力等，选择合适的硬件系统实现工具。

（4）制订工艺流程　工艺流程设计水平直接影响生产效率、系统质量和生产成本。

（5）材料采购　根据硬件系统总体设计和详细设计、开发进度与费用等要求，采购硬件系统实现所需的各种材料，包括原材料和辅料。

（6）模块加工　根据设计要求和工艺流程要求，把模块加工出来，如 PCB 的加工。

（7）模块测试和调试　对加工出来的硬件模块进行测试和调试。

（8）装配　根据设计要求和工艺流程要求，把硬件系统装配出来。

（9）调试　对硬件系统进行调试，确保硬件系统能运行。

6.2.2 工艺流程

1. 硬件系统实现的工艺流程的概念

工艺流程又称加工流程、生产流程，简称工艺，是指在生产过程中，劳动者利用生产工具将原材料、半成品通过一定的设备和技术，按照一定的顺序进行连续加工，最终获得成品的方法与过程。

工艺流程是由企业的生产技术条件和硬件系统的生产技术特点决定的。由于不同企业的设备生产能力、精度以及工人熟练程度等因素一般不同，即使是对同一种硬件系统，不同的企业制订的工艺也可能是不同的，甚至同一企业在不同的时期做的工艺也可能不同。

物联网硬件系统实现的工艺流程是指硬件系统制造工艺流程，即硬件系统加工、装配和调试等所需的工艺。举例说明如下。

1）多层印制电路板的工艺流程为开料磨边、钻定位孔、内层图形、内层蚀刻、检验、黑化、层压、钻孔、沉铜加厚、外层图形、镀锡与蚀刻退锡、二次钻孔、检验、丝印阻焊、镀金插头、热风整平、丝印字符、外形加工、测试、检验。

2）SMT（Surface Mounted Technology，表面贴装技术）贴片的工艺流程为来料检测、丝印焊膏（点贴片胶）、贴片、烘干（固化）、回流焊接、清洗、检测、返修。这里，SMT 是一种将无引脚或短引线表面组装元器件安装在 PCB 的表面或其他基板的表面上，通过再流焊或浸焊等方法加以焊接组装的电路装连技术。

3）芯片制造的工艺流程为晶圆制作、晶圆涂膜、晶圆光刻显影与蚀刻、离子注入、晶圆测试、封装等。

2. 硬件系统实现的工艺流程设计的内容

工艺流程由工艺技术人员设计。工艺流程设计水平直接影响生产效率、系统质量和生产成本。

工艺流程设计的主要内容有流程分析、流程设计和流程图绘制。

（1）流程分析　分析生产过程的物料和能量变化及流向，以及使用的物料、人员、技术、设备和能源动力。

（2）流程设计　流程设计确定系统的各个加工环节及顺序。

（3）流程图绘制　工艺流程图包括基础流程图和细化流程图，且它们的用途不同。基础流程图说明物料的来源和去向、从原材料至成品所经过的加工环节和设备等。细化流程图用符号标明各个环节的关键控制点和工艺参数等，它是生产的依据，也是操作、运行和维修的依据。

3. 工艺流程设计的原则

工艺流程设计的一般原则：

（1）实用性　满足系统的功能、性能和质量等设计要求。

（2）效率高　尽量采用机械化和自动化生产技术和设备，实现稳产、高产。

（3）先进成熟　采用先进的、成熟的技术和设备。

（4）经济性　降低生产成本，提高原材料利用率。

（5）安全性　确保安全生产，以保证人身和设备的安全。

（6）适用性　在企业现行可用设备、技术、人员和管理体系等约束下，所设计的工艺流程应可操作、可控制。

（7）节能环保　减少或消除对环境的不良影响，节约能源，做好三废的回收利用。

4. 工艺流程设计的步骤

工艺流程设计的一般步骤为：

1）确定生产方法和生产过程。通过调查研究提出多种生产方法及生产过程，从中选优。选优指标包括生产效率、生产成本、产品质量、空间占用、原材料消耗、能耗、工程投资，还要考虑环保、安全等因素。

2）确定全部工序，并可采用框图、业务流程图等工具绘制工艺流程，标明各工序之间的关系。

3）进行工艺计算，包括工序时间及原材料、辅料等物料需求计算。

4）确定各工序加工技术要求、质量检查方法和检查工具。

5）确定各工序加工所需设备和工具。

6）确定成品、半成品、原材料、辅料等的输送方法、所需设备和工具。

7）审核、完善工艺流程。

6.2.3 材料采购

为了实现硬件系统，必须及时采购硬件系统实现所需的各种材料，包括原材料和辅料。材料采购的主要步骤如下：

（1）确定要采购的材料 按照硬件系统总体设计和详细设计、开发进度与费用等要求，确定材料的名称、型号、规格、功能和性能要求。

（2）选择供应商 选择商业信誉好、产品质量可靠、价格合理、技术服务好的供应商。

（3）签订采购合同 确定交货时间、费用及支付方式等采购合同细节内容，签订采购合同。

（4）收货 按照合同要求收货，验收入库。

6.2.4 模块加工

1. 模块加工的概念与方式

硬件模块加工是指通过一定的工序和方式将原材料、半成品转换为目标模块的过程的统称。

硬件模块加工主要有自行加工、委托加工和混合加工 3 种方式。企业根据自身状况决定加工方式。

（1）自行加工 自行加工是指硬件模块由企业自己加工。

（2）委托加工 委托加工是指由委托方提供原料和主要材料，受托方只提供部分辅助材料，按照委托方的要求加工硬件模块并收取加工费的经营活动。通常，由于自身能力受限，中小型企业专注于系统开发和关键模块加工，其他工作委托第三方机构（也称为供应商）完成。

（3）混合加工 混合加工方式是指硬件模块加工的一部分工序采用自行加工方式，另一部分工序采用委托加工方式。

2. 模块测试和调试

硬件模块加工完成后，还需要进行测试和调试，保证各模块达到设计要求。

6.2.5 装配

1. 硬件系统装配

物联网硬件系统一般是由若干模块组成的。硬件系统装配是根据硬件系统总体设计和详细设计、工艺流程等的要求，将其所有模块组装成硬件系统的过程。如果硬件系统比较复杂，那么装配过程一般会分层级进行，即先将硬件系统的若干模块装配成较大模块，然后把若干较大模块等装配成更大模块，继续这一装配过程，直至获得整个硬件系统。

装配是硬件系统实现的后期工作。装配质量的好坏，对整个系统的质量有着重要的影响。因此，必须按照硬件系统装配图制订合理的装配工艺流程，并严格按照装配工艺流程进行装配，才能做到工作效率高、系统质量好、成本低。

在批量生产中，硬件系统装配一般是在装配线上完成的。装配线是人和机器的有效组合，它将物料输送系统、专用设备、检测设备、夹具、辅具等连成一个有机整体，以满足硬件系统批量装配要求。

2. 测试和调试

对于复杂的硬件系统本身或样机，为了提高开发效率，装配时一般要逐级进行测试和调试。硬件系统装配阶段的测试主要是集成测试。

3. 硬件系统装配的策略

硬件系统装配过程由装配工艺流程决定。硬件系统装配的策略取决于装配工艺流程设计的策略。可仿照软件系统组装的策略设计基于一步到位方法、渐增式方法等的硬件系统装配工艺流程。

6.3 软件系统实现

6.3.1 软件系统实现概述

1. 软件系统实现的概念

物联网软件系统实现是根据软件系统总体设计和详细设计说明书，采用合适的开发工具将软件模块通过编程实现或者购买过来，然后把这些软件模块按要求组装为软件系统，并进行调试。

2. 软件系统实现的内容

软件系统实现的主要内容：确定软件系统开发与运行环境、确定实现技术、选择编程语言、选择实现工具、程序编码、模块测试和调试、组装、软件系统调试。

程序编码，在不引起混淆时简称编码、编程，就是把软件系统设计的结果翻译成用某种程序设计语言编写的程序源代码。程序编码是软件系统实现阶段的主要工作，是对软件设计的进一步具体化。

在程序编码阶段，要努力提高程序的质量。虽然程序的质量主要取决于软件设计的质量，但编程语言、编程风格对程序的可靠性、可读性、可测试性和可维护性会产生重要的影响。

为了保证程序编码的正确性，同时要做模块测试工作，模块编写者和模块测试者一般是同一个人。由于软件系统模块测试和调试往往同时进行，因此模块调试与测试均在第 7 章阐述。

3. 软件系统实现的步骤

软件系统实现的一般步骤如下：

（1）确定软件系统开发与运行环境　包括操作系统、设备驱动程序、中间件、数据库等相关软件，以及软件系统开发与运行所需的开发板、传感器、计算机、通信网络、硬件系统本身或样机等相关硬件。

（2）确定实现技术　根据软件系统总体设计和详细设计要求、人员能力等确定软件系统实现技术。

（3）选择编程语言　根据设计要求、软件系统实现技术等选择编程语言。

（4）选择实现工具　根据设计要求、人员能力和软件系统实现工具资源等选择实现工具。

（5）程序编码　根据设计要求，应用所选择的开发工具和编程语言对每个模块进行编程。

（6）模块测试和调试　在模块编程过程中，要反复进行模块测试和调试，确认所实现的模块符合设计要求。

（7）组装　把软件模块组装为软件系统，在组装过程中要对组装好的部分进行测试和调试。

（8）软件系统调试　对整个软件系统进行调试，确保软件系统能运行。

6.3.2　编程语言

1. 编程语言的概念

编程语言，即程序设计语言，是用于书写计算机程序的语言，本质上是由若干记号和规则构成的记号串。

编程语言有3个要素：语法、语义和语用。语法定义程序的结构，即记号的组合规则；语义表示程序的含义，即记号组合的含义；语用定义程序设计技术和记号组合的使用方法。

例如，赋值语句 $x = (y - 7) * (z + 5)$ 的3个要素描述如下：

语法：赋值语句由一个变量、赋值符号"="和一个表达式构成。

语义：首先计算语句右边表达式的值，然后把所得结果送入左边变量中。

语用：赋值语句可用来计算和保存表达式的值。

每种编程语言都有其特点，选择一种合适的编程语言十分重要。

2. 编程语言的种类

编程语言很多，可分为机器语言、汇编语言和高级语言3类。

（1）机器语言　机器语言是用二进制代码表示的、计算机能直接识别和执行的一种机器指令系统。

机器语言与处理器的类型密切相关，不同类型的处理器有着不同的指令集，一种计算机的机器语言编制的程序不能在另一种计算机上执行。例如，Z80、MCS-51、Intel X86 系列、ARM 系列等处理器的指令集就互不通用。

机器语言是最低级的语言，具有灵活、直接执行和速度快等优点；但机器语言编程效率极低，且所编写的程序可读性差、难移植、难维护、不通用。

除了极少数计算机软硬件研究开发人员外，一般的程序员已不再学习机器语言。

（2）汇编语言　汇编语言又称符号语言，是面向机器的程序设计语言，它用助记符代替机器指令的操作码，用地址符号或标号代替指令或操作数的地址。

计算机不能直接识别用汇编语言编写的程序，需要用汇编程序转换成机器指令。

每一种处理器都会有自己专属的汇编语言语法规则和编译器，甚至同一类型的处理器也可能拥有不同的汇编语言编译器，例如，Intel X86 系列处理器的编译器有 MASM 和 TASM。

汇编语言是一种低级语言，具有目标代码短，占用内存少，执行速度快，能直接访问计算机的各种软硬件资源等优点；但汇编语言编程效率低，且所编写的程序可读性较差、难移植、难维护、不通用。

汇编语言主要用于编写操作系统和设备驱动程序等的核心程序，以及调用频繁、实时性要求较高的程序段。

（3）高级语言　高级语言是一种独立于计算机类型和结构的、面向过程或对象的程序设计语言，是一种参考数学语言设计的、接近于自然语言的编程语言。

高级语言具有与机器无关、编程效率高、易学易用等特点。所编写的程序可读性好、易移植、易维护、通用性强，但目标代码较长，占用内存较多，执行速度较慢。常见的高级语言有 Java、C、C++、Delphi、C#、Python、Objective-C、PHP、JavaScript，以及过去常用但现在不再流行的 Basic、Pascal、Fortran、Cobol。

用高级语言设计的程序需经过"翻译"才能被机器执行。"翻译"的方法有两种：编译和解释。因此，高级语言分为编译型和解释型两类。

使用编译型语言编写的源程序需要预先翻译成目标代码，程序运行时不再编译。例如，C、C++和 Delphi。

使用解释型语言编写的源程序预先不需编译，程序运行时才翻译，每执行一次都要翻译一次，且一般是翻译一句，执行一句。例如，Java、JavaScript、VBScript、Perl 和 Python。

高级语言应用广泛，可用于几乎所有类型软件的开发。例如，操作系统、设备驱动程序、编译程序、软件开发工具和数据库管理系统等系统软件，以及文字处理软件、绘图软件、图像处理软件、动画制作软件、工业设计软件、工业控制软件、企业管理软件、电子商务软件、教育软件等应用软件。

3. 选择编程语言的原则

选择编程语言的主要原则：

（1）软件的应用领域　一种程序设计语言并不能适用于所有应用领域，如汇编语言和 C 语言适用于系统软件，Fortran 适用于科学和工程计算，Delphi、C#与 Java 适用于商业领域应用，汇编语言与 Ada 适用于实时处理。

（2）软件的开发方法　如果采用面向对象方法编程，则应采用面向对象的编程语言。

（3）可移植性要求　如果软件将在几种不同类型的计算机上运行或者预期的使用寿命很长，则应该选择可移植性好的编程语言。

（4）编码和维护的成本　选择编码效率高、维护容易的编程语言。

（5）软件开发工具　选择软件开发工具功能丰富、易学、易用、好用、易得的编程语言。

（6）用户的要求　如果开发的软件由用户负责维护，那么用户通常要求使用他们熟悉的编程语言。

（7）程序员的知识　虽然学习一种语言并不困难，但要完全掌握一种语言却需要实践，因此一般选择程序员所熟悉的语言。

6.3.3　程序编码

良好的源程序应该层次清晰、书写规范、易读、易理解。为此，程序编码应遵循以下原则。

1. 可读性第一，效率第二

程序的效率以程序运行时的时间耗费和空间耗费表示，其主要由详细设计阶段所确定的算法决定。

因此，程序编码要把程序的可读性放在第一位，不要使用那些牺牲程序可读性的编程方法或技巧来提高程序的效率。具体要求：

1）效率是性能要求，效率的高低以需求为准，不要片面追求高效率。

2）程序的效率主要由软件设计决定，提高程序效率的主要手段是改进软件设计。

3）程序的效率与程序的简单性正相关，程序越简单越好。

4）不要使用对程序的效率无重要改善且损害程序的简单性、清晰性和可读性的程序设计方法。

2. 源程序文档化

源程序文档化是指源程序像写得很好的文档一样，具有层次清晰、书写规范、易读、易理解的优点。具体要求：

（1）科学命名标识符　标识符是指过程、函数、变量、常量、标号、类、对象、文件和缓冲区等的名字。科学命名标识符是指选取的名字应精练、意义明确，和它所代表的实际对象具有较好的关联，并为每个名字进行注解，以便快速记忆和进行源程序的阅读及理解。名字不要太长，必要时可使用缩写名字，但要满足预先自定义的缩写规则。例如，以 str-CompanyName 表示公司名称变量（类型为字符串），以 intQuantityOfGoods 表示商品数量变量（类型为整数），这样有助于读者理解。

（2）充分注释　源程序注释是编写者和阅读者之间交流的重要手段，充分的注释有助于对程序的理解。可读性良好的源程序的注释行数占程序总行数的30% ~ 50%，甚至更多。

注释分为序言性注释和功能性注释。

1）序言性注释。序言性注释位于模块开始处，用于描述模块的功能、处理逻辑概要、参数、调用形式、重要变量及其用途、约束或限制条件、开发简历（包括模块设计者、设计或修改日期、复审者、复审日期、有关说明），必要时给出调用示例。

2）功能性注释。功能性注释穿插在源程序中，用于描述其后若干语句或语句块的功能或者效果。可适当使用缩进和空行等手段区别可执行语句与注释。

（3）科学排版　科学排版可提高源程序的层次清晰度和可读性。可使用的排版方法有：使用空行把具有某种功能的语句块与上下程序行隔开，使用缩进处理选择语句和循环语句条件后面的语句或者语句块，使用空格和括号突出运算的优先顺序。

3. 数据说明标准化

数据说明标准化是指变量、常量等数据说明符合预先自定义的标准和规范，其目的在于使源程序中的数据说明易于理解和维护。具体要求：

（1）数据说明次序标准化　为了增强可读性和可维护性，方便测试和调试，数据说明顺序应该标准化，即数据说明按数据类型次序固定。如可按常量、简单类型变量（可进一步按整型、实型、字符型、逻辑型顺序）、数组、对象、公用数据块等的顺序说明数据。

（2）数据说明有序化　同一种类型的变量如果有多个，则按变量名的字典顺序说明，如 int intNumberOfStudents，intYear。

（3）复杂数据结构使用注释说明　使用注释来说明复杂的数据结构。

4. 程序代码结构化

程序代码结构化就是按结构化实现思想进行编程，提高程序的可读性。具体要求：

1）程序编写应当简单直接地实现设计要求；不要使用不易理解的技巧而精炼程序，这可能使程序的可读性降低。

2）一行只写一条语句，并且适当使用缩进手段，这会使程序逻辑和功能变得更加直观清晰。虽然有些编程语言允许在一行内写多条语句，但不建议这样做。

3）使用库函数提高编程效率和质量。

4）避免使用 GOTO 类型的语句。

5）使用括号、空格等可使逻辑表达式或算术表达式的运算次序更加直观清晰。

6）避免使用"否定"条件的条件语句，因为这种类型的条件语句可读性较差。

5. 输入/输出高效化

应保证输入/输出的准确、简明、快速、可视，减少操作者的工作量，提高工作效率。具体要求：

1）输入的格式、步骤和操作尽可能简单。

2）对所有的输入数据都进行校验，以保证输入无误。

3）允许使用自由格式输入数据。

4）允许使用默认值。

5）检查输入项的各种重要组合的合理性。

6）输入一批数据时，建议使用输入结束标志，不要要求用户指定输入数据的数目。

7）在交互式输入时，要明确提示输入要求，说明可用的选择或边界数值。

8）当程序设计语言对输入/输出格式有严格要求时，应保持输入格式与输入语句要求的一致性。

9）认真设计输出报表。

10）给所有的输出加注解。

6.3.4　组装

1. 软件系统组装

与硬件系统一样，物联网软件系统一般是由若干模块组成的。软件系统组装是根据软件系统总体设计和详细设计等的要求，按一定的方法将其所有模块组装为软件系统的过程。

2. 测试和调试

对于复杂的软件系统，为了提高开发效率，组装过程中同时要逐级进行测试和调试。软件组装阶段的测试主要是集成测试。

3. 驱动模块和桩模块

在软件组装和测试阶段，经常会用到驱动模块和桩模块，以代替真实模块。其原因是，真实模块还没有开发完成，但系统测试时需要真实模块辅助测试。驱动模块和桩模块不属于系统的交付模块，但它需要一定的开发费用。

（1）驱动模块　驱动模块用来代替被测模块的控制模块或上级模块，负责为被测模块传入数据，接收被测模块的输出数据。

（2）桩模块　桩模块又称存根模块，用来代替被测模块调用的子模块。桩模块可以进行少量的数据操作，不需要实现子模块的所有功能，但要根据需要提供子模块的部分功能。

4. 软件系统组装的方法

软件系统组装方法有一步到位方法和渐增式方法。

（1）一步到位方法　一步到位方法是在模块测试的基础上将软件的所有模块一次性地组装为软件系统。由于系统中不可避免地存在模块接口、全局数据结构等方面的问题，故使用一步到位方法对软件系统第一次组装完成后，成功运行的可能性不高，且错误难于定位。

该方法仅适合结构简单的小型软件系统。

（2）渐增式方法　渐增式方法是在模块测试的基础上采用逐步添加一个模块或若干模块的方式将模块组装成较大的系统，且边组装边测试，以发现组装过程中产生的问题，最后把全部模块组装成软件系统。渐增式方法有 3 种策略：自顶向下组装策略、自底向上组装策略和混合组装策略。

1）自顶向下组装策略。自顶向下组装策略是从主控制模块开始，按软件结构图的自顶向下方向逐步把所有模块组装起来。具体步骤如下：

① 对主控制模块进行测试，测试时用桩模块代替直接附属于主控制模块的模块。

② 根据选定的组装策略，按软件结构图的自顶向下方向进行组装，每次用一个实际模块代换一个桩模块。注意，新组装进来的模块往往又需要新的桩模块。

③ 每组装进一个模块的同时要进行测试。

④ 为了保证组装进的模块未引入新的错误，往往需要进行回归测试，即全部或部分地重复以前做过的测试。

⑤ 检查软件系统组装是否完成。如果是，则结束，否则转②。

自顶向下组装策略分为深度优先和宽度优先两种策略，现结合图 6-1 来说明。

深度优先策略按软件结构图的深度优先搜索方向组装模块。例如，在图 6-1 中，首先组装模块 M_1、M_2、M_5 和 M_8，然后组装 M_6 和 M_9，再组装 M_3 和 M_7，最后组装 M_4。

宽度优先策略又称广度优先策略，按软件结构图的宽度优先方向组装模块，即先把处于同一个控制层次上的所有模块按从左到右的方向组装起来，然后按从上到下的方向组装。例如，在图 6-1 中，首先组装模块 M_1、M_2、M_3 和 M_4，然后组装 M_5、M_6 和 M_7，最后组装 M_8 和 M_9。

自顶向下组装策略的优点是较早地对主要控制模块进行测试，较早地验证软件的某个功能，发现控制问题。

自顶向下组装策略的缺点有两个。一是需要桩模块（图 6-1 中的虚线框模块），以代替对应的下属模块。但构建桩模块需要成本，且桩

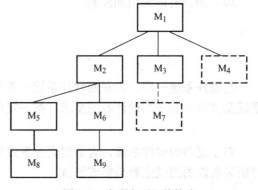

图 6-1　自顶向下组装策略

模块毕竟不是真实模块，不能提供真实模块的全部功能和数据，因此一些测试需要推迟到用真实模块代替了桩模块以后才能进行。二是涉及复杂算法和输入/输出的模块一般在底层，它们是最容易出问题的模块，如果组装和测试的后期才遇到这些模块，那么一旦发现问题，则将导致较多的回归测试。

2）自底向上组装策略。自底向上组装策略是从最底层模块开始软件系统的组装和测试。具体步骤如下：

① 把最底层的模块组合为实现某个特定软件子功能的族。

② 编写一个用于控制被测模块的驱动模块。

③ 对由若干模块组成的子功能族进行测试。

④ 去掉驱动模块，按软件结构图的自底向上方向进行组装，把子功能族组合起来形成更大的子功能族。

⑤ 检查软件系统是否组装完成。如果是，则结束，否则转②。

现结合图 6-2 来说明。

首先模块组合成族 1、族 2 和族 3，使用驱动模块（图 6-2 中的虚线框模块）对每个子功能族进行测试；注意族 1 和族 2 中的模块从属于模块 M_1，然后去掉驱动模块 M_{11} 和 M_{12}，把族 1、族 2 和 M_1 连接起来。类似地，去掉驱动模块 M_{21}，把族 3 和 M_2 连接起来。最后组装 M_1、M_2 与 M。

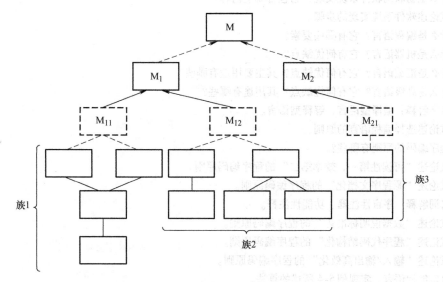

图 6-2　自底向上组装策略

自底向上组装策略的优点是由于模块是自底向上进行组装的，对于一个给定层次的模块，它的子模块（包括子模块的所有下属模块）已经组装并测试完成，所以不再需要桩模块。自底向上组装策略可用于子系统的并行组装和测试。

自底向上组装策略的缺点是系统一直未能作为一个实体存在，直到最后一个模块加上去后才形成一个实体，主控制模块直到最后才接触到。

3）混合组装策略。混合组装策略指将自顶向下、自底向上两种组装策略混合使用。例如，如果软件结构的顶部两层用自顶向下组装策略组装，其余用自底向上组装策略组装，则可减少桩模块或驱动模块的数量，从而减少组装工作量。

习　题

1. 什么是物联网系统实现？它包含哪些内容？
2. 试论述物联网系统实现的原则。
3. 试论述物联网系统实现的步骤。
4. 什么是物联网硬件系统实现？它包含哪些内容？
5. 试论述硬件系统实现的步骤。
6. 什么是工艺流程？
7. 什么是物联网硬件系统实现的工艺流程？
8. 硬件系统实现的工艺流程设计的内容有哪些？
9. 试论述工艺流程设计的原则。
10. 试论述工艺流程设计的步骤。

11. 简述材料采购的步骤。

12. 什么是硬件模块加工？

13. 简述硬件模块加工的方式。

14. 什么是硬件系统装配？

15. 硬件系统装配的策略有哪些？

16. 什么是物联网软件系统实现？它包含哪些内容？

17. 试论述软件系统实现的步骤。

18. 什么是编程语言？它有哪些要素？

19. 什么是机器语言？它有何优缺点？

20. 什么是汇编语言？它有何优缺点？其主要用途有哪些？

21. 什么是高级语言？它有何优缺点？其用途有哪些？

22. 名字解释：编译型语言、解释型语言。

23. 试论述选择编程语言的原则。

24. 程序编码的原则有哪些？

25. 试论述"可读性第一，效率第二"的程序编码原则。

26. 试论述"源程序文档化"的程序编码原则。

27. 名词解释：序言性注释、功能性注释。

28. 试论述"数据说明标准化"的程序编码原则。

29. 试论述"程序代码结构化"的程序编码原则。

30. 试论述"输入/输出高效化"的程序编码原则。

31. 自定编程语言，实现例5-4所述的算法。

32. 设 $f(x)=3x^3-6x^2+2x-4$，$a=1$，$b=3$，$\varepsilon=10^{-6}$。自定编程语言，实现例5-6所述的算法。

33. 自定编程语言，实现例5-8所述的算法。

34. 什么是软件系统组装？

35. 名词解释：驱动模块、桩模块。

36. 什么是软件系统组装的一步到位方法？

37. 什么是软件系统组装的渐增式方法？

38. 什么是自顶向下组装策略？其步骤有哪些？

39. 什么是自底向上组装策略？其步骤有哪些？

40. 什么是混合组装策略？

41. 针对智能家居系统，选用合适的系统开发与运行环境、系统实现工具，选择若干个硬件模块，完成系统实现工作。

42. 针对智能停车场系统，选用合适的系统开发与运行环境、系统实现工具，选择若干个软件模块，完成系统实现工作。

43. 针对智能环境监控系统，选用合适的系统开发与运行环境、系统实现工具，分别选择若干个软件模块和硬件模块，完成系统实现工作。

44. 针对智能无人售货系统，选用合适的系统开发与运行环境、系统实现工具，选择一个子系统完成系统实现工作。

第7章
物联网系统测试

物联网系统测试是保证系统质量的重要手段。本章首先介绍物联网系统测试的概念、内容、原则、步骤、方法与工具，以及系统测试与调试的信息流，接着介绍测试用例设计，然后依次介绍系统功能测试、性能测试、安全性测试和可靠性测试等内容，最后介绍系统测试策略和系统调试。

7.1 概述

7.1.1 物联网系统测试的概念、内容与过程

1. 物联网系统测试的概念

物联网系统测试是系统开发的重要环节，是保证系统质量的重要手段。在系统开发中，需求分析、总体设计、详细设计和系统实现等环节都有可能出现错误和缺陷。这些错误和缺陷必须得到排除，否则将导致系统运行不正常、用户蒙受损失，甚至造成灾难性后果。为了保证系统正常运行，在其投入运行之前，有必要进行测试，找出其中存在的错误和缺陷。

物联网系统测试是为了发现系统的错误和缺陷而运行系统，或者利用测试工具、试验装置等测试系统的过程。它根据系统需求规格说明书、总体设计和详细设计说明书、实际系统等精心设计测试方案，并按照测试方案测试系统，以发现错误和缺陷。

物联网系统测试的目的是发现系统存在的错误和缺陷，而不是证明系统不存在错误和缺陷。

2. 物联网系统测试的内容

物联网系统测试的内容包括硬件系统测试、软件系统测试和联合测试。

（1）硬件系统测试　硬件系统测试是为了发现硬件系统的错误和缺陷而运行系统，或者利用测试工具、试验装置对硬件系统进行测试的过程。测试工具包括仪器、仪表和测试软件。利用测试工具可提高测试效率，减少测试工作量。硬件系统测试的内容包括对硬件模块、子系统和整个硬件系统的功能、性能、安全性和可靠性等的测试。

（2）软件系统测试　软件系统测试是为了发现软件系统的错误和缺陷而运行软件的过程。软件系统测试的内容包括对软件模块、子系统和整个软件系统的功能、性能、安全性和可靠性等的测试。

（3）联合测试　联合测试又称整体测试，是在完成软件系统测试和硬件系统测试之后，把软件和硬件结合在一起进行的测试，本质上属于集成测试。软件和硬件联系非常密切，它们相互依赖、相互作用，软件运行离不开硬件，硬件运行也离不开软件。联合测试的目的是

发现软硬件结合方面存在的错误和缺陷。联合测试的内容包括软硬件接口测试、相互依赖和相互作用的测试。联合测试在软硬件模块通过模块测试并把它们装配在一起后进行。

3. 物联网系统测试的过程

从测试过程上看，物联网系统测试按模块测试、集成测试、全要素测试和验收测试等环节渐次展开。前一环节工作是后一环节的基础。

模块测试、集成测试和全要素测试本章稍后介绍。

验收测试又称交付测试，是按照项目任务书或合同书等约定的验收标准，在实际使用环境下对系统进行的测试，以确认系统的功能、性能、质量、交付文档和技术服务等是否达到验收要求。

7.1.2 物联网系统测试的原则

物联网系统测试应遵循以下原则：

1. 测试的目的是发现系统的错误和缺陷

一个成功的测试是发现以前没有发现的错误和缺陷的测试，高水平的测试人员往往能发现一般的测试人员不能发现的错误和缺陷。

2. 尽早和不断地进行系统测试

系统开发的各阶段都有可能产生错误和缺陷，系统测试不应只在系统实现后进行，而应在需求分析和设计阶段就开始。

3. 重视异常测试

无效输入、无效操作与错误操作等异常事件很可能导致系统出错，而这些异常在运行期间往往是不可避免的。因此，一定要设计针对异常事件的测试用例，它比针对正常输入或操作的测试用例更能发现系统的错误和缺陷。

4. 对测试结果进行全面检查

必须对每一个测试结果进行仔细检查和分析，以发现潜在的错误和缺陷。

5. 保存测试文档，保护测试现场

要妥善保存测试计划、测试用例和测试报告等测试文档，为以后的系统维护和升级提供支持。出现错误和缺陷时要保护好测试现场，并记录相关测试信息，为重现错误和缺陷提供依据。测试信息包括测试用例、实际测试环境、实际输出、缺陷与错误、测试时间和测试人员，测试信息可用文字、数字、表格、图形、图像、音频和视频等形式表示。

6. 应避免测试自己设计或实现的系统

由于受思维定式和惯性阅读等的影响，人们很有可能不能发现自己写的文档、设计的电路、编写的程序中存在的错误，有时越熟悉的内容越是这样。为了达到测试目的，开发人员应避免测试自己设计或实现的系统，应由其他人或第三方测试机构进行测试，这样做会更客观，更公正，更有说服力。

7. 测试方案要经过评审

测试方案包括测试计划和测试用例。为了保证测试方案的正确、无遗漏和无冗余，需要对测试方案进行评审。

7.1.3 物联网系统测试的步骤

物联网系统测试的主要步骤如下：

1. 测试规划

（1）阅读系统开发文档，了解系统实现细节　仔细阅读可行性研究报告、需求规格说明书、总体设计和详细设计说明书等系统开发文档，充分了解系统实现细节。

（2）制订测试计划　测试计划是对整个测试活动进行的详细计划，包括测试目标、测试项目、测试环境、测试方法、测试进度、测试人员与工作分工。

（3）设计测试用例　分别针对模块测试、集成测试和全要素测试等的要求设计测试用例。

2. 测试准备

（1）测试人员组织　建立测试机构，组织与培训测试人员。

（2）测试环境准备　准备系统测试所需的软硬件环境、辅助数据和文档。

（3）测试工具准备　测试工具可通过购置、租赁和自行开发等方式获得。

3. 执行测试

按照预定的测试计划和测试用例执行测试。

4. 撰写测试报告

测试报告的内容包括测试结果、缺陷报告和测试总结。其中，缺陷报告需要详细描述缺陷及其修复情况。

7.1.4　系统测试与调试的信息流

系统测试往往和系统调试一起进行，整体上是一个错误发现和改正的过程，分为执行测试、分析测试结果、调试和可靠性分析 4 个步骤。其信息流如图 7-1 所示。

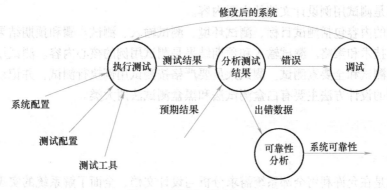

图 7-1　测试与调试信息流

在图 7-1 中，系统配置是指需求规格说明书、总体设计和详细设计说明书等系统开发文档，以及样机和源代码等。测试配置是指测试计划和测试用例等系统测试文档。测试配置是系统配置的一部分。系统测试与调试的过程为：

1）执行测试。按测试方案实施测试。

2）分析测试结果。比较实测结果与预期结果，评价错误是否发生。对于软件系统测试，实测结果常称实际输出，预期结果常称预期输出。

3）调试。诊断和改正错误。

4）重复以上步骤 1）~3），直到系统通过测试为止。

5）可靠性分析。收集和分析测试结果，建立可靠性模型，分析系统的可靠性，评估系统的质量。如果测试不能发现错误，则表明测试配置可能不完整、系统可能仍然存在错误和缺陷。

7.1.5 物联网系统测试的方法与工具

1. 物联网系统测试方法

物联网系统测试方法主要有白盒测试法和黑盒测试法。

2. 物联网系统测试工具

（1）硬件系统测试工具　常用的硬件系统测试工具有数字万用表、示波器、逻辑分析仪、信号发生器、过程校准仪，以及各种专用测试工具、试验平台。

（2）软件系统测试工具　为了提高测试效率，常用软件来代替一些人工输入、数据管理与分析等工作。常用的软件系统测试工具有 WinRunner、LoadRunner 和 QuickTest Professional。其中，WinRunner 用于自动重复执行某一固定的测试过程，检查软件在相同的环境下有无异常现象或与预期结果不符的地方；LoadRunner 是一种预测系统行为和性能的工业标准级负载测试工具；QuickTest Professional 是一种自动测试工具，可用于回归测试及测试同一软件的新版本。

7.2 测试用例设计

7.2.1 测试用例概述

测试用例是对测试任务的描述，用于测试系统的功能、性能和质量是否达到预期的要求。测试用例是测试用例设计文档的主要内容。

测试用例的内容包括测试目标、测试环境、测试输入、测试步骤和预期结果。其涵盖了测试的方法、技术和策略。测试输入和预期结果是测试用例的核心内容。测试用例适用于模块测试、集成测试和全要素测试。测试人员要严格按测试用例执行测试，并记录测试信息。

测试用例的设计方法主要有白盒测试法和黑盒测试法两大类。

7.2.2 白盒测试法

1. 白盒测试与白盒测试法

白盒测试是在允许利用全部系统需求分析与设计文档、全面了解系统的实现细节的情况下，采用人工或借助工具的方式对系统进行的测试。测试时，测试人员把测试对象看作一个打开的盒子，清楚盒子的内部构造和运作机制。

白盒测试法是一种基于白盒测试机理的测试方法，主要用于处理逻辑测试。

2. 硬件系统的白盒测试

利用白盒测试法，可对硬件系统进行时序测试、信号质量测试和数据域测试等。

3. 软件系统的白盒测试

软件系统白盒测试的关键是设计测试用例。测试用例的设计方法有逻辑覆盖法、基本路径测试法、数据流测试法和程序插桩法等。

（1）逻辑覆盖法　逻辑覆盖法是以程序的逻辑结构为基础的测试用例设计技术，要求测试人员完全了解程序的逻辑结构。逻辑覆盖包括语句覆盖、判定覆盖、条件覆盖、判定-

条件覆盖、条件组合覆盖和路径覆盖。

为了方便叙述，下面给出一个程序流程图，如图 7-2 所示。在图 7-2 中，字母 A、B、C、D、E、F、G 代表其旁边语句的编号。

1）语句覆盖。语句覆盖是设计若干测试用例来运行所测程序，使得程序中的每条可执行语句至少被执行一次。注意，每条可执行语句至少执行一次是程序正确性的基本要求，但是它并不能保证发现逻辑运算错误和程序逻辑错误，且不是所有的分支被执行过。

例 7-1 针对图 7-2 所示的程序流程图设计测试用例，实现语句覆盖。

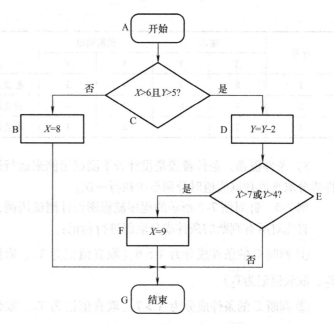

图 7-2　程序流程图示例

语句覆盖的测试用例如表 7-1 所示。注意，该组测试用例不能覆盖判断 E 为假的分支。而且如果判断 C 误写为 "$X > 6$ 或 $Y > 5$"，则该组测试用例虽然仍能实现语句覆盖，但却不能发现这个错误。

测试用例一般不是唯一的。例如，表 7-2 的测试用例也可以实现语句覆盖。

表 7-1　语句覆盖测试用例（组 1）

序号	输入		预期输出		覆盖语句
	X	Y	X	Y	
1	8	7	9	5	覆盖语句 C、D、E、F
2	2	3	8	3	覆盖语句 C、B

表 7-2　语句覆盖测试用例（组 2）

序号	输入		预期输出		覆盖语句
	X	Y	X	Y	
1	8	6	9	4	覆盖语句 C、D、E、F
2	3	4	8	4	覆盖语句 C、B

2）判定覆盖。判定覆盖又称分支覆盖，是设计若干测试用例来运行所测程序，使得程序中每个判断的取真分支和取假分支分别至少执行一次。

例 7-2 针对图 7-2 所示的程序流程图设计测试用例，实现判定覆盖。

判定覆盖的测试用例如表 7-3 所示。在表 7-3 中，C、E 为判断。

虽然判定覆盖能够保证所有判断的取真分支和取假分支执行至少一次，但判定覆盖不能确保发现条件表达式错误。例如，如果语句 C 误写为 "$X > 6$ 或 $Y > 5$"，表 7-3 给出的测试用例仍能够实现判定覆盖，但却发现不了这个错误。

表 7-3 判定覆盖测试用例

序号	输入		预期输出		覆盖分支
	X	Y	X	Y	
1	8	7	9	5	覆盖语句 C、E 的取真分支
2	7	6	7	4	覆盖语句 C 的取真分支、语句 E 的取假分支
3	2	3	8	3	覆盖语句 C 的取假分支

3）条件覆盖。条件覆盖是设计若干测试用例来运行所测程序，使得所有判断的每个条件成分取真值和取假值时分别至少执行一次。

例 7-3 针对图 7-2 所示的程序流程图设计测试用例，实现条件覆盖。

首先对所有判断的条件成分取值进行标记：

① 判断 C 的条件成分为 $X > 6$（取真值记为 T_1、取假值记为 $\overline{T_1}$）、$Y > 5$（取真值记为 T_2、取假值记为 $\overline{T_2}$）。

② 判断 E 的条件成分为 $X > 7$（取真值记为 T_3、取假值记为 $\overline{T_3}$）、$Y > 4$（取真值记为 T_4、取假值记为 $\overline{T_4}$）。

条件覆盖的测试用例如表 7-4 所示。

表 7-4 条件覆盖测试用例

序号	输入		预期输出		覆盖条件成分取值
	X	Y	X	Y	
1	8	7	9	5	T_1、T_2、T_3、T_4
2	7	6	7	4	T_1、$\overline{T_2}$、$\overline{T_3}$、$\overline{T_4}$
3	2	3	8	3	$\overline{T_1}$、$\overline{T_2}$

显然，表 7-4 所示的测试用例与表 7-3 中的相同。因此，条件覆盖的测试用例并不能保证条件表达式错误被检出。

4）判定-条件覆盖。判定-条件覆盖是设计若干测试用例来同时满足判定覆盖和条件覆盖。

例 7-4 针对图 7-2 所示的程序流程图设计测试用例，实现判定-条件覆盖。

沿用例 7-3 的记号。判定-条件覆盖的测试用例如表 7-5 所示。

表 7-5 的测试用例同表 7-3、表 7-4 是一样的。可见，判定-条件覆盖的测试用例仍不能保证条件表达式错误被检出。

表 7-5 判断-条件覆盖测试用例

序号	输入		预期输出		覆盖条件成分取值	覆盖分支
	X	Y	X	Y		
1	8	7	9	5	T_1、T_2、T_3、T_4	覆盖语句 C、E 的取真分支
2	7	6	7	4	T_1、T_2、$\overline{T_3}$、$\overline{T_4}$	覆盖语句 C 的取真分支、语句 E 的取假分支
3	2	3	8	3	$\overline{T_1}$、$\overline{T_2}$	覆盖语句 C 的取假分支

5）条件组合覆盖。条件组合覆盖是设计若干测试用例来运行所测程序，使得每个判断中的所有条件成分取值组合至少执行一次。

例 7-5　针对图 7-2 所示的程序流程图设计测试用例，实现条件组合覆盖。

仍沿用例 7-3 的记号。判断 C 的条件成分组合有 4 个：① $T_1 T_2$，② $T_1 \overline{T_2}$，③ $\overline{T_1} T_2$，④ $\overline{T_1}\, \overline{T_2}$。判断 E 的条件成分组合有 4 个：⑤ $T_3 T_4$，⑥ $T_3 \overline{T_4}$，⑦ $\overline{T_3} T_4$，⑧ $\overline{T_3}\, \overline{T_4}$。条件组合覆盖要求其测试用例必须覆盖条件成分组合① ~ ⑧，测试用例如表 7-6 所示。

表 7-6　条件组合覆盖测试用例

序号	输入		预期输出		覆盖条件成分取值	覆盖组合号
	X	Y	X	Y		
1	8	7	9	5	T_1、T_2、T_3、T_4	①、⑤
2	8	6	9	4	T_1、T_2、T_3、$\overline{T_4}$	①、⑥
3	7	8	9	6	T_1、T_2、$\overline{T_3}$、T_4	①、⑦
4	7	6	7	4	T_1、T_2、$\overline{T_3}$、$\overline{T_4}$	①、⑧
5	7	3	8	3	T_1、$\overline{T_2}$	②
6	5	7	8	7	$\overline{T_1}$、T_2	③
7	2	3	8	3	$\overline{T_1}$、$\overline{T_2}$	④

组合覆盖的测试用例可同时实现判定覆盖、条件覆盖和判定-条件覆盖，但当判断的条件成分过多时，测试用例的数量可能成几何级数增长。例如，若某个判断有 7 个条件成分，因为每个条件成分有取真值和取假值两种可能，故有 $2^7 = 128$ 种组合方案。

另外，组合覆盖的测试用例不一定能覆盖全部的程序路径。

6）路径覆盖。路径覆盖是设计若干测试用例来覆盖程序中所有可能的程序路径。

这里，程序路径简称路径，是指从程序入口（开始）到出口（结束）的任何路径。

例 7-6　针对图 7-2 所示的程序流程图设计测试用例，实现路径覆盖。

图 7-2 的全部路径为 ACDEFG、ACDEG、ACBG。路径覆盖的测试用例如表 7-7 所示。显然，表 7-7 的测试用例与表 7-3 相同。

表 7-7　路径覆盖测试用例

序号	输入		预期输出		覆盖路径
	X	Y	X	Y	
1	8	7	9	5	覆盖路径 ACDEFG
2	7	6	7	4	覆盖路径 ACDEG
3	2	3	8	3	覆盖路径 ACBG

（2）基本路径测试法　基本路径测试法是一种在程序控制流图的基础上，通过分析控制结构的环路复杂性，导出基本可执行路径的集合，从而设计测试用例的方法。所设计的测试用例要保证程序的每一个可执行语句至少执行一次，循环体最多只执行一次。

基本路径测试法本质上是为了减少测试工作量。实践中，即使一个不太复杂的程序，如果考虑到循环，那么其路径也可能很多，要在测试中覆盖所有的路径是不现实的。因此，需要把覆盖的路径数压缩在一定的范围内。

（3）数据流测试法　数据流测试法是用控制流图对变量的定义和引用进行分析，查找出未定义的变量、定义了而未使用的变量和重复定义的变量，从而实现测试目的的一种方法。

（4）程序插桩法　程序插桩法是在保证被测程序逻辑完整性的基础上，在程序中插入一些探针，以便获取程序的控制流和数据流信息，从而实现测试目的的一种方法。最简单的插桩是在程序中插入打印语句，显示所关注的变量的值。

7.2.3 黑盒测试法

1. 黑盒测试与黑盒测试法

黑盒测试是在已知系统具有的功能的基础上，通过测试来检验每个功能是否都能正常运行并达到预期结果。测试时，将系统看作一个不能打开的黑盒，对外只有输入/输出，在完全不考虑系统的内部构造和运作机制的情况下，测试人员根据经验，通过相应的测试工具或通过直接运行系统的方式进行测试。

黑盒测试法是一种基于黑盒测试机理的测试方法，主要用于系统的功能测试和界面测试。它根据系统需求规格说明书、用户手册等对功能、输入/输出等的描述设计测试用例，由输入推算出预期结果，并将实测结果与预期结果进行比较分析。

黑盒测试法包括等价类划分法、边界值分析法、错误推测法、判定表法、因果图法、正交实验法、场景法和功能图法等。这些黑盒测试法不但适合软件系统测试，其思想也可应用于硬件系统测试。但是没有一种黑盒测试法能够简单地给出全部测试用例，在实际应用中一般把多种方法结合起来使用。例如，先用等价类划分法设计尽可能多的测试用例，然后用边界值分析法补充边界处的测试用例，最后用错误推测法完善测试用例。

2. 等价类划分法

一个数据集合称为程序输入数据的等价类（在不引起混淆时简称为等价类），如果集合中的某个数据作为测试输入数据不能发现该程序的错误，那么使用集合中的其他数据作为测试输入数据也不能发现该程序的错误。

等价类划分法是把全部可能的输入数据划分为若干等价类，从每个类中选取一个数据作为输入数据来测试程序的一种黑盒测试法。因此，等价类划分法用少量的测试输入数据来发现程序的错误。

等价类划分法设计测试用例分为两步：划分等价类、确定测试用例。

（1）划分等价类　等价类分为有效等价类和无效等价类。有效等价类是指对于程序的需求规格说明书而言是合理的、有意义的输入数据的集合。利用有效等价类可测试程序是否实现了需求规格说明书中所规定的功能和性能。不是有效等价类的数据的集合称为无效等价类。设计测试用例时，要同时考虑这两种等价类。因为软件不仅要能接受合理的数据，也要能经受无效数据的攻击。只有这样，才能确保软件具有较高的可靠性。

划分等价类主要靠经验，可总结为以下几个原则：

1）如果输入条件规定了取值范围，则可以定义一个有效等价类和两个无效等价类。

例 7-7　设程序的需求规格说明书中有输入要求"……零件重量为 20 ~ 50kg……"，试定义等价类。

有效等价类有一个："20≤零件重量≤50"；无效等价类有两个："零件重量 <20""零件重量 >50"。

2）如果输入条件规定了输入值的集合，或者规定了"必须如何"的条件，则可以定义一个有效等价类和一个无效等价类。

例 7-8　设员工考核等级变量取值于集合 {"优"，"良"，"称职"，"不称职"}，试定义等价类。

有效等价类有一个：｛"优"，"良"，"称职"，"不称职"｝；无效等价类有一个：除"优"
"良""称职""不称职"外的所有字符串。

3）如果输入条件是一个布尔量，则可定义一个有效等价类和一个无效等价类。

4）如果规定了输入数据的一组值，而且程序要对每个输入值分别进行处理，这时可为
每一个输入值定义一个有效等价类，把这组输入值之外的数据定义为一个无效等价类。

例 7-9　设某公司技术开发部的岗位取值有"软件工程师""硬件工程师""项目经理"
和"技术总监"。岗位不同，考核的标准就不同，因而处理方式也不同。试定义等价类。

有效等价类有 4 个："软件工程师""硬件工程师""项目经理"和"技术总监"；无效
等价类有一个：除这 4 个岗位外的所有其他岗位。

5）如果规定了输入数据必须遵守的规则，则可以定义一个有效等价类（满足规则）和
若干个无效等价类（从不同角度违反规则）。

例 7-10　设成绩变量取值为 1≤成绩≤150 且成绩为整数，试定义等价类。

有效等价类有一个："1≤成绩≤150 且成绩为整数"；无效等价类有 4 个："1≤成绩≤150
且成绩为小数""成绩<1 且成绩为数值""成绩>150 且成绩为数值""成绩取字符串"。

6）在已划分的等价类中，如果程序对某些数据的处理方式不同，则应考虑将该等价类
进一步划分为更小的等价类。

（2）确定测试用例　在确定了等价类之后，建立等价类表，列出所有划分出的等价类，
如表 7-8 所示。

表 7-8　等价类表

输入条件	有效等价类	无效等价类
…	…	…

根据等价类表，按以下原则设计测试用例：

1）为每个等价类分配一个唯一编号。

2）设计一个新的测试用例，使其尽可能多地覆盖尚未被覆盖的有效等价类。重复这一
步，直到所有的有效等价类都被覆盖为止。

3）设计一个新的测试用例，使其仅覆盖一个尚未被覆盖的无效等价类。重复这一步，
直到所有的无效等价类都被覆盖为止。

这就是说，对每个无效等价类分别设计测试用例。之所以这样做，是因为某些程序对某
一输入错误的检查往往会屏蔽对其他输入错误的检查。

例 7-11　设"参加工作年月"满足：年份为 1985—2021，月份为 1～12。输入格式是
连续输入年月，其中年占 4 位、月占两位。例如，2021 年 12 月的输入格式为 202112。某模
块用于输入"参加工作年月"数据，试用等价类划分法设计该模块的测试用例。

第 1 步：划分等价类，等价类表如表 7-9 所示。

表 7-9　"参加工作年月"等价类表

输入条件	有效等价类及编号	无效等价类及编号
参加工作年月的类型及长度	6 位数字字符 ①	有非数字字符 ④ 少于 6 个数字字符 ⑤ 多于 6 个数字字符 ⑥

（续）

输入条件	有效等价类及编号	无效等价类及编号
年份范围	1985—2021 ②	小于 1985 ⑦ 大于 2021 ⑧
月份范围	1~12 ③	小于 1 ⑨ 大于 12 ⑩

第2步：确定测试用例。

1）编号为①、②、③的 3 个有效等价类用一个测试用例覆盖，如表 7-10 所示。

表 7-10　覆盖有效等价类的测试用例

序号	输入	预期输出	覆盖等价类
1	202011	202011	①、②、③

2）为每一个无效等价类至少设计一个测试用例，如表 7-11 所示。

表 7-11　覆盖无效等价类的测试用例

序号	输入	预期输出	覆盖等价类
1	2011ab	无效输入	④
2	2017	无效输入	⑤
3	2012163	无效输入	⑥
4	197512	无效输入	⑦
5	202901	无效输入	⑧
6	199100	无效输入	⑨
7	202023	无效输入	⑩

3. 边界值分析法

边界是指程序输入/输出范围的边缘，边界值是指程序输入/输出范围的边缘值。例如，边界值有温度中的空值、最低温度和最高温度，体重中的空值、最低体重和最高体重，材料名称中的空值、最短名称和最长名称，员工编号中的空值、最小编号和最大编号，参加工作月份中的空值、1 月和 12 月。

边界值可为一元组，也可为多元组。例如，设 A、B、C 为实数，则 A、B、C 为三角形 3 条边的长度当且仅当 $A>0$，$B>0$，$C>0$，$A+B>C$，$A+C>B$，$B+C>A$。如果把这 6 个不等式中的任何一个 ">" 错写成 "≥"，则 A、B、C 就可能不是三角形 3 条边的长度。因此，满足上述 6 个不等式中部分或全部等号要求的 3 元组（A，B，C）的任何取值均是边界值。

实践表明，很多错误发生在输入/输出范围的边界上。因此，很有必要针对输入/输出的边界设计测试用例。

边界值分析法是一种针对输入/输出的边界值进行程序测试的黑盒测试法。

应用边界值分析法设计测试用例，需遵循以下原则：

1）如果输入条件规定了值的范围，则可取略小于边界的值、边界值、略大于边界的值作为测试输入数据。

2）如果输入条件规定了值的个数，则可用最大个数、最小个数、比最小个数少 1 的数和比最大个数多 1 的数作为测试数据。

3）对于需求规格说明书中的每个输出条件，使用前面的原则 1）。

4）对于需求规格说明书中的每个输出条件，使用前面的原则 2）。

5）如果需求规格说明书给出的输入域或输出域是有序集合，则应选取集合的第一个元素和最后一个元素作为测试用例。

6）如果程序中使用了一个内部数据结构，则应当选择这个内部数据结构边界上的值作为测试用例。

7）分析需求规格说明书，找出其他可能的边界条件。

例 7-12　设某模块用于计算 $x^2 + \sqrt{x-1}$（x 取实数）的值，试用边界值分析法设计该模块的测试用例。

输入数据划分为两个等价类：①有效等价类 $x \geq 1$；②无效等价类 $x < 1$。等价类①的边界为 1 和最大实数，等价类②的边界为 1 和最小实数。应用边界值分析法，测试用例的输入部分可设计为最大实数、比 1 稍大的实数、1、比 1 稍小的实数和最小实数。

边界值分析法与等价类划分法的区别：一是边界值分析法不是选择等价类的任意数据，而是选择正好等于、刚刚大于或刚刚小于边界值的数据；二是边界值分析法不仅重视针对输入边界的测试用例设计，而且重视针对输出边界的测试用例设计。

边界值分析法是对等价类划分法的补充，其测试用例来自等价类的边界。在测试中，常将这两种方法结合起来使用，以产生一套完整的测试用例。

4. 错误推测法

错误推测法又称猜错法，是根据测试人员的直觉与经验推测系统哪些地方容易出错，并据此设计测试用例。它通常作为其他方法的一种辅助手段，即用其他方法设计测试用例，然后根据错误推测法补充一些测试用例。

可以应用错误推测法的场合有：

1）如果在模块测试时发现了模块错误并改正，则在集成测试和全要素测试时仍有必要再测试，因为犯错的地方可能再犯错。

2）在软件前一个版本出现错误的地方，在当前版本仍需要测试。

3）异常输入测试。如果需求分析中要求两个员工的工号不相同，就输入两个相同的工号。如果需求分析中要求公司名称不超过 60 个字符，就输入 61 个字符。如果需求分析中要求身份证号不为空，就输入空身份证号。如果需求分析中要求工资为数字，就输入字母。如果需求分析中要求成绩为整数，就输入小数。如果需求分析中要求不能输入 2030 年 1 月 1 日的数据，就输入 2030 年 1 月 1 日的数据。向一个数据库基本表的外码属性中输入一个被参照表中不存在的数据。向一个数据库基本表的数值型属性中输入多行很大的数字，将这些数字求和后存储到别的表中时查看是不是会出现错误。

错误推测法的针对性强，可对可能的错误直接设计测试用例，是一种非常实用和有效的测试方法，但它需要测试人员具有丰富的专业知识和实践经验。

5. 判定表法

判定表可以用于软件系统详细设计，也可以用于测试用例设计。

在判定表中，每个条件项和动作项（判定表从第 3 列开始的列）对应一个测试用例。

适合用判定表法设计测试用例的条件如下：

1）需求规格说明书以判定表形式给出，或很容易转换成判定表。

2）条件桩的条件顺序无关。

3）条件项和动作项顺序无关。

4）每个条件项和动作项的测试都是独立的，与其他条件项和动作项的测试无关。

5）如果条件项和动作项有多个动作，则这些动作顺序无关。

6. 因果图法

等价类划分法和边界值分析法主要是针对单个输入数据来设计测试用例的，没有考虑输入条件的组合、输入条件的联系、软件和硬件的联系。如果在测试时考虑所有输入条件的可能组合，则测试用例数将是一个很大的数字。因果图是一种避免这种组合爆炸的体现多个条件组合的测试用例设计工具。

因果图法从系统需求规格说明书中找出因（输入条件）和果（输出或系统状态的改变），通过因果图转换为判定表，然后为判定表的每一列设计一个测试用例。

7.3 系统功能测试

7.3.1 系统功能测试概述

物联网系统功能测试用于验证系统功能是否正确和无遗漏，可根据需求规格说明书等设计测试用例。完整的功能测试不仅要覆盖系统的所有正常操作，而且还要对系统的所有非正常操作进行测试。

物联网系统功能测试的内容包括输入功能测试、输出功能测试和处理功能测试。

7.3.2 输入功能测试

输入功能测试包括硬件系统输入功能测试和软件系统输入功能测试。

1. 硬件系统输入功能测试

硬件输入功能包括传感器采集输入功能和硬件操控输入功能。硬件操控后的状态可以通过传感器来采集。传感器采集输入功能测试的内容包括模拟量、开关量、脉冲量和数字量等输入功能测试。

（1）模拟量输入功能测试 模拟量输入功能采集模拟量并转换为数字量。其测试包括信号采集测试、信号调理测试、A/D转换测试、通信测试、存储测试和其他相关测试。

（2）开关量输入功能测试 开关量输入功能采集开关量。其测试包括开关通断测试、工作电压测试和工作电流测试。

（3）脉冲量输入功能测试 脉冲量输入功能采集脉冲量。其测试包括频率测试、周期测试、脉宽测试、计数测试和消抖测试。

（4）数字量输入功能测试 数字量输入功能采集数字量。其测试可以利用示波器、软件查询功能等进行。

2. 软件系统输入功能测试

软件系统输入功能测试既要考虑合理的输入，也要考虑不合理（即无效）的输入，其内容包括：

（1）输入无效数据测试 当输入了无效数据时，系统应过滤无效数据，给出错误提示，即无效数据不进入程序内部；或者由程序内部捕获错误信息，给出提示。

（2）输入默认值测试　主要测试定义变量时未赋初值、赋初值不正确、再次赋初值后对系统其他部分的影响。

（3）输入特殊字符集测试　主要测试特殊字符处理问题，包括特殊字符输入处理和系统保留字处理。

（4）输入使缓冲区溢出的测试　主要测试输入的数据未经检查且超过该值固定大小的内存缓冲区，影响其他内存单元，严重的会引起程序关闭。

（5）输入产生错误的合法数据组合测试　主要测试多个输入值组合的情况。每个合法输入值单独测试通过，不代表合法输入值的组合测试也能通过。

7.3.3　输出功能测试

输出功能测试包括硬件系统输出功能测试和软件系统输出功能测试。

1. 硬件系统输出功能测试

硬件系统输出功能测试的内容包括：

（1）模拟量输出功能测试　模拟量输出功能输出连续的电流或电压信号，用于控制执行机构。其测试包括输出的电流或电压测试、带负载测试、稳定性测试、隔离耐压性测试。

（2）开关量输出功能测试　开关量输出功能输出开关量，用于直接或通过继电器控制现场设备，如电动机的启停、继电器的通断、电磁阀的开关和指示灯的明灭。其测试包括接通和断开测试、电压测试、电流测试、隔离耐压性测试。

（3）数字量输出功能测试　数字量输出功能输出数字量。其测试可以利用示波器、软件查询功能等进行。

2. 软件系统输出功能测试

软件系统输出功能测试是在系统输入正确时测试实际输出与预期输出是否一致，其内容包括：

（1）输出值与预期不一致　主要测试处理逻辑错误、数据类型错误、输出格式错误、内存溢出和死锁等。

（2）同一个输入产生多个输出　主要测试系统处理逻辑错误和系统不稳定的情况。

（3）产生不符合业务规则的无效输出　主要测试业务规则错误和异常处理错误。例如，输出的日期超过 31 天，输出的体重为负数。

7.3.4　处理功能测试

处理功能测试是根据需求规格说明书等设计测试用例，测试系统的各种处理功能，包括数据查询、数据更新、数据存储与管理、数据传输、数据挖掘、数据发布、数据展示，以及系统控制与系统执行、软硬件系统交互、与外部系统交互、系统维护和系统升级等是否正确、无遗漏。处理功能测试的内容包括但不限于：

1）功能是否有遗漏。

2）功能处理逻辑是否正确。

3）数据类型和数据约束是否正确。

4）功能是否适应系统运行环境及变化。

5）功能是否容忍操作失误和操作失败。

6）功能的用户界面布局、字体、字号和颜色是否符合需求。

7.4 系统性能测试

7.4.1 系统性能测试概述

物联网系统性能测试是测试系统是否满足需求规格说明书中规定的各项性能指标。系统性能测试可以出现在测试过程的各个阶段，甚至在模块层次上也可以进行性能测试。然而，只有当所有的系统模块全部组装完毕，系统的性能才能完全确定。

系统性能测试的内容包括硬件系统性能测试、软件系统性能测试和系统综合性能测试。

7.4.2 影响系统性能的因素

影响物联网系统性能的因素很多，可分为硬件因素、软件因素和其他因素。

1. 硬件因素

影响系统性能的硬件因素有 CPU 处理速度、内存容量、外存容量及访问速度、通信效率、抗干扰能力、模块性能、模块质量、装配质量、运行环境等。

2. 软件因素

影响系统性能的软件因素有算法、数据结构、操作系统、驱动程序和支撑软件等。

软件的性能提升主要是降低算法的时间复杂性和空间复杂性。时间复杂性决定算法效率，即算法的运行时间。空间复杂性取决于数据结构、数据存储和数据库等的效率，它对算法的运行时间、存储效率也有影响。

3. 其他因素

除软件和硬件方面的因素外，影响系统性能的因素还有操作者能力、自然环境和配套设施等。这里，操作者能力是指用户对系统的熟练程度、对新事物的接受能力、学习能力和操控系统的相关技能等；配套设施是指系统运行时所需的外部辅助设施或工具，如智能手机打电话所需的移动通信网络、无人驾驶汽车行驶所需的道路。

7.4.3 系统性能测试的方法

系统性能测试的方法有负载测试、压力测试、强度测试、配置测试、并发测试和平均性能测试。

1. 负载测试

负载测试是通过改变负载方式、增加负载等来发现系统的性能问题。负载测试用于性能测试和压力测试。通过负载测试，人们还可得到系统的最大并发任务数、最大持续运行时间、最大数据量和最大吞吐量等性能指标。

2. 压力测试

压力测试用于测试系统在最大并发任务数、最大持续运行时间、最大数据量和最大吞吐量等峰值负载下的运行状态，用于发现系统稳定性隐患和系统在峰值负载下的功能隐患等。一般来说，通过了压力测试的系统在正常的负载下很难出错。

3. 强度测试

强度测试用于确定系统在最差工作环境（如网络带宽、系统内存配置低）时的性能，也可用于验证系统处于正常工作状态时的各种资源的下限指标。

4. 配置测试

配置测试是通过配置系统软硬件环境获得各种不同环境下的系统性能，并可由此确定系统的最低配置和最优配置等。

5. 并发测试

并发测试是通过模拟用户并发访问测试同一应用、模块或数据，观察系统是否存在死锁、系统处理速度是否明显下降等问题，并由此确定最大并发数和最优并发数等。

6. 平均性能测试

平均性能测试是指当系统处于平均负载条件（即并发任务数、持续运行时间和吞吐量等处于预测平均值）下的性能测试。

7.5　系统安全性测试

7.5.1　系统安全性测试概述

物联网系统安全性测试是测试系统有无漏洞、采用的安全措施是否发挥作用并达到预期效果。物联网系统的安全措施是指为了保护系统硬件、软件不因无意或恶意的因素而遭到破坏、篡改、窃取和泄露所采取的技术和管理措施。物联网系统的安全问题一般来自于未预料到的缺陷或对潜在缺陷未进行有效的处置。

根据系统安全需求，物联网系统安全性测试的内容包括感知层安全测试、网络层安全测试、应用层安全测试和数据存储层安全测试。

7.5.2　系统安全性测试的方法

系统安全性测试首先分别对硬件和软件系统进行安全测试，然后对整个系统进行联合测试。测试对象和测试指标不同，测试方法也不同。

白盒测试法、黑盒测试法及它们的结合可用于系统安全性测试。

1. 硬件系统安全性测试的方法

硬件系统安全性测试在模块测试阶段就开始了，贯穿于集成测试、全要素测试和验收测试。对于一些硬件系统，甚至要请专业机构做专门的安全性测试。

硬件系统安全性测试的方法有电气安全性测试法、硬件功能操作测试法、硬件误操作测试法和硬件异常处理测试法等。

（1）电气安全性测试法　电气安全性能参数是国家强制性认证的指标，是反映电子产品和设备安全性能的重要参数。电气安全性测试是指对交/直流耐压、绝缘电阻、泄漏电流和接地电阻等电气安全性能参数进行测试。具体测试方法请参考有关的国家标准和专业书籍等。

（2）硬件功能操作测试法　硬件功能操作测试法是通过操作硬件测试相应功能的安全性，测试功能执行时和执行后是否会对人们的生命财产和环境等造成伤害或损失。

（3）硬件误操作测试法　硬件误操作测试法是模拟软硬件误操作来验证硬件异常处理的有效性和系统安全性。对于引起不良影响的误操作，必须有有效的误操作防止、预测、检测、中止和补救等措施。

（4）硬件异常处理测试法　硬件异常处理测试法是通过仿真系统出现软件异常、硬件故障等情况来测试硬件异常处理机制的有效性。软件异常、硬件故障等是不可避免的，关键是能及时检测出来，发生后能有效处理。

2. 软件系统安全性测试的方法

对安全性要求不高的软件，安全性测试可以与模块测试、集成测试和全要素测试一起进行；对安全性要求较高的软件，还必须做专门的安全性测试。

软件系统安全性测试的方法有软件功能操作测试法、软件误操作测试法、软件异常处理测试法、静态代码测试法、动态渗透测试法、程序数据扫描法和网络数据扫描法等。

（1）软件功能操作测试法 软件功能操作测试法采用黑盒测试法，通过操作与软件安全有关的功能（如用户登录、密码修改、数据加密和授权访问）来测试其有效性。

（2）软件误操作测试法 软件误操作测试法通过模拟软硬件误操作来验证软件异常处理的有效性和系统安全性。

（3）软件异常处理测试法 软件异常处理测试法通过仿真系统出现软件异常和硬件故障等情况来测试软件异常处理机制的有效性。

（4）静态代码测试法 静态代码测试法通过对源代码进行安全扫描，根据程序中的数据流、控制流、语义等信息与相应软件安全规则库的匹配情况，找出代码中潜在的安全漏洞。本方法适合在编码阶段找出存在安全风险的代码。

（5）动态渗透测试法 动态渗透测试法使用自动化工具或者人工的方法模拟黑客和病毒等的攻击，对软件进行安全测试，以发现其运行时的安全问题。本方法简单有效，但很难保证找出所有的安全缺陷，因此尽可能使用较多的测试用例来提高测试覆盖率。

（6）程序数据扫描法 程序数据扫描法用于内存测试，以发现缓冲区溢出等漏洞，从而避免缓冲区溢出类型的攻击。程序数据扫描需要专门的工具，手工作业比较困难。

（7）网络数据扫描法 网络数据扫描法通过对网络通信中的数据进行扫描和分析来测试软件数据在网络通信时的安全性。

7.6 系统可靠性测试

7.6.1 系统可靠性测试概述

随着物联网技术的发展，物联网系统应用越来越广，功能越来越丰富，结构越来越复杂，模块越来越多，使用环境越来越多样，发生故障的可能性也越来越大，可靠性问题日益突出。因此需要进行物联网系统可靠性测试，为系统改进提供依据。

物联网系统可靠性测试是当系统在一定的业务压力下时，让系统持续运行一段时间，观察系统是否达到要求的稳定性，度量系统的可靠性，识别不可靠因素。可靠性测试强调系统在一定业务压力下持续运行的能力，因此必须明确业务压力具体指标和持续无故障运行时间。

系统可靠性测试的任务是，在系统的仿真或实际使用环境中建立可靠性模型，进行可靠性测试用例设计、故障统计分析、可靠性评估、可靠性预测和不可靠因素识别等。

系统可靠性与规定的时间密切相关，因为随着使用时间的增加，系统可靠性是下降的。系统可靠性还与规定功能有密切关系，功能增多，可靠性会下降。

系统可靠性测试的内容依赖于系统特性。系统特性不同，其可靠性测试的内容也不尽相同。系统可靠性测试的内容一般包括耐久性测试、无维修工作期时长测试和故障测试。

1. 耐久性测试

耐久性测试是指系统在规定的使用、储存、维护与维修条件下，达到极限状态之前，完成规定功能能力的测试。这里，极限状态是指由于疲劳、磨损、腐蚀和变质等耗损，从技术上或经济上考虑，系统都不宜再继续使用而必须大修或报废的状态。

2. 无维修工作期时长测试

无维修工作期时长测试是测试系统能够完成所有规定功能而无须进行任何维修活动的工作时间长度，在该时间内不会因系统故障或性能降低而导致对用户使用的限制。

3. 故障测试

故障测试是测试系统能否按预期需求完成规定功能，因预防性维修、其他计划性活动或缺乏外部资源而造成不能执行规定功能的情况除外。

7.6.2 影响系统可靠性的因素

影响系统可靠性的因素分为影响硬件系统可靠性的因素和影响软件系统可靠性的因素两种类型。

1. 影响硬件系统可靠性的因素

影响硬件系统可靠性的主要因素有元器件质量、设计质量、制造质量和运行环境。

（1）元器件质量 元器件本身的缺陷无疑会影响硬件系统可靠性。

（2）设计质量 系统设计不合理、元器件使用不当也会影响硬件系统可靠性。

（3）制造质量 硬件系统的制造质量直接影响硬件系统可靠性。由于工艺原因引起的故障很难定位排除，一个虚焊都会导致整个系统工作不稳定。

（4）运行环境 物联网系统的工作环境有时相当恶劣。不少系统在实验室环境下运行良好，但由于环境的影响，安装到现场并长期运行时就频出故障。其原因是多方面的，包括温度、湿度、电源与电磁干扰等对硬件的影响。因此，设计系统时应考虑环境对硬件参数的影响，元器件须经老化试验处理。

2. 影响软件系统可靠性的因素

影响软件系统可靠性的主要因素有需求分析质量、设计质量、编码质量、测试质量、运行维护质量、系统运行环境质量、健壮性和文档质量。

（1）需求分析质量 包括需求的合理性、正确性、完整性和需求变更处理的及时性。

（2）设计质量 包括总体设计和详细设计的质量。

（3）编码质量 源程序应该层次清晰、书写规范、易读、易理解。

（4）测试质量 包括测试用例的正确性、完整性和测试过程的规范性。

（5）运行维护质量 包括运行与维护日志的正确性、规范性、及时性、完整性和可读性，维护的计划性、正确性、完整性和规范性。

（6）系统运行环境质量 包括系统软硬件运行环境的可靠性和稳定性。

（7）健壮性 包括对非法输入的容错能力、对系统运行环境的适应能力。

（8）文档质量 包括开发与运行文档的正确性、完整性和可读性，文档和软件版本的一致性。

7.6.3 系统可靠性测试的方法

系统可靠性测试的方法很多。系统类型不同，测试方法也不同。凡是能度量系统可靠性、识别不可靠因素等的方法都可用于系统可靠性测试，如系统安全性测试的一些方法也可用于可靠性测试。下面介绍几种系统可靠性测试的方法。

1. 硬件系统可靠性测试的方法

硬件系统可靠性测试的方法有可靠性筛选测试、环境测试和寿命测试。

（1）可靠性筛选测试　可靠性筛选测试有循环温度筛选测试、高效应力筛选测试和振动筛选测试等。

1）循环温度筛选测试。循环温度筛选测试通过加热设备使系统表面与内部产生温差，一个零件的一部分与另一部分之间，尤其是连接处、焊缝和有缺陷处会产生温度梯度，由此发现系统缺陷。

2）高效应力筛选测试。高效应力筛选测试通过让被测物承受不同的应力，进而发现其设计上的缺陷和弱点。

3）振动筛选测试。振动筛选测试的原理是系统被外界振动源激起振动并响应以后，系统各处应力不同，并在隐患处造成应力集中，系统在振动中其应力是拉、压不断交变的，这样反复交变可以造成裂纹扩张，使隐患从隐形变成显形。

（2）环境测试　环境对系统可靠性有很大的影响，在系统研制和生产过程中都要按要求进行环境测试。环境测试包括高温测试、低温测试、高低温交变测试、高温高湿测试、机械振动测试、汽车运输测试、机械冲击测试、开关电测试、电源拉偏测试、冷启动测试、盐雾测试、淋雨测试和沙尘测试。

按测试方法分，环境测试包括现场测试、天然暴露测试和人工模拟测试。

1）现场测试。现场测试是考核系统现场使用和现场储存的可靠性而进行的测试。

2）天然暴露测试。天然暴露测试是系统长期暴露在天然气候环境中的一种测试。通过测试，了解系统在天然气候条件影响下的外观、机械性能、电参数和可靠性等的变化情况。

3）人工模拟测试。人工模拟测试是在人工控制条件下的测试，是在测试箱、测试台或测试室内进行的测试，其目的是在短时间内考核系统适应环境的能力。常用的人工模拟测试项目有低温、高温、热冲击、碰撞、潮湿、振动、运输和霉菌。

（3）寿命测试　寿命测试是在生产过程比较稳定的条件下，剔除早期故障系统后进行的测试，以了解系统寿命的统计规律。

寿命测试是一种非常重要的可靠性测试，它可以获得故障率和平均寿命等可靠性指标，是可靠性预测、系统质量改进的重要依据。

为了缩短寿命测试的时间，降低测试成本，快速评价系统的可靠性，需要进行加速寿命实验。加速寿命实验是在不改变系统故障产生机理、不引入新的故障因素的前提下，构造各种测试条件来加速系统故障产生进程，根据测试结果计算正常条件下的系统寿命。

2. 软件系统可靠性测试的方法

软件系统可靠性测试的方法有基于使用模型的软件系统可靠性测试方法、基于故障分析的软件系统可靠性测试方法。

（1）基于使用模型的软件系统可靠性测试方法　使用模型是描述用户如何使用软件的一种模型，它由软件的功能、数据和用户（操作者）等决定。例如，有的功能使用频率高，有的使用频率低；有的输入数据或数据集使用频率高，有的使用频率低；有的用户由于个人习惯等原因，经常触发某一类异常。基于使用模型的软件系统可靠性测试方法的步骤：建立使用模型、根据使用模型分配测试用例（如确保经常使用的功能能够得到较多的测试）、执行测试、分析测试结果、用统计分析方法等计算软件系统可靠性。

（2）基于故障分析的软件系统可靠性测试方法 基于故障分析的软件系统可靠性测试方法是通过对软件系统测试后得到的缺陷导致故障的内外因进行分析，计算每个缺陷的故障率，然后基于故障率数据建立数学模型，计算软件系统可靠性。

7.7 系统测试策略

系统测试策略包括模块测试、集成测试和全要素测试等的策略。

7.7.1 模块测试及其策略

1. 模块测试的概念

模块测试又称单元测试，是对系统各模块进行正确性检验的测试，其目的是检验模块是否符合设计需求，发现模块在需求分析、设计与实现中存在的错误和缺陷。模块测试一般从模块的内部结构出发设计测试用例，且各模块可以独立地进行模块测试。

模块测试一般在系统实现阶段开始，往往和模块实现同时进行。在系统实现阶段，对每个软硬件模块进行测试和调试，确认所实现的模块符合要求。模块测试最好由硬件系统设计或实现工程师、软件系统实现工程师本人实施。

实际上，模块测试贯穿系统的整个生存期。例如，在系统需求分析和系统设计阶段，当需要验证系统需求和设计的合理性时，可用原型法等实现模块，并进行测试。再如，在系统升级和改错等环节，模块修改后也需要测试。

2. 模块测试的内容

进行模块测试时，首先要分析系统详细设计说明书和已经实现的系统或样机，仔细审查模块的功能与性能要求、结构、处理逻辑、数据结构、接口和程序代码等，了解与模块有关的系统局部结构甚至整个系统结构。模块测试一般采用以白盒测试为主、黑盒测试为辅的测试方法。

模块测试的内容主要有模块的功能测试、接口测试、局部数据结构测试、路径测试、出错处理测试和边界测试。

（1）功能测试 测试模块的功能是否满足设计要求。

（2）接口测试 测试模块的输入/输出等是否满足设计要求，包括输入/输出参数的数据结构、数据顺序、值是否正确，以及全局量的定义在各模块中是否一致，是否处理了输入/输出错误，设备访问是否按要求打开和关闭。

（3）局部数据结构测试 测试模块的局部数据结构包括是否存在不合适或不一致的数据类型说明，是否使用未赋值或未初始化的变量，是否存在错误的初始值或错误的默认值，是否有不正确的变量名，是否存在内存溢出和地址异常，全局数据是否对模块有未预期的影响。

（4）路径测试 路径测试要保证模块中的每条语句至少执行一次，对模块中重要的执行路径进行测试，查找由于错误的计算、不正确的比较或不正常的控制流而导致的错误，对基本执行路径和循环进行测试。

（5）出错处理测试 出错处理测试用于发现出错处理功能的错误和缺陷，包括是否覆盖了所有的可能出错条件并进行有效的出错处理，显示的出错信息是否易理解，出错信息的描述是否有利于错误定位，显示的错误是否与实际遇到的错误相符。

（6）边界测试 采用边界值分析法对模块进行测试。

3. 模块测试的步骤

模块测试分两步：人工检查、运行测试。

（1）人工检查　人工检查是一种静态测试方法，它通过对比系统详细设计说明书等确认模块实现的正确性、清晰性和规范性，尽可能地发现模块中存在的错误和缺陷。经验表明，人工检查法能够发现 30% ~70% 的处理逻辑和实现错误。

（2）运行测试　模块中隐藏的错误和缺陷有时不能通过人工检查发现。运行测试是一种动态测试方法，它利用模块测试用例，通过运行模块，并可借助测试工具，发现模块中存在的错误和缺陷。

4. 模块测试的环境

由于模块通常不能独立运行，因此在对模块进行测试时需要考虑它与外界的联系。用驱动模块和桩模块等辅助模块去模拟与被测模块相联系的模块。被测模块、驱动模块和桩模块等共同构成模块测试的环境，如图 7-3 所示。

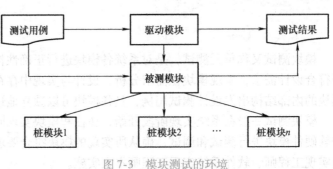

图 7-3　模块测试的环境

5. 模块测试的策略

模块测试有自顶向下测试、自底向上测试、单独测试和混合测试等策略。

（1）自顶向下测试策略　系统实现一般按系统结构的自顶向下方向依次实现各模块，自顶向下测试策略在顺序上与系统实现过程一致，具体步骤如下：

1）从最顶层的模块开始，把顶层调用的模块用桩模块代替，对顶层模块做模块测试。

2）对下一层模块进行测试，为被测模块准备新的桩模块。

3）检查所有模块测试是否完成。如果没有完成，则转 2），否则结束。

自顶向下测试策略的优点是可以在集成测试之前为系统提供早期的集成途径；缺点是需要桩模块，随着模块测试的不断进行，测试过程也会变得越来越复杂。

（2）自底向上测试策略　具体步骤如下：

1）先对最底层模块进行测试，使用驱动模块来代替调用它的上层模块。

2）对上一层模块进行测试时，用已经被测试过的模块做桩模块，并为被测模块建立新的驱动模块。

3）检查所有模块测试是否完成。如果没有完成，则转 2），否则结束。

自底向上测试策略的优点是不需要单独设计桩模块，不依赖系统结构，可为系统提供早期的集成途径；缺点是需要驱动模块，缺少测试工作的全局视野。

（3）单独测试策略　单独测试策略不需要考虑被测模块与其他模块的关系，分别为每个模块单独建立桩模块和驱动模块，逐一完成所有的模块测试。

单独测试策略的优点是简单、易操作、工期短。因为一次测试只需要测试一个模块，其桩模块比自顶向下测试策略的桩模块简单，驱动模块比自底向上测试策略的驱动模块简单，而且各模块的测试不存在关联，模块测试工作可并行进行。

单独测试策略的缺点是不能为集成测试提供早期的集成途径，需要为每个模块测试设计桩模块和驱动模块，测试成本较高。

（4）混合测试策略　混合测试策略就是将自顶向下测试、自底向上测试和单独测试等策略按需要进行组合。

7.7.2　集成测试及其策略

1. 集成测试的概念

集成测试是在模块测试的基础上，将所有模块按照设计要求组装为系统时的测试活动。其目的是发现模块连接时的错误和缺陷。这些错误和缺陷包括软硬件模块配合存在的问题、全局数据结构存在的问题、各子功能组合起来不产生预期的父功能、一个模块的功能对另一个模块的功能产生非预期的影响、系统运行时模块的累积误差达到不能接受的程度。

集成测试时，如果发现系统存在错误和缺陷，就要对相关模块进行修改和完善，并进行回归测试。

回归测试是在系统修改后重新进行的测试，测试范围为修改内容及关联部分。对模块进行修改后，可能会引入新的错误或导致其他模块产生错误，故必须进行回归测试。回归测试的目的是验证系统修改的正确性且达到了预期目标，并且此次修改不影响其他部分的正确性。

2. 集成测试的内容

集成测试需要回答以下问题：

1）模块连接起来后，模块之间的信息或数据传递等是否正确？

2）一个模块的功能是否会对另一个模块的功能产生不利的影响？

3）各子功能组合起来，是否达到预期的父功能？

4）全局数据结构是否有问题？

5）各模块的累积误差是否符合要求？

3. 集成测试的环境

集成测试环境包括硬件环境、操作系统环境、网络环境、数据库环境、测试工具运行环境及其他环境。

（1）硬件环境　集成测试的硬件环境应尽量和系统的实际使用环境一致，条件不允许时才在近似环境或模拟环境中进行测试。

（2）操作系统环境　集成测试的操作系统环境应和系统的实际使用环境一致，而且还要考虑操作系统的不同版本。

（3）网络环境　集成测试的网络环境应尽量和系统的实际使用环境一致，而且还要考虑更复杂的情况。

（4）数据库环境　集成测试的数据库管理系统应和系统实际使用的版本一致。

（5）测试工具运行环境　当集成测试需要使用测试工具时，还要建立测试工具运行环境。

（6）其他环境　根据实际情况，可建立集成测试所需的自然环境、Web 服务器环境和浏览器环境等。

4. 集成测试的策略

系统集成测试一般和硬件系统装配、软件系统组装同时进行。因此，集成测试的策略可采用系统装配或组装的一步到位方法、渐增式方法。

7.7.3 全要素测试及其策略

1. 全要素测试的概念

全要素测试是在集成测试的基础上对系统开发和运行的全部要素进行测试，包括根据需求规格说明书建立适当的测试环境并对系统进行测试，以确认系统的功能、性能、安全性和可靠性等是否达到需求规格说明书的要求；审查系统开发文档、用户手册等各种相关文档是否正确和完整，是否具有良好的可读性，是否符合规定的要求，测试用户手册的可操作性。

在不引起混淆时，全要素测试又称系统测试。

全要素测试的主要目标不是发现系统的错误和缺陷，而是确认其功能和性能，确保系统能被用户接受。

2. 全要素测试的内容

全要素测试的主要内容如下：

1）功能测试。在全要素测试阶段，功能测试一般使用黑盒测试法，主要测试功能的正确和无遗漏。

2）性能测试。一般采用测试工具测试系统的性能。必要时，也可设计专门的测试用例进行性能测试。

3）安全性测试。

4）可靠性测试。

5）恢复性测试。测试系统从硬件、软件故障中恢复的能力。

6）备份测试。测试系统备份功能的正确性。

7）用户界面测试。确认用户界面是否与用户需求一致。

8）兼容性测试。测试系统对运行环境的兼容性，如硬件环境兼容性、软件环境（主要是操作系统、数据库管理系统、网络操作系统）兼容性，还要测试与其他物联网系统、软件系统能否协同工作。

9）可用性测试。测试用户能否正确、方便地使用系统。

10）安装测试。测试系统能否成功安装。

11）文档测试。审查系统开发文档、用户手册等各种相关文档，测试用户手册的可操作性。

12）在线帮助测试。测试用户在线帮助功能的正确性、完整性、可读性、可操作性和及时响应能力。

3. 全要素测试的环境

全要素测试的环境是否合理、是否具有代表性，将直接影响全要素测试结果的有效性和可靠性。

全要素测试的环境应该与系统的实际运行环境一致，而且要兼顾操作系统、数据库管理系统等的不同版本，覆盖多种应用场景。

4. 全要素测试的策略

全要素测试的策略如下：

1）采用黑盒测试法。

2）测试用例主要根据需求规格说明书来设计。

7.8 系统调试

7.8.1 系统调试概述

系统测试如果发现了错误，就需要系统调试来诊断和改正错误。

系统调试是在系统测试的基础上对已经发现的错误进行定位、确定错误的性质、改正错误、修改相关文档等一系列工作的统称。其主要任务是确定系统中错误的位置和性质、排除错误。

系统出现错误是其外在表现，而错误的外在表现与错误的内在原因之间经常无明显联系。为了改正错误，必须首先找到其内在原因。系统调试就是要发现这种联系，找出错误的内在原因，因此需要调试人员具有较好的分析问题能力、较高的技术水平。

排除错误时，根据错误的性质，需要返回到系统开发的相应阶段。例如，如果是系统实现错误，就修改系统实现；如果是系统设计错误，就要修改系统设计。

系统调试往往和系统测试交错进行。系统测试发现错误，系统调试改正错误，再测试并改正，直至发现的所有错误得到改正。

物联网系统调试的内容包括硬件系统调试、系统软件调试和联合调试。

系统调试时，需要注意以下问题：

1）错误的外在表现位置与其原因所处的位置可能相距较远。

2）在改正错误时，也许错误的外在表现消失了，但错误并未真正被排除。

3）错误的外在表现实际上是由一些非错误原因引起的，如舍入误差、环境干扰、人为失误。

4）错误的外在表现有时难以重现，如环境因素的偶尔干扰导致的错误就难以重现。

5）错误可能是周期性出现的，常见于软硬件结合的系统中。

7.8.2 系统调试的原则

根据系统调试的任务，系统调试的原则分为确定系统中错误的位置和性质、排除错误两种。

1. 确定错误的位置和性质的原则

1）分析与错误表现有关的信息，善于利用经验，使用归纳法、演绎法等方法确定错误的位置和性质。

2）避开死胡同。如果走进了死胡同，可暂时把问题放下，换个时间、换个角度处理，也可以与团队成员一起分析。

3）适当使用调试工具进行调试，但调试工具只能当作辅助手段，不能代替思考。

4）尽量避免用穷举试探法，除非不得已。穷举试探法是把所有可能的错误位置和性质列举出来，逐个试探，以试图确定错误。这种方法的效率低，成功率低。

2. 排除错误的原则

1）注意错误的群集现象。经验表明，错误有群集现象，当在某个模块中发现一个错误时，在该模块的其他位置和该模块的关联模块中存在错误的概率会较高。因此，在排除某个错误时，还要检查模块的其他位置、关联模块是否也存在错误。

2）把握错误的本质。排除错误有时可能只改正了错误的表现，而没有改正错误的本质；或者只改正了错误的一部分，而没有改正错误的全部。

3）避免排除一个错误的同时引入新的错误。修改可能会引入新的错误，即使修改是正确的。例如，某模块接口错误，上级模块调试时调用这个模块没有出现错误，但当这个模块错误改正后，上级模块再用旧接口调用此模块就会出错，故必须同时改正上级模块。因此，改正错误后需进行回归测试，以保证修改没有引入新的错误。

4）排除错误本质上属于系统设计与实现的范畴，因而要按系统设计与实现的要求来做。

7.8.3 系统调试的层次

物联网系统一般由若干子系统组成，每个子系统又由若干模块组成。因此，从系统结构上看，系统调试可分为模块调试、分调和总调3个层次。

1. 模块调试

模块调试就是对模块进行调试，一般与系统实现同时进行。

模块调试分为人工检错和运行调试两步：

（1）人工检错　人工检错就是阅读系统总体设计和详细设计说明书，对模块进行检查，发现错误及时改正，再继续检查、改错。人工检错可利用测试工具辅助检查。

（2）运行调试　完成人工检错后，就可以通过运行的方式进行调试了，主要是通过测试用例、测试工具来实现。

2. 分调

分调又称子系统级调试，就是把经过调试的模块组装成一个子系统来调试，主要是调试各模块之间的协调和通信，重点调试子系统内各模块的接口。例如，数据经过接口时可能丢失；一个模块对另一个模块可能会造成有害影响；下层模块出现错误时，错误信息可能对上层模块产生不良影响；把若干子功能结合起来可能不产生预期的功能。分调主要是通过测试用例、测试工具来实现。

如果系统很复杂，则系统的子系统应分为若干个层级，每个层级的调试也属于分调。此时，可采用自底向上或自顶向下等策略进行调试。

3. 总调

总调又称系统级调试，它是把经过调试的子系统装配成一个完整的系统来调试，以发现系统设计与实现中的错误，包括对子系统之间的接口、数据通信、处理功能、资源共享以及系统遭到破坏后能否按要求恢复等项目的调试，验证系统的功能与性能是否达到总体设计和详细设计说明书的要求。总调主要是通过测试用例、测试工具来实现。

7.8.4 系统调试的步骤

系统调试的步骤如下：

1）从错误的外在表现着手，确定错误的位置。

2）找出错误的内在原因。例如，基于科学技术原理、系统结构和处理逻辑等分析错误的内在原因并定位；或者先猜测错误原因，再设计测试用例来证实猜测。

3）修改系统设计与实现的相关内容，以排除这个错误。

4）反复测试，确认错误是否被排除，是否引入了新的错误。

5）如果所做修改不正确，则撤销或完善此次修改。

6）重复上述过程，直到错误得到改正为止。

7.8.5 硬件系统调试

1. 硬件系统调试的一般过程

硬件系统调试的一般过程：从系统结构上看，分为模块调试、分调和总调等层次；每个层次的调试都要经历静态检查、通电观察、静态调试、动态调试和指标调试等环节；每个环节都要按系统调试的步骤进行。

（1）静态检查 硬件系统在通电之前，需要检查电路连线是否有错误。静态检查根据硬件系统总体设计和详细设计说明书按一定顺序逐级检查元器件的型号、规格、极性和插接方向等是否正确，数据总线、地址线和控制总线等是否存在短路、虚焊等现象，用逻辑笔和万用表等工具检查电路是否正常。

（2）通电观察 调试好所需要的电源电压值，确定印制电路板电源端无短路现象后接通电源。电源接通后，不要急于用仪器观测波形和数据，而是要先观察是否有异常现象，如冒烟、异常气味、放电和元器件发烫。如果有，应立即切断电源，排除故障，再重新接通电源。然后测量每个模块的电源电压是否正常，保证模块通电后正常工作。

（3）静态调试 先不加输入信号，测量各级直流工作电压和电流是否正常，是否符合设计要求。直流电压可直接测量，但直流电流测量就不太方便。若印制电路板上留有测试点，则可通过串入电流表直接测量直流电流，然后用焊锡连接好；若没有测试点，则可测量电压，再计算电流。

（4）动态调试 加输入信号，观测电路输出信号是否符合设计要求。当采用分块调试时，除输入级采用外加输入信号外，其他各级的输入信号应采用前一级的输出信号。对于模拟电路，一般加入周期性变化的输入信号，用示波器观测输出信号是否符合要求。对于数字电路，一般输入阶梯信号，观测输出信号的波形、幅值、脉冲宽度、相位及动态逻辑关系是否符合要求。

测试电路的各级波形时，一般需要在电路输入端输入规定频率和幅值的交流信号，测试时应注意仪器与印制电路板的连接线。特别在测试高频电路时，测试仪器应使用高频探头，连接线应采用屏蔽线，且连线要尽量短，以避免电容、电感以及测试引线两端的耦合对测试波形、频率准确性的影响。

（5）指标调试 系统能正常运行后，便可测量电路的技术指标。主要步骤：测试并记录测试数据、分析测试数据、确定电路的技术指标是否符合设计要求、做出测试结论。如果不符合设计要求，则应找出原因，调整某些元器件的参数并查看能否达到要求；若仍不能达到要求，则应修改部分电路，甚至修改整个电路。

2. 硬件系统调试的方法

硬件系统调试的常用方法有排除法、对比法、替换法和修补法等。

（1）排除法 排除法是根据所观察到的故障现象，尽可能列举出所有可能导致故障发生的原因，然后逐一分析、诊断和排除。排除法应用广泛，对比法和替换法本质上是其变种。

发生故障的原因比较复杂，往往是一因多果或一果多因。调试人员应仔细观察故障现象，依可能性的大小列出所有可能发生故障的原因，从最可能的故障原因开始，逐一分析、诊断和排除，缩短故障的排除时间。

排除法虽然可处理许多硬件系统故障，但要求调试人员拥有深厚的理论功底、丰富的实践经验和较强的逻辑思维能力，还要求调试人员善于分析问题和解决问题，以及掌握和灵活运用多种测试工具。

（2）对比法　对比法是用好的子系统、模块等分别替换相应的怀疑发生故障的子系统、模块，通过对比运行结果或测试结果，找出故障原因并予以排除。

（3）替换法　替换法是对比法的特殊情形，即替换前后的子系统、模块等应具有相同的品牌和型号规格。

（4）修补法　修补法是对不能正常工作的子系统、模块等进行修复，使其恢复到正常状态。修复时应做好记录，因为该修复部分可能是今后系统故障的隐患。但修补法可省去采购时间和资金。另外，在无替换件可用时，也可以使用修补法。

7.8.6　软件系统调试

1. 软件系统调试的一般过程

同硬件系统类似，软件系统调试的一般过程为：从系统结构上看，分为模块调试、分调和总调等层次；每个层次的调试都要经历人工检查代码、程序运行测试等环节；每个环节都要按系统调试的步骤进行。

2. 软件系统调试的方法

软件系统调试的常用方法有蛮干法、折半查找法、回溯法、归纳法和演绎法等。

（1）蛮干法　蛮干法是一种效率较低的调试方法，仅当所有其他方法都失败了的情况下才应该使用此方法。常用手段有以下几种。

1）打印内存数据。将计算机存储器和寄存器的全部数据导出，然后在这些数据中寻找错误的位置。这种手段费时费力。

2）在程序特定部位设置打印语句。把打印各关键变量的值的语句插在出错源程序的相关位置，如变量值可能发生改变的位置、重要分支的位置、模块调用前后的位置，跟踪程序的执行，监视关键变量的变化。这种手段能监控程序执行过程，从而找到错误的位置。

3）自动调试工具。利用开发工具的调试功能、专门的交互式调试工具等，分析程序的执行过程，而不必设置打印语句。具体步骤：使用自动调试工具设置断点；执行程序到断点位置；暂停执行程序；查看程序的状态，包括变量值、对象属性值和模块调用结果，由此找到错误的位置。

（2）折半查找法　折半查找法的原理：如果已知每个变量在程序内若干个关键点的正确值，则选定一个关键点，用赋值语句或输入语句等在该选定关键点位置设置每个变量的正确值，然后运行程序并检查所得到的输出；如果输出结果是正确的，则故障原因在选定关键点的前半部分，否则错误原因在选定关键点的后半部分；对错误原因所在的那部分重复使用这个方法，直到把出错范围缩小到容易诊断的程度为止。

（3）回溯法　回溯法适用于小程序排错。其原理：发现错误后，先分析错误的外在表现，确定错误外在表现的位置；然后沿程序的控制流程，回溯程序的执行过程，直到找到错误的内在原因或根源。例如，程序中发现错误的地方是打印语句，经分析是某变量的值错误，从此处出发，回溯程序的执行过程，在改变该变量值的地方检查其值是否正确，直到找到错误的位置。

（4）归纳法　归纳法又称归纳推理，是一种从特殊到一般的推理方法，是指人们以一系列的知识、事实和经验等为依据，寻找若干事物服从的规律，并假设同类事物中的其他事物也服从这些规律，由此预测事物的行为或者状态的一种认知方法。归纳法可用于排错，主要步骤如下：

1）收集数据。收集所有测试用例及运行结果，辨别哪些输入数据的运行结果是正确的，哪些输入数据的运行结果是错误的。

2）列举所有可能的假设。把所有可能的错误的原因、位置、性质（可以考虑单个属性，也可以考虑其中几个属性的组合）列举出来。

3）整理与分析数据。利用已知的事实和知识，排除不可能的错误的原因、位置、性质，余下的作为错误的原因、位置、性质的假设，得到假设集。

4）重构假设集。如果假设集为空，则需要补充测试用例并运行，以获得新的假设集。

5）观察与发现有关规律。利用人类经验、机器学习等方法分析数据，发现错误的原因、位置、性质与错误外在表现的关联规律。

6）提出假设。选择可能性最大的假设作为当前假设。

7）证明假设。通过设计与执行若干测试用例，或者通过检查程序代码等手段来证明当前假设。

8）如果当前假设正确，则进入改错环节，否则去掉当前假设。如果假设集不为空，则转6），否则转4），直到获得一个证明正确的假设。

（5）演绎法　演绎法又称演绎推理，是一种从一般到特殊的推理方法，即从普遍性结论或一般性事理推导出个别性结论的推理方法，是指人们以一定的反映客观规律的理论认识为依据，从服从该认识的已知部分推知事物未知部分的思维方法。演绎法可用于排错，主要步骤如下：

1）列举所有可能的假设。把所有可能的错误的原因、位置、性质（可以考虑单个属性，也可以考虑其中几个属性的组合）列举出来。

2）整理与分析数据。利用已知的事实和知识，排除不可能的错误的原因、位置、性质，余下的作为错误的原因、位置、性质的假设，得到假设集。

3）重构假设集。如果假设集为空，则需要补充测试用例并运行，以获得新的假设集。

4）提出假设。选择可能性最大的假设作为当前假设。

5）证明假设。通过演绎推理来证明当前假设。

6）如果当前假设正确，则进入改错环节，否则去掉当前假设。如果假设集不为空，则转4），否则转3），直到获得一个证明正确的假设。

习 题

1. 什么是物联网系统测试？其目的是什么？它包含哪些内容？
2. 什么是硬件系统测试？它包含哪些内容？
3. 什么是软件系统测试？它包含哪些内容？
4. 什么是联合测试？它包含哪些内容？
5. 简述物联网系统测试的过程。
6. 试论述物联网系统测试的原则。
7. 测试信息包括哪些内容？
8. 试论述物联网系统测试的步骤。
9. 简述系统测试与调试的信息流。
10. 什么是测试用例？它包含哪些内容？
11. 名词解释：白盒测试、黑盒测试。

12. 如何利用白盒测试法对硬件系统进行测试？

13. 名词解释：逻辑覆盖法、语句覆盖、判定覆盖、条件覆盖、判定-条件覆盖、条件组合覆盖、路径覆盖、基本路径测试法、数据流测试法、程序插桩法。

14. 针对例 5-4 所述的算法，分别设计测试用例，实现：

1）语句覆盖。

2）判定覆盖。

3）条件覆盖。

4）判定-条件覆盖。

5）条件组合覆盖。

15. 设 $f(x) = 3x^3 - 6x^2 + 2x - 4$，$a = 1$，$b = 3$，$\varepsilon = 10^{-6}$。针对例 5-6 所述的算法，分别设计测试用例，实现：

1）语句覆盖。

2）判定覆盖。

3）条件覆盖。

4）判定-条件覆盖。

5）条件组合覆盖。

16. 名词解释：等价类划分法、等价类、有效等价类、无效等价类。

17. 试论述划分等价类的原则。

18. 根据等价类表设计测试用例有哪些原则？

19. 可否将等价类划分法的思想应用于硬件系统测试？如果可以，请举例说明。

20. 什么是边界值分析法？

21. 应用边界值分析法设计测试用例有哪些原则？

22. 边界值分析法与等价类划分法有哪些区别？

23. 针对例 5-4 所述的算法，采用边界值分析法设计测试用例。

24. 什么是错误推测法？它可以应用到哪些场合？

25. 简述适合用判定表设计测试用例的条件。

26. 针对例 5-8 所述的算法，采用判定表法设计测试用例。

27. 什么是因果图法？

28. 什么是物联网系统功能测试？它包含哪些内容？

29. 硬件系统、软件系统输入功能测试各包含哪些内容？

30. 硬件系统、软件系统输出功能测试各包含哪些内容？

31. 什么是处理功能测试？它包含哪些内容？

32. 什么是物联网系统性能测试？它包含哪些内容？

33. 试论述影响物联网系统性能的因素。

34. 名词解释：负载测试、压力测试、强度测试、配置测试、并发测试、平均性能测试。

35. 什么是物联网系统安全性测试？它包含哪些内容？

36. 简述硬件系统安全性测试的方法。

37. 简述软件系统安全性测试的方法。

38. 什么是物联网系统可靠性测试？其任务是什么？它包含哪些内容？

39. 影响硬件系统可靠性的因素有哪些？

40. 影响软件系统可靠性的因素有哪些？

41. 简述硬件系统可靠性测试的可靠性筛选测试。

42. 简述硬件系统可靠性测试的环境测试。

43. 简述硬件系统可靠性测试的寿命测试。

44. 简述软件系统可靠性测试的方法。

45. 什么是模块测试？它包含哪些内容？

46. 模块测试有哪些步骤？

47. 简述模块测试的环境。

48. 试论述模块测试的策略。

49. 什么是集成测试？它包含哪些内容？

50. 简述集成测试的环境。

51. 简述集成测试的策略。

52. 什么是全要素测试？它包含哪些内容？

53. 简述全要素测试的环境。

54. 简述全要素测试的策略。

55. 什么是系统调试？它包含哪些内容？

56. 系统调试时需要注意哪些问题？

57. 试论述系统调试的原则。

58. 试论述系统调试的层次。

59. 试论述系统调试的步骤。

60. 简述硬件系统调试的一般过程。

61. 分别解释硬件系统调试的排除法、对比法、替换法、修补法。

62. 简述软件系统调试的一般过程。

63. 简述软件系统调试的蛮干法。

64. 简述软件系统调试的折半查找法。

65. 简述软件系统调试的回溯法。

66. 简述软件系统调试的归纳法。

67. 简述软件系统调试的演绎法。

68. 针对智能家居系统，选择一个硬件模块，完成以下工作：

1）针对输入功能，采用等价类划分法设计测试用例。

2）针对输入功能，采用边界值分析法设计测试用例。

3）针对输出功能，采用错误推测法设计测试用例。

69. 针对智能停车场系统，选择一个软件模块，完成以下工作：

1）设计测试用例，实现语句覆盖。

2）设计测试用例，实现判定覆盖。

3）设计测试用例，实现条件覆盖。

4）设计测试用例，实现判定-条件覆盖。

5）设计测试用例，实现条件组合覆盖。

6）针对输入功能，采用等价类划分法设计测试用例。

7）针对输入功能，采用边界值分析法设计测试用例。

8）针对输出功能，采用错误推测法设计测试用例。

70. 针对智能环境监控系统，完成以下工作：

1）选择一个硬件子系统，设计若干针对集成测试的测试用例。

2）选择一个软件子系统，设计若干针对集成测试的测试用例。

71. 针对智能无人售货系统，选择一个子系统，完成以下工作：

1）制订测试计划。

2）设计测试用例。

3）撰写测试报告。

第8章
物联网系统运行与维护

物联网系统运行与维护阶段贯穿于系统的整个运行期，其工作质量直接影响系统的寿命和使用体验。本章首先概述物联网系统运行与维护，接着依次介绍物联网系统运行、物联网系统运行日志、硬件系统维护、软件系统维护等内容，最后介绍系统可维护性的度量及提高系统可维护性的方法。

8.1 概述

8.1.1 物联网系统运行与维护的概念

1. 物联网系统运行的概念

物联网系统运行分为试运行、系统切换、系统验收和正式运行等阶段。系统投入运行前，首先要完成培训用户、建立系统运行环境、安装系统等工作，然后进行系统试运行、系统切换、系统验收。若系统通过验收，则系统进入正式运行阶段。物联网系统运行是这一系列活动的统称。

2. 物联网系统维护的概念

系统无论经过了多么充分的测试和调试，其在运行期间都不可避免地暴露出某些隐藏的错误和缺陷，加之操作失误、软硬件环境变化等可能对系统产生不利影响，为了保证系统正常运行，必须做好系统维护工作。

物联网系统维护是指为了保证系统正常运行，维护人员进行的排除故障和错误、修改完善、维修保养、升级改造等一系列活动的统称。

物联网系统维护是系统生存期的最后阶段，其贯穿于系统的整个运行期。系统维护工作做好了，就会提高系统的可靠性和可用性，延长系统的寿命，并为下一次系统维护打好基础。

经验表明，从系统的整个生存期来看，系统开发的工作量占30%，维护的工作量占70%。

8.1.2 物联网系统维护的内容、类型与步骤

1. 物联网系统维护的内容

物联网系统维护的内容包括硬件系统维护和软件系统维护。

2. 物联网系统维护的类型

物联网系统维护有6种类型：日常维护、故障维护、改正性维护、适应性维护、完善性

维护和预防性维护。

（1）日常维护 日常维护是指为了保证系统正常运行而对系统进行的定期或不定期的维护工作，包括系统的操作行为和运行状态监控、数据备份与恢复、查毒杀毒、文件整理、垃圾数据清理、存储空间整理、操作系统与数据库管理系统升级、硬件系统除尘和除污等。

（2）故障维护 故障维护是指系统发生故障后，通过维修、更换故障模块等工作，恢复物联网系统至正常运行状态。

（3）改正性维护 改正性维护是指诊断和改正系统在测试阶段没有发现的错误和缺陷。系统交付使用后，因开发时测试的不彻底、不完全致使部分隐藏的错误遗留到运行阶段，这些隐藏下来的错误在某些特定的使用环境下才会暴露出来。

（4）适应性维护 适应性维护是指为了使系统适应环境的变化而进行的维护工作。

（5）完善性维护 完善性维护是指为了满足系统使用过程中用户提出的新的功能与性能要求而进行的维护活动。这些维护活动包括修改或再开发系统以增加系统功能，提高系统的性能、安全性、可靠性、可维护性和可用性。尽管这些要求在原有需求规格说明书中是没有的，但在有些情况下，用户会要求在原系统基础上进一步改善和提高，且随着用户对系统的使用和熟悉，这种要求可能会被不断提出。

完善性维护实质上是基于新需求的系统开发，建议选用与之前相同的系统开发模型、开发工具开展开发活动，有利于保持开发文档要求等的一致性。

（6）预防性维护 系统维护工作不应总是被动地等待用户提出要求后才进行，应进行主动的预防性维护。预防性维护是指以预防故障为目的，对系统进行检查、检测，发现故障征兆，在故障发生之前所进行的维护活动。预防性维护是一种应用广泛的维护类型。

预防性维护应根据实际情况，从适当的阶段出发对系统进行修改与完善。例如，如果是需求分析错误，则从需求分析阶段开始；如果是模块详细设计错误，则从系统详细设计阶段开始。

3. 物联网系统维护的步骤

物联网系统维护的一般步骤：建立维护组织、明确维护问题、制订维护方案、提出维护申请、模块采购与制造、实施维护、填写维护日志和维护评价，如图 8-1 所示。

（1）建立维护组织 为了保证系统能够正常运行，必须建立一个维护组织。其任务是维护的组织管理、技术支持，组织制订维护方案等。

（2）明确维护问题 分析系统运行日志，阅读维护计划和维护日志，明确维护的原因、目标、类型、范围与内容。

（3）制订维护方案 通过分析系统存在的问题制订维护方案。维护方案包括维护的原因、目标、类型、内容、方法与技术路线及可行性、人员及分工、费用预算、进度计划和风险分析。

（4）提出维护申请 填写维护申请，并附上维护方案，呈报有关部门或主管人员批准。

（5）模块采购与制造 根据维护方案，确定需要采购的模块，按计划完成采购；确定自制的模块，按计划完成开发、生产。

（6）实施维护 按照维护方案对系统进行维护。

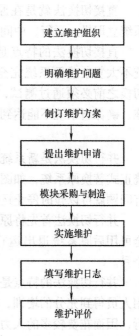

图 8-1 系统维护的步骤

（7）填写维护日志　维护过程中，需及时填写系统维护日志，记录维护的时间、内容、更换的模块、工时、维护者和检查者等。

（8）维护评价　维护工作完成后，根据维护方案、系统运行情况，从维护的质量、效率和成本等方面对维护工作进行评价。

上述步骤可根据系统特点、维护类型等进行适当的调整。例如，日常维护类型可简化第（3）步，省去第（4）（5）步。

8.2　物联网系统运行

8.2.1　物联网系统试运行

物联网系统试运行是指系统切换之前的试验运行。系统试运行的过程是系统的全面考查过程，是系统调试工作的继续。

系统试运行期间要采集或输入各种数据，开发人员要记录系统运行情况，复查系统的输出是否与预期一致；对系统的所有功能要进行全面复查，包括功能的正确性、完整性和易用性；复查系统的各项性能指标是否满足设计要求。

8.2.2　物联网系统切换

物联网系统切换是指新老系统之间的转换。

为了保证原系统（老系统）有条不紊地切换到所开发的物联网系统（新系统），切换前应仔细拟订方案，确定具体的步骤。物联网系统切换有3种基本方法：直接切换法、并行切换法和分段切换法，如图8-2所示。

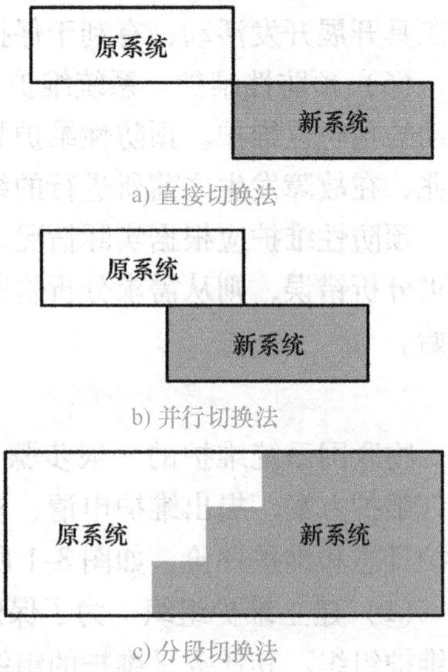

1. 直接切换法

直接切换法就是在原系统停止运行的某一时刻，新系统立即投入运行，中间没有过渡阶段，如图8-2a所示。

直接切换法的特点是节省人力和费用，适用于新系统不太复杂或原系统完全不能使用的情况。但新系统在切换之前必须通过测试，同时制订好切换失败的补救措施，确保新系统不能达到预期要求时不产生混乱。

2. 并行切换法

a) 直接切换法

b) 并行切换法

c) 分段切换法

图 8-2　物联网系统的切换方法

并行切换法是新系统和原系统并行工作一段时间，经过这段时间的试运行后，再用新系统正式替换原系统，如图8-2b所示。在并行工作期间，原系统和新系统并存，一旦新系统有问题就可以暂时停止运行，不会影响原系统的正常工作。

并行切换法首先将原系统作为正式系统，将新系统作为对比性试用系统，直到新系统完全可用后原系统退出运行。根据系统的复杂程度和规模，并行运行的时间一般为2~12个月。

并行切换法的特点是风险较小，在切换期间还可比较新旧两个系统的功能和性能，让使用人员得到充分的培训，常用于较大系统的切换。但并行切换法需要新旧两个系统同时运行，因而花费较多的人力和费用。

3. 分段切换法

分段切换法是直接切换法、并行切换法的结合，采取分期分批的形式逐步进行系统切换，如图 8-2c 所示。其特点是可降低系统切换风险和切换成本，适用于规模较大系统的切换。

采用分段切换法时，各子系统的切换次序及切换的具体步骤应根据具体情况确定。可选策略如下：

（1）按功能分阶段逐步切换　首先确定系统的一个主要功能，如数据采集功能，将其投入使用，在该功能运行正常后再逐步把其他功能投入使用。

（2）按部门分阶段逐步切换　首先选择系统的一个合适的使用部门，如设备管理部门，将该部门对应的子系统投入使用，在该部门获得成功后再逐步将其他部门对应的子系统投入使用。

（3）按系统组成分阶段逐步切换　首先从简单的子系统开始切换，再逐步将其他子系统投入使用。

总之，系统切换的工作量较大，过程较复杂，可能会发生各种各样的问题。因此，开发人员要拟订周密的计划，做好准备工作，确保系统切换工作顺利完成。

系统切换计划主要考虑以下问题：

1）系统切换所需的文档必须完整，包括系统分析与设计文档、用户手册、培训文档。

2）要防止系统切换时丢失数据。

3）要准确识别系统初始运行时的重点与难点，包括系统配置、基础数据收集与输入、人员组织、用户培训和故障处理等方面的重点与难点。

8.2.3　物联网系统正式运行

物联网系统在完成系统切换并经历一段时间的运行后进行验收测试。若系统通过验收，则系统进入正式运行阶段。这个阶段是系统为用户提供服务、给用户带来效益的阶段，是系统生存期中时间最长的一个阶段。

物联网系统是否达到设计目的，是否发挥了应有的作用，不但取决于系统开发的质量，而且取决于系统运行过程的管理质量。系统在开始时并不都是满意的，一般都要经历开发、运行、再开发、再运行的循环往复过程不断完善。

8.3　物联网系统运行日志

8.3.1　日志文件概述

1. 日志文件的概念

物联网系统日志文件是记录系统操作、运行状态和发生问题等信息的文件或文件集合。日志文件最好由系统自动生成；确实需要人工记录的信息应尽量简洁，以减少人工工作量。

2. 日志文件的内容

物联网系统日志文件的内容包括系统操作记录、系统运行记录、系统维护记录、系统安全记录等信息。每一种信息都应包括时间、位置、事件、对象、状态等内容。

例如，系统操作记录包括：

1）时间。包括操作开始时间、结束时间等。

2）位置。包括设备的 IP 地址、子系统名称等。

3）事件。包括操作或者功能名称、操作类型、输入/输出等。

4）对象。包括操作者、所操作的设备等。

5）状态。包括操作前系统状态、操作后系统状态等。

6）其他文字、表格、图形、图像、音频和视频等形式的信息。

3. 日志文件的作用

物联网系统日志文件在系统维护中起着非常重要的作用，主要有：

1）记录系统操作、运行状态和发生的问题等信息，有利于日常维护。

2）有助于确定系统发生故障的原因和位置，有利于故障维护。

3）有助于发现系统错误和缺陷，有利于改正性维护。

4）有助于系统行为和状态分析，有利于适应性维护。

5）有助于评价系统的工作质量和效率，有利于完善性维护。

6）有助于评估系统、子系统、模块等的状态、预测它们的发展趋势，有利于预防性维护。

7）有助于发现系统受攻击的痕迹，提高系统的安全性。

8）有助于系统开发与维护过程的工作质量评估，提高管理水平与效率。

8.3.2 日志文件设计

物联网系统日志文件按其内容要求进行设计，可采用或者借鉴数据库设计方法进行设计。

例8-1 针对系统运行记录，设计某科技公司智能家居系统的日志文件。

某科技公司智能家居系统运行记录文件的数据结构如表8-1所示。

表8-1 智能家居系统运行记录文件的数据结构

属性名称	数据类型	宽度	约束	主码
记录编号	int		unique	是
设备编号	varchar	200	not null	
设备的 IP 地址	varchar	200		
事件名称	varchar	200		
事件描述	varchar	700		
事件开始时间	datetime			
事件结束时间	datetime			
操作者	varchar	200		
备注	varchar	700		

其他类型的日志文件可类似地设计。根据需要，可把系统操作记录、系统运行记录、系统维护记录、系统安全记录等设计在一个数据文件中。

8.3.3 日志文件维护

日志文件维护的工作内容包括周期性地更新日志文件、定期备份日志文件、定期删除旧的日志文件、重要运行与维护事件分析。

1. 周期性地更新日志文件

随着系统运行时间的增加，日志文件越来越大，需要周期性地清除日志文件中的早期运行记录，以提高日志维护与查询效率。此操作主要是针对在线日志文件进行的。

2. 定期备份日志文件

定期备份日志文件，以方便查询，还可利用日志文件恢复出现故障的系统。

3. 定期删除旧的日志文件

定期删除那些价值不高的旧日志文件，以节省磁盘空间，提高系统运行效率。

4. 重要运行与维护事件分析

对系统故障、错误及其处理过程等重要运行与维护事件进行分析，形成相应的记录，以便日后快速、有效地进行故障修复和错误改正等。

8.4 硬件系统维护

8.4.1 硬件系统维护概述

物联网系统使用和维护不当易造成硬件系统故障，导致系统无法正常运行。

硬件系统维护是为了降低硬件系统故障率或防止硬件系统性能劣化，按事先预定的计划或规定的技术条件所实施的技术管理措施。硬件系统维护应由专人负责，以保证系统正常有效地工作。

硬件系统维护的内容包括日常维护、故障维护、完善性维护和预防性维护。

8.4.2 硬件系统的日常维护

硬件系统的日常维护可保证硬件的可靠性和可用性，保障系统的安全、稳定和持续运行。

对于硬件系统的日常维护，首先要制订系统日常维护的制度和操作规程。

硬件系统日常维护的主要任务：

（1）系统运行监控　监控硬件系统的操作行为和运行状态，及时处理系统问题。

（2）工作环境维护　系统工作环境的温度、湿度、振动、粉尘、空气的盐碱度等影响系统的寿命，例如，温度太高、湿度过高都会降低系统的寿命甚至导致系统损坏、报废。应保持工作环境最优的温度、湿度、清洁度和空气质量，消除故障隐患；可采用自动化、数字化和智能化的监控技术，对环境进行监测与控制，如超温自动报警、自动调温。

（3）定期维护　定期检查系统各模块的状态，进行必要的保养，更换易损件，发现并处理潜在的故障隐患，保证系统的稳定运行。

（4）电源维护　物联网系统需要一个稳定、干净、合格的电源供给环境。电源维护主要是检查供电线路是否完好、有无故障隐患和安全隐患等，发现问题及时处理。

（5）恢复系统　当系统发生故障或崩溃时恢复系统。

8.4.3 硬件系统的故障维护

1. 硬件系统故障的分类

对硬件系统故障进行合理分类，有利于故障诊断。分类的角度不同，结果也不同。

（1）按故障的持续时间分类　按故障的持续时间可将故障分为永久故障、瞬时故障和间歇故障。永久故障是由模块的不可逆变化引起的且永久地改变模块的原有功能或性能，直到采取措施消除为止的故障。瞬时故障是持续时间不超过一个预定值，且只引起模块当前参数值的变化，而不会导致不可逆变化的故障。间歇故障是随机出现和消失的故障，它很常见但难于检测。

（2）按故障的发生和发展进程分类　按故障的发生和发展进程可将故障分为突发性故障和渐发性故障。突发性故障出现前无明显的征兆，很难通过早期试验或测试来预测。渐发性故障是由于模块老化等原因，导致系统性能逐渐下降并最终超出正确值而引发的故障，具有一定的规律性，可预测，可预防。

（3）按故障的原因分类　按故障的原因可将故障分为外因故障和内因故障。外因故障是因人为操作不当或环境条件恶化等外部因素造成的故障。内因故障是因设计或生产方面存在错误和缺陷而造成的故障。按故障的原因还可将故障分为固有的薄弱性故障、错用性故障和磨损性故障。固有的薄弱性故障是由于系统设计不当、制造不良或安装不佳导致的固有缺陷，在系统运行前期发生的故障。错用性故障是由于系统操作或维护不当造成的故障。磨损性故障是由于机械、物理和化学等原因造成的系统故障，如磨损、腐蚀和氧化。

（4）按故障的范围分类　按故障的范围可将故障分为局部性故障和完全性故障。局部性故障是系统局部功能丧失，经过更换模块或一般修复即可恢复其功能的故障。完全性故障是系统所有功能丧失，经过大修或者更换主要模块才能恢复其功能的故障。

（5）按故障的严重程度分类　按故障的严重程度可将故障分为破坏性故障和非破坏性故障。破坏性故障一般是突发性的和永久性的，故障发生后往往危及系统和人身的安全。而非破坏性故障一般是渐发性的和局部性的，故障发生后暂时不会危及系统和人身的安全。

（6）按故障的相关性分类　按故障的相关性可将故障分为相关故障和非相关故障。相关故障又称间接故障，因系统其他模块而引发，比较难诊断。非相关故障又称直接故障，由模块本身的直接因素所引起，与相关故障相比较易诊断。

此外，还可以按照故障的因果关系分为物理性故障和逻辑性故障，按故障的表征分为静态故障和动态故障，按故障变量的值分为确定值故障和非确定值故障等。

2. 硬件系统故障的排除方法

硬件系统故障一般通过系统调试来排除。

8.4.4　硬件系统的完善性维护

硬件系统的完善性维护主要是指硬件系统升级、技术改造，其目的是增加系统的功能，提高系统的性能、安全性、可靠性、可维护性和可用性，降低成本，节约能源，保护环境等。

8.4.5　硬件系统的预防性维护

硬件系统的预防性维护又称计划性维护，是为了防止硬件系统因突发故障造成停机，按最经济的时间间隔对某些模块进行更换的维护方式。预防性维护的时间间隔根据系统的规模、寿命、维护成本与效益等因素确定，时间间隔有一年一次、半年一次、一月一次、一周一次等。

根据维护内容、技术要求和工作量大小，硬件系统的预防性维护分为大修、中修与小修3类。

1. 大修

大修是工作量最大的计划性维修。大修时，对系统的全部或大部分模块解体、修复基准件、更换或修复故障模块、修复和调整各子系统、翻新外观等，全面消除修前存在的缺陷，恢复系统规定的功能和性能。

2. 中修

中修又称项修，是中等工作量的计划性维修，是对系统状态劣化、不能有效工作的模块进行的针对性维修。中修时，一般要对系统进行部分解体，更换或修复故障模块，必要时对基准件进行局部维修，从而恢复所修部分的功能和性能。中修具有安排灵活、针对性强、停机时间短、维修费用低、能及时配合生产需要和避免过剩维修等特点。对于大型复杂控制系统、数控加工中心、自动化流水线及其关键设备等，可根据日常检查、监测中发现的问题，利用生产间隙时间、节假日等安排中修，保证生产的正常进行。

3. 小修

小修是工作量最小的计划性维修，也属于保养性维修。对于实行状态监测维修的系统，小修的内容就是针对日常点检、定期检查和状态监测中发现的问题，解体有关模块，更换或修复故障模块，以恢复系统的正常功能。对于实行定期维修的系统，小修的内容就是根据模块的耗损规律更换或修复即将出现故障的模块，以保证系统的正常功能。因此，小修也可认为是日常维护的工作内容。

8.5　软件系统维护

8.5.1　软件系统维护概述

1. 软件系统维护的概念

软件系统维护主要是指在软件系统发布后，因改正错误或满足新的需要而进行的软件修改。

2. 软件系统维护的内容

软件系统维护的内容包括日常维护、改正性维护、适应性维护、完善性维护和预防性维护。

从软件构成上看，软件系统维护分为程序维护、数据维护和文档维护。

（1）程序维护　软件系统错误和缺陷的出现、功能与性能提升要求的提出、软硬件环境的变化等一般需要修改程序才能解决。程序维护是指改写一部分或全部程序。

在进行程序维护时，要注意其副作用。一般来说，系统维护造成的影响是局部的，但也有可能涉及整个系统。因此，程序维护应严格按照规定的管理流程进行。首先，要仔细阅读有关的系统分析与设计文档，核查有关源程序，找出故障原因。其次，提出维护请求，填写维护申请表，呈报有关部门或主管人员批准。申请表必须简明清晰，明确修改要求及可能带来的影响。再次，对程序进行修改。修改完成后，要进行回归测试，最大限度地避免因程序修改而引入新的错误。若是增加功能，则应设计新的测试用例测试新增功能。最后，测试完成后，修改或补充有关文档，系统交付使用。程序维护不一定要在条件变化或运行过程中出现问题时才进行，效率不高、不太完善的程序也需要改进。一般来说，物联网系统维护的工作量主要来源于程序维护。

（2）数据维护　物联网系统的数据是不断变化的，需要定期或不定期地对数据进行维护。

（3）文档维护　程序修改后，原有的文档也需要做相应的修改，如修改系统需求规格说明书、总体设计和详细设计说明书、测试用例和用户手册。

8.5.2　软件系统的日常维护

为了保证日常维护工作有条不紊地进行，需要提前制订软件系统日常维护的制度和操作规程。

软件系统日常维护的主要任务如下：

1）监控软件系统的操作行为和运行状态，及时处理系统问题。

2）定期备份数据文件和日志文件。

3）当系统发生故障、崩溃或损坏时，恢复系统、数据文件和日志文件等。

4）定期进行查毒和杀毒，发现计算机病毒及时清理。

5）定期进行文件整理、垃圾数据清理和存储空间整理，提高系统效率。

6）及时升级操作系统、数据库管理系统和中间件等基础软件。

8.5.3　软件系统的改正性维护

软件系统的改正性维护是指诊断和改正系统在测试阶段没有发现的错误和缺陷。了解软件系统错误和缺陷的种类及排除方法有助于发现、排除它们。

1. 软件系统错误和缺陷的种类

软件系统的错误和缺陷分为功能错误、接口错误、处理逻辑错误、数据错误、代码错误、系统错误和病毒故障等类别。

（1）功能错误　包括需求规格说明书不正确、不明确、不完整，程序实现的功能与用户的需求不一致，有错误的、多余的或遗漏的功能，软件系统测试用例设计、测试实施过程发生错误，测试标准选择失当致使测试结果不真实。

（2）接口错误　包括软件接口、软件—硬件接口、人机接口等方面的错误和缺陷。

（3）处理逻辑错误　包括算法设计、变量初始化、条件表达式等方面的错误和缺陷。

（4）数据错误　包括多个变量共享存储区域导致变量值出错，数据结构、数据类型与数据内容等方面的错误和缺陷。

（5）代码错误　包括数据说明、数据使用、计算、比较、控制、界面、输入/输出等方面的错误和缺陷。

（6）系统错误　包括软件系统与操作系统的兼容性错误和缺陷，软件系统未经同意使用资源、资源使用后未释放，软件系统与其他软件同时运行时出现冲突等。

（7）病毒故障　包括软件系统、操作系统等因感染病毒而遭破坏，造成软件系统无法正常运行的故障。修复此类故障需要先杀毒，再将破坏的文件修复。

2. 软件系统错误和缺陷的排除方法

软件系统错误和缺陷一般通过系统调试来排除。

8.5.4　软件系统的适应性维护

随着科学技术的迅速发展，以及系统运行的软硬件环境升级换代，系统必须适应这种变化。另外，自然环境、社会环境也会变化，系统的功能、性能和处理逻辑也要适应这种变化。

软件系统的适应性维护是对系统进行修改以适应这种环境变化，从而满足用户的需求。

8.5.5　软件系统的完善性维护

软件系统的完善性维护是为了满足系统使用过程中用户提出的新功能与性能需求而进行的维护活动。这些需求是用户在系统使用过程中新提出的，在原有需求规格说明书中是没有的。

这些新需求的来源有：

1）软硬件环境升级换代引发的新需求，如由于硬件系统性能提升，需要增加动画、音频和视频等形式的输出数据；由于人工智能技术发展，需要增加语音操控设备功能。

2）自然环境变化引发的新需求，如因系统要在更复杂的环境中使用，需要增加温度、湿度监测与控制功能。

3）社会环境变化引发的新需求，如因系统要在老年人中推广应用，需要将显示字号加大。

8.5.6　软件系统的预防性维护

软件系统的预防性维护是系统交付后进行的修改与完善，在系统中的潜在错误成为实际错误前，检测和改正它们。例如，系统将在通信网络落后地区使用，但不完善的通信网络容易导致数据传输出错，为此增加数据断点续传策略以解决该问题。

8.6　系统可维护性

8.6.1　系统可维护性的度量

可维护性是指系统维护的难易程度。可维护性越高，系统越容易维护，系统质量就越高。

物联网系统的可维护性用可管理性、可理解性、可测试性、可维修性和可修改性等指标度量。良好的可管理性、可理解性、可测试性、可维修性、可修改性能够提高系统的可靠性、可维护性和可用性。可靠性、可维护性和可用性是衡量系统质量的主要指标。

系统设计与实现的结构化、模块化、规范化、标准化是提高系统的可管理性、可理解性、可测试性、可维修性、可修改性的重要措施。

1. 可管理性

可管理性是指维护人员能对系统本身及其子系统、模块、外部接入信息等进行有效监测与控制，及时发现和处理系统中的错误。

2. 可理解性

可理解性是指维护人员通过相关文档、源程序等理解系统的结构、模块的功能、接口和内部过程等的难易程度。

3. 可测试性

可测试性是指验证系统正确性的难易程度。系统结构越简单清晰，设计与实现越合理规范，模块功能越单一，接口越简单，测试就越简单。

4. 可维修性

可维修性是指当系统发生故障后，能够通过维护或维修来排除故障，并返回到原来正常运行状态的可能性。可维修性可用维修时间来度量，如单个故障排除时间、平均修复时间、修复时间中值、修复时间最大值。可维修性也可定义为在给定的时间内按预定的方法和资源进行维修，使系统保持或恢复其规定状态的概率。

5. 可修改性

可修改性是指修改系统的难易程度。为了使系统具有较好的可修改性，系统应结构简明清晰，设计与实现应合理规范，模块功能应单一，接口应简单，做到可扩展性强、兼容性强、模块耦合度低。

6. 其他度量指标

除了可管理性、可理解性、可测试性、可维修性和可修改性外，可靠性、可用性、可移植性、效率等也可用来度量系统的可维护性。这里，系统的效率是度量系统处理速度、资源耗费等的指标。处理速度越快，资源耗费越少，系统的效率就越高。

注意，一些指标是相互促进的，如可靠性和可修改性；一些指标是相互矛盾的，如效率和可移植性。

进一步地，以下时间指标也可用于度量系统的可维护性。它们反映了系统维护全过程的时间成本，即从发现系统存在问题开始到修改，并经回归测试验证的时间成本。该时间成本越低，维护就越容易。

1）确定问题的时间。

2）故障分析与诊断的时间。

3）获取维护工具的时间。

4）改错或修改的时间。包括修改系统设计与实现、有关文档的时间。

5）局部测试的时间。包括制订相关模块测试方案、实施测试的时间。

6）集成测试和回归测试的时间。包括制订集成测试和回归测试方案、实施测试的时间。

7）维护评价的时间。

8）项目管理的时间。包括制订维护方案、维护申请与审批的时间。

8.6.2　提高系统可维护性的方法

提高系统可维护性的意义在于有利于提高系统的可靠性和可用性，延长系统的寿命，提高系统的效益。提高物联网系统的可维护性，主要是提高系统开发和系统维护的质量。

1. 提高系统开发的质量

具体措施如下：

（1）合理地确定系统的质量目标　并不是系统的质量越高越好，因为高质量往往伴随着高成本。因此，要综合考虑质量和成本，合理地确定系统的质量目标。

（2）采用先进的系统开发方法与工具　采用先进实用的系统开发方法与工具，有利于提高系统的可理解性、可测试性和可修改性，有利于提高系统的质量，降低开发成本。例如，采用结构化、模块化、规范化和标准化的方法进行系统开发，采用面向对象、软件复用和程序自动化生成等技术进行软件系统开发，选用易理解、效率高的程序设计语言。

（3）系统开发阶段要明确系统维护的重要性　在系统开发的任何阶段都要重视系统可维护性设计，把提高系统维护效率、降低系统维护成本作为系统质量的重要考核指标。例如，在系统需求分析、总体设计、详细设计等环节实行阶段评审制度；硬件模块选型时应在满足功能、性能和成本等的要求下选用易维护、易检修、易更换的模块，以降低系统维护的难度，提高系统维护的效率。

（4）提高系统开发文档的质量　为了提高系统的可维护性，应保证系统开发文档的内容正确完整、层次清晰、表述简明流畅、图表规范、逻辑性强、易读、易理解。

2. 提高系统维护的质量

具体措施如下：

（1）建立系统维护组织与制度　建立高效的系统维护组织，制订先进实用的系统维护管理制度、工作标准和预案。

（2）采用先进实用的系统维护方法与工具　先进实用的系统维护方法与工具有利于提高系统维护的质量和效率。

（3）提高系统运行日志的质量　及时、准确、完整地记录系统操作、运行状态和发生的问题等信息，提高系统运行日志的质量。

（4）按规范进行系统维护　严格按制度、工作标准和预案实施系统维护工作，及时填写系统维护日志。如果修改了系统，则按系统开发的质量管理方法（如阶段评审制度）对系统的修改过程进行管理，重点对修改部分及其相关内容进行管理。

（5）提高系统维护文档的质量　高质量的系统维护文档有利于提高系统维护的质量，节约系统维护的时间和费用。要保证系统维护文档的正确和完整，具有良好的可读性。建立系统维护信息知识库，有利于系统维护工作的科学化和智能化。

习　题

1. 什么是物联网系统运行？
2. 什么是物联网系统维护？它包含哪些内容？
3. 简述物联网系统维护的类型。
4. 试论述物联网系统维护的步骤。
5. 什么是物联网系统试运行？
6. 什么是物联网系统切换？
7. 什么是直接切换法？它有何特点？
8. 什么是并行切换法？它有何特点？
9. 什么是分段切换法？它有何特点？
10. 简述分段切换法的可选策略。
11. 什么是物联网系统的正式运行？
12. 什么是物联网系统日志文件？它包含哪些内容？
13. 物联网系统日志文件有哪些作用？
14. 简述日志文件维护的工作内容。
15. 什么是硬件系统维护？它包含哪些内容？
16. 什么是硬件系统的日常维护？它有哪些任务？
17. 硬件系统故障是如何分类的？
18. 什么是硬件系统的完善性维护？
19. 什么是硬件系统的预防性维护？它有哪些类型？
20. 简述硬件系统大修。
21. 简述硬件系统中修。

22. 简述硬件系统小修。
23. 什么是软件系统维护？它包含哪些内容？
24. 试从软件构成上论述软件系统维护。
25. 什么是软件系统的日常维护？它有哪些任务？
26. 软件系统的错误和缺陷是如何分类的？
27. 什么是软件系统的适应性维护？
28. 什么是软件系统的完善性维护？
29. 什么是软件系统的预防性维护？
30. 如何度量物联网系统的可维护性？
31. 名词解释：可管理性、可理解性、可测试性、可维修性、可修改性。
32. 简述度量系统可维护性的时间指标。
33. 提高系统的可维护性有何意义？
34. 如何提高系统开发的质量？
35. 如何提高系统维护的质量？
36. 针对智能家居系统，完成以下工作：
1）制订系统的切换方案。
2）设计系统的日志文件。
37. 针对智能停车场系统，完成以下工作：
1）制订系统的切换方案。
2）设计系统的日志文件。
38. 针对智能环境监控系统，完成以下工作：
1）制订系统的切换方案。
2）设计系统的日志文件。
39. 针对智能无人售货系统，完成以下工作：
1）制订系统的切换方案。
2）设计系统的日志文件。

第9章
物联网系统开发管理

物联网系统的成功开发离不开高质量的项目管理。本章首先介绍物联网系统开发管理的概念、内容、原则、步骤与工具，然后分别介绍资源管理、团队管理、进度管理、质量管理和风险管理。

9.1 概述

9.1.1 物联网系统开发管理的概念与内容

1. 物联网系统开发管理的概念

物联网系统开发管理，即物联网系统开发项目管理，简称项目管理，是指在有限的资源约束下，运用系统的观点、理论、方法和工具，对项目的全部活动进行计划、组织、指挥、协调、控制和评价，按照预定的成本、进度和质量完成系统开发任务，实现项目目标。

物联网系统开发管理的目的是保证系统在其生存期的每个阶段都在管理者的控制之下，以预定的目标、进度和质量完成系统开发，交付用户使用。

2. 物联网系统开发管理的内容

物联网系统开发管理的内容包括资源管理、团队管理、进度管理、质量管理和风险管理。

9.1.2 物联网系统开发管理的原则

物联网系统开发管理的原则如下：

1. 计划原则

计划原则是指对项目开发的每项管理任务都应制订明确的、切合实际的计划，并遵循以下原则：

（1）定量化原则　每项任务的内容、实施时间、成本、质量、验收标准都是明确的、可度量的。

（2）个人化原则　每项任务都应落实到项目组的具体成员，每个成员都能明确自己的任务。

（3）简单化原则　每项任务的描述应简单直接、明确且无二义。

（4）现实性原则　所制订的计划应当通过努力可以实现。

2. 布鲁克斯法则

布鲁克斯法则是由美国北卡罗来纳大学的计算机科学教授弗雷德里克·布鲁克斯提出

的。布鲁克斯法则认为，向一个已经拖期的项目增加人员可能会使项目拖期更长。这是因为项目团队如果增加成员，就需要对新成员进行培训，新成员需要熟悉项目，原有成员必须为此付出精力和时间，造成项目短期进度受到影响、费用上升。很多项目管理者并没有注意到这一点，认为人多力量大，当项目进展不顺时就增加人员，其实增加人员有时反而会使项目拖期更长。

3. 帕累托法则

帕累托法则又称二八定律、80/20 定律，是意大利经济学家维弗雷多·帕累托发现的。帕累托法则认为，在一个特定群体中，重要的部分往往只是少数，约占 20%，其余的 80% 尽管是多数，却是次要的。例如，企业 80% 的利润来自于 20% 的顾客，20% 的品牌占 80% 的市场份额，20% 的人做 80% 的工作，20% 的原材料种类占用 80% 的资金。

在项目管理中，如果 20% 的任务耗费了 80% 时间，则应考虑其余 80% 的任务是否必要，是否可削减；如果 20% 的人员承担了 80% 的工作，则应考虑其余 80% 的人员是否必要，分工是否合理。

4. 默认无效原则

不少项目管理者认为沉默意味着同意，其实沉默并不意味着同意，而应视为不同意。成员沉默可能是他尚未充分理解项目的范围、目标、内容和实现技术等，暂时不能提出自己的看法。因此，项目管理者需要同项目组的其他成员进行充分沟通，了解他们的想法。

5. 帕金森定律

帕金森定律是官僚主义或官僚主义现象的一种别称，源于英国历史学家和政治学家西里尔·诺斯古德·帕金森 1958 年出版的《帕金森定律》一书的书名，被用来描述官场现象。

帕金森在书中阐述了机构人员膨胀的原因及后果。一个不称职的官员可能有 3 条出路：一是退职，把位置让给能干的人；二是请一位能干的人来协助自己；三是任用两个水平比自己更低的人当助手。第一条路是走不得的，因为那样会失去许多权利；第二条路也不能走，因为那个能干的人会成为自己的对手；看来只有第三条路最适宜。于是，两个平庸的助手分担了他的工作，他自己则高高在上发号施令，并且两个助手不会对自己的权利构成威胁。此时，两个助手上行下效，再为自己找两个更加无能的助手。如此类推，就形成了一个机构臃肿、人浮于事、相互扯皮、效率低下的领导体系。帕金森得出结论：在行政管理中，行政机构会像金字塔一样不断增多，行政人员不断膨胀，每个人都很忙，但组织效率越来越低。这条定律又被称为"金字塔上升"现象。

在项目开发中要想解决帕金森定律的问题，项目组用人时需要公正、公平、公开、科学、合理，不受人为因素的干扰，做到团队精干、责权明确、激励精准，充分发挥每一个成员的工作积极性，实现团队效率的最优化。

6. 时间分配原则

在项目开发中，开发人员的时间利用率一般难达到 100%，项目管理者在制订计划时要考虑到这一点。

7. 验收标准原则

项目验收以需求为标准，而不是以人力可及或技术可及为标准。

8. 变化原则

项目管理中唯一不变的是变化，项目管理者要适应各种变化。物联网技术发展迅速，市场需求不断变化，只有开发适合市场需求的系统，企业才能生存和发展。但变化可能带来风险，项目管理者应该勇敢面对并正确处理，而不是逃避。

9. 标准化原则

项目开发需要不同层次、不同职责人员的相互协作，因而存在工作衔接问题。这就需要一套完整的管理标准和技术标准，以保证各项工作的顺利交接。项目管理的标准化有利于提高项目开发质量和效率，降低开发成本。

9.1.3 物联网系统开发管理的步骤

物联网系统开发管理的步骤包括项目立项、项目计划、计划执行、监督控制和验收交付，如图9-1所示。

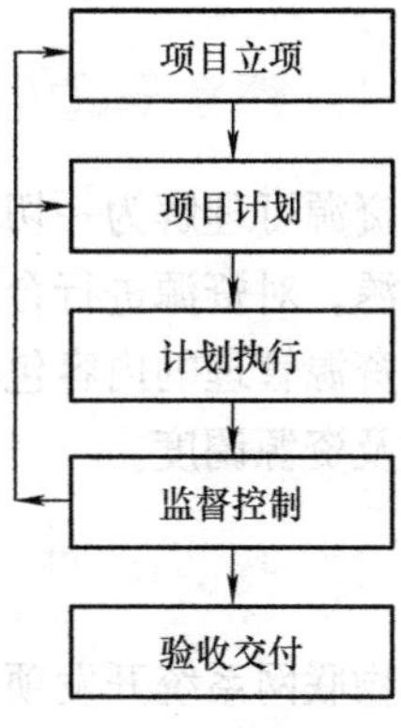

1. 项目立项

项目立项是指项目成立。申请方式是项目立项的主要途径，其过程为项目申请、立项评审与审批。项目申请由项目组提出，主要是填写项目申请书，撰写可行性研究报告；项目立项评审是评审组就项目技术、经济效益和社会效益等内容进行评价；项目审批是经过管理部门审核和决策部门决策来决定项目是否立项。

图 9-1 物联网系统开发管理的步骤

如果项目获得立项，则项目组应按要求及时编制项目任务书。项目任务书经主管部门批准后，就完成了项目立项工作。项目任务书的内容包括项目研究开发目标及内容、项目组成员及分工、进度计划、费用预算、验收指标（如技术指标、经济指标和社会效益）。

项目立项后，项目组应围绕项目任务书进行项目计划、实施等工作，直至项目验收交付。

项目立项的途径还有委托开发、招投标、上级下达任务等方式，项目任务书可以用项目合同书代替。

2. 项目计划

项目计划是指围绕项目任务书制订项目计划，即项目的实施计划。项目计划涵盖系统需求分析、总体设计、详细设计、实现、测试、运行与维护等系统生存期的全部内容，每项内容都可包括资源管理、团队管理、进度管理和质量管理等的计划。项目计划由项目组制订，必要时应提交有关部门备案或审批。

3. 计划执行

计划执行是指按计划实施项目。在项目实施过程中，需要对各种资源进行合理调配与使用，保证各项工作的顺利推进。

4. 监督控制

监督控制是指对项目的实施过程进行监督和控制，如果发现计划与实际执行情况有偏差，则采取措施控制项目进展。

5. 验收交付

验收交付是指按任务书或者合同书规定的验收指标对项目进行验收，通过验收的项目可交付给预定部门、机构或客户使用。

9.1.4 物联网系统开发管理的工具

物联网系统开发管理的工具很多，常见的有 Microsoft Project、CA-SuperProject、Project Scheduler、Oracle Primavera 等。

9.2 资源管理

9.2.1 资源管理概述

资源可理解为一切具有现实和潜在价值的东西。资源管理是指分析项目开发所涉及的各种资源，对资源进行合理分配，实现资源效益的最大化。

资源管理的内容包括人员管理、费用管理、开发设备与开发平台管理、材料管理、信息管理及资源调度。

9.2.2 资源的种类

物联网系统开发项目的资源包括人员、经费、开发设备与开发平台、材料、信息。

1. 人员

这里的人员是指项目开发所涉及的人员，一般是指项目组成员。

人是项目开发成功的关键因素，人在项目中既是成本，又是资本，在某种程度上决定项目的成败。

人员成本即人力资源成本，通常是项目成本中最大的部分，这就要求人们尽量降低人力资源成本。人力资源也是资本，要尽量提高人力资源资本的产出。

2. 经费

项目经费是指项目可使用的资金，用于支付项目开发过程中发生的各种费用。充足的经费是项目开发成功的关键因素之一。

3. 开发设备与开发平台

这里包括项目开发所用的各种开发设备与开发平台。

4. 材料

材料是指项目所需的各种原材料、辅助材料和低值易耗品等材料。

5. 信息

项目信息包括技术、经济和社会等方面的信息。只有掌握国内技术现状和发展趋势、市场和经济等的信息，才能保证项目开发成功并获得较好的经济效益和社会效益。

9.2.3 开发设备与开发平台管理

开发设备与开发平台管理，在不引起混淆时简称为设备管理，是指通过一定的技术、经济和组织等手段对设备生存期的全过程进行管理。

设备管理的内容包括设备的规划、选型、购置、安装、验收、使用、保养、维修、改造、报废等的管理。项目承担单位应该按规范建立和完善设备管理的各项制度，提高设备的可用性、可靠性和使用效率，实现设备投资收益的最大化。

为了节省投资，降低风险，可采用租赁方式获得设备的使用权，也可将有关开发工作委托给其他单位。例如，可不必购置使用效率不高的测试设备，将有关测试工作委托给其他单位。

9.2.4　费用管理

项目费用管理又称项目经费管理、资金管理，是指对项目组所拥有或控制的经费进行合理配置、有效利用，以实现项目目标。费用管理要满足国家法律法规、经费提供单位和项目承担单位等的要求。

费用管理的内容包括费用计划与费用控制。

费用计划又称费用预算、经费预算，是指对项目所需的费用按科目进行预算，并给出计算依据。根据需要，一些项目还要求给出每个进度阶段的费用总额计划，甚至要求对每个进度阶段按科目进行预算。

费用控制是指对经费的使用进行控制，保证各科目支出在预算范围内。其基本方法是对经费的使用进行审核，以保证支出的合法性；将已经发生的费用与预算进行比较，若有偏差，则应采取相应的措施处理，如提出项目费用计划变更申请。

项目费用由直接费用、管理费等构成。

1. 直接费用

直接费用是指在项目研究过程中发生的与之直接相关的费用，具体科目：设备费，材料费，测试、化验与加工费，燃料动力费，差旅费，会议费，国际合作与交流费，出版、文献、信息传播与知识产权费，租赁费，人员费，专家咨询费及其他直接费用。

（1）设备费　设备费是指项目购置或试制专用仪器设备、对现有仪器设备进行升级改造所发生的费用。

（2）材料费　材料费是指项目消耗的各种原材料、辅助材料、低值易耗品等的采购及运输、装卸、整理等费用。

（3）测试、化验与加工费　该费用是指项目支付给外单位的检验、测试、化验及加工等费用，如软件系统测试费、硬件系统检测费。

（4）燃料动力费　该费用是指项目使用的、可以单独计量的大型仪器设备、专用装置消耗的水、电、气、燃料等的费用。

（5）差旅费　差旅费是指项目开展技术实验（试验）、技术考察、业务调研、学术交流、技术交流等活动所发生的外埠差旅费、市内交通费用等。

（6）会议费　会议费是指项目为组织开展学术研讨、技术研讨、咨询以及协调项目研究开发工作等所发生的会议费用。

（7）国际合作与交流费　该费用是指项目组成员出国、外国专家来华工作等的费用。

（8）出版、文献、信息传播与知识产权费　该费用是指项目支付的论文论著出版费、资料费、专用软件购买费、文献检索费、专业通信费、专利申请及其他知识产权事务等的费用。

（9）租赁费　租赁费是指项目租赁外单位的专用仪器、设备、车辆、场地、试验基地等的费用。

（10）人员费　人员费是指项目支付给项目组成员及临时聘用人员的人力资源成本费，包括薪金、奖金、津贴、社会保险费、职工福利费、职工教育费和劳动保护费。

（11）专家咨询费　专家咨询费是指项目支付给临时聘请的咨询专家的费用。

（12）其他直接费用　该费用是指项目发生的除上述费用之外的其他直接费用，如技术引进费、不可预见费用。

2. 管理费

管理费是指项目承担单位为组织和管理项目研究开发活动所发生的有关费用，具体科目：管理人员薪金、差旅费、固定资产和设备使用费、办公费等。

3. 间接费用与绩效支出

一些经费提供单位把项目费用分为直接费用和间接费用。

间接费用是指无法直接列支的相关费用。主要用途：补偿项目承担单位为项目提供现有仪器设备及房屋，水、电、气、暖消耗，研究开发管理，绩效支出等的费用。

绩效支出是指为提高研究开发工作绩效而安排的相关支出，其发放对象为参与项目实际研究开发工作的、有工资收入的项目组成员，发放额度与实际贡献挂钩。

例 9-1　某科技公司智能家居系统开发项目的费用为 190 万元，具体预算如表 9-1 所示。

表 9-1　智能家居系统开发项目费用预算　　　　　　　　（单位：万元）

费用科目	金额	用途
1. 直接费用	181	
（1）设备费	15	购置专用仪器设备
（2）材料费	39	购置原材料、辅助材料等
（3）测试、化验与加工费	5	软件系统测试费、硬件系统检测费
（4）燃料动力费	5	燃料动力费
（5）差旅费	7	业务调研、技术交流等活动所发生的外埠差旅费、市内交通费用等
（6）会议费	2	技术研讨、项目协调等所发生的会议费用
（7）国际合作与交流费	3	项目组成员出国考察的费用
（8）出版、文献、信息传播与知识产权费	7	专用软件购买费、文献检索费、专业通信费、专利申请及其他知识产权事务等费用
（9）租赁费	3	租赁外单位的专用仪器
（10）人员费	89	项目组成员的人力资源成本费
（11）专家咨询费	3	咨询专家评审费、咨询费
（12）其他直接费用	3	不可预见费用
2. 管理费	9	固定资产和设备使用费、办公费
合计	190	

9.2.5　资源调度

项目的人员、经费、设备、材料和信息等资源并不是无限的，也并不是随时随地能获取的。为了有效地利用项目各种资源，就需要对其进行合理调度。

资源调度是指对各种资源进行度量、调节、分析和使用。例如，针对人力资源，进行人员、时间、工作分工等方面的合理安排，降低人力资源成本；针对经费资源，进行时间、费用科目及额度等方面的合理安排，减少资金使用成本；针对设备资源，进行时间、空间、使用者等方面的安排，提高设备综合利用率，降低设备使用成本。资源调度不但研究单一资源的调度，也研究多种资源的综合调度。例如，对人员、设备等进行协同调度，以实现人员和设备的良好配合，用较少的资源投入获得较大的产出。

资源调度的常用方法有数学规划法、经验调度法和类比调度法。

数学规划法是一种比较准确和科学的资源调度方法。它首先建立资源调度的数学模型，然后采用或者设计某种优化方法求解，如分支定界法、遗传算法和粒子群算法。

经验调度法是利用以往的经验进行调度。

类比调度法借鉴类似项目的调度方案进行调度。

9.3 团队管理

9.3.1 团队管理概述

物联网系统开发需要项目组全体成员通力合作才能顺利完成。为此，必须对项目组成员进行有效的管理。

团队管理是指对项目组成员进行管理。

团队管理的内容包括建立项目管理架构，确定项目组成员，进行工作分工，确定项目的运行机制。当项目开发需要外部组织机构支持时，团队管理还包括外协管理，即协调项目团队和外部组织机构的关系，以完成项目开发任务。

9.3.2 管理架构

管理架构是指项目团队为实现项目目标所建立的分工协作体系。它决定了项目组每个成员的角色、职务、责任、权利等，对项目的顺利完成具有重要的影响。

管理架构主要有项目型、职能型、矩阵型和组合型 4 种类型。

具体采用哪种管理架构应该根据实际情况确定。主要考虑因素有项目需求、技术特点和人员特点。

1. 项目型管理架构

项目型管理架构的项目组成员自始至终都参加项目的研究开发工作，每个成员都承担项目开发过程中的一项或多项任务，承担的任务包括系统需求分析、总体设计、详细设计、实现、测试、运行与维护、验收鉴定和项目管理。

2. 职能型管理架构

职能型管理架构的项目组成员按项目的工作阶段或者工作性质划分成若干个专业小组，如系统需求分析小组、总体设计小组、详细设计小组、实现小组、测试小组、运行与维护小组，每个小组在完成任务后都应把工作移交给下一个阶段的小组。

3. 矩阵型管理架构

矩阵型管理架构实际上是项目型管理架构和职能型管理架构的组合。矩阵型管理架构一般是一个项目任命一个项目经理，负责项目的组织管理。一方面，项目成员来自职能部门；另一方面，按照工作性质把项目组成员划分为若干个小组，如系统需求分析小组、总体设计小组、详细设计小组、实现小组、测试小组、运行与维护小组。项目组成员可同时参与多个项目，在完成其项目任务后返回职能部门，并受项目经理和职能部门的双重领导。

4. 组合型管理架构

组合型管理架构是一种集成了项目型、职能型和矩阵型的管理架构。组合型管理架构中既有职能部门，又有矩阵型管理架构和项目型管理架构。

9.3.3 人员管理

物联网系统开发项目人员管理是指通过一定的管理形式对项目组成员进行有效使用，保证项目目标实现与成员发展的一系列活动的统称。人员管理是项目管理中最复杂的工作，人员管理的水平决定项目的成败。

人员管理的主要目的是最大限度地提高每个成员的工作积极性、工作质量、工作效率和创新能力。

人员管理的内容包括项目组成员遴选、工作分工，以及人员组织、沟通与考核。

1. 成员遴选

成员遴选是指通过内部遴选或者外部招聘等方式确定项目组成员。项目组成员应具有其工作分工所需的专业技能，良好的人格、价值观、工作态度、生活态度，较高的自我管理、协作沟通、自我学习等能力。

2. 工作分工

工作分工主要是为每个项目组成员分配合适的工作。

3. 人员组织

人员组织是指基于所建立的管理架构把人员组织起来，让项目组运转起来。

4. 人员沟通

项目组应保持沟通渠道通畅以处理项目开发所涉及的各种问题，如技术问题、进度问题、管理问题和生活问题。沟通方式包括线下会议、一对一交流，以及电话、短信、电子邮件、微信、QQ 等线上交流方式。

5. 人员考核

人员考核是指制订科学、合理的考核方法对每个成员进行及时考核，如月考核、季度考核和年度考核。考核的内容包括产出数量与质量、沟通协作能力等，考核结果应与薪酬、奖励、职级升降等适当挂钩。

9.3.4 工作分工

工作分工是指为每个项目组成员分配合适的角色、职务、责任和权利等。在进行工作分工时，应根据项目需要以及成员专业特长、性格和个人爱好，为每个成员分配工作。

物联网系统开发涉及多类开发人员，包括项目管理人员、技术人员及辅助人员。

项目管理人员负责项目的管理，包括项目立项、项目计划、计划执行、监督控制、验收交付等的管理。技术人员分为高、中、初等级别。高级技术人员主要负责项目可行性研究、项目计划，以及系统需求分析、总体设计；初中级技术人员主要负责系统详细设计、实现、测试、运行与维护。辅助人员主要负责项目资料管理、费用管理、验收交付等非技术性事务处理。

9.3.5 运行机制

项目的运行机制是指项目组在一定的管理架构下，推动整个团队工作，确保每个成员完成自己所承担的工作的机制。常见的运行机制有主开发人员制、民主制、层次制。

1. 主开发人员制

在主开发人员制运行机制中，项目组由一位富有经验的主开发人员、2~5 位开发人员、若干位后备开发人员以及辅助人员组成，如图 9-2 所示。主开发人员既是成功的管理者，又是经验丰富的高级技术人员，是项目经理和技术主导者。

图 9-2　主开发人员制

主开发人员制适用于项目型、职能型、矩阵型和组合型等管理架构。

2. 民主制

在民主制运行机制中，项目组通常设一位项目负责人，主要负责项目组的协调，但各成员完全平等。项目组全体成员参与项目技术方案制订、实施过程管理，通过协商共同决策。

民主制的项目组成员不能太多，通常以 2~8 人为宜。这种运行机制强调发挥每个成员的主观能动性和协作精神。其优点是团队凝聚力强，有利于攻克技术难关；缺点是没有明确的人员指导开发工作。

民主制适用于项目型、职能型、矩阵型和组合型等管理架构。

3. 层次制

在层次制运行机制中，项目组分成若干小组或部门，每个小组或部门都包含若干个下级小组或部门，最后一级小组或部门包含若干个成员，如图 9-3 所示。层次制运行机制设置一个项目经理，其负责项目的全面工作；每个层级单位设置一个小组长或部门经理，每个成员都对其直接上级负责。

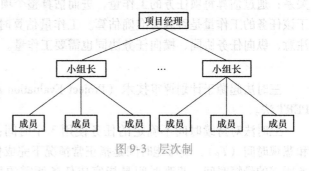

图 9-3　层次制

层次制运行机制适用于技术复杂、规模较大、成员较多的项目，其层级取决于项目的技术与经济特性、管理要求。

层次制适用于项目型、职能型、矩阵型和组合型等管理架构。

9.4　进度管理

9.4.1　进度管理概述

进度管理是指对项目完成期限和阶段进展进行管理，以实现项目目标。具体来说，进度管理就是为了保证项目按时实现预定目标，制订科学、合理、可行、经济的任务进度计划和资源供应计划等。在计划执行过程中，若发现实际执行情况与计划进度不一致，就要及时分析原因，并采取必要的补救措施或调整、修改原计划。

进度管理的最终目标是以最短的工期、最少的资源耗费完成项目。

进度管理的内容包括制订进度计划、进行进度控制。

9.4.2　工作量估算

制订进度计划首先要估算项目工作量。

工作量估算是指对系统整个生存期所需投入的人力资源进行估算。其内容包括估算项目的总工作量、子系统或任务工作量、阶段工作量。

工作量估算的主要方法有类比法、结构化分析法和三时法，还有用于软件工作量估算的功能点分析法、Putnam 模型和 COCOMO 模型。

1. 类比法

类比法是利用类似项目的工作量来推算目标项目的工作量。这里，类似项目是指其系统、技术和规模等内容与目标系统类似的项目。

类比法的优点是简单易行、成本较低，尤其适用于项目资料难以获取的场合。其缺点是过往项目经验可能是一次性经验或者未经反复检验的经验，而且忽略了目标项目的独特性，存在工作量估算准确性较差的可能。

类比法的操作步骤：首先收集以往类似项目的有关资料，然后依据经验估算项目的总工作量、子系统或任务工作量、阶段工作量。

2. 结构化分析法

结构化分析法是利用系统结构化分析的思想估算工作量。它采用自顶向下、逐层分解和结构化、模块化的思想，对项目总任务进行不断分解，并用层次框图等表示各层任务之间的关系；通过估算每项任务的工作量，进而估算整个项目的工作量。任务分解的细化程度取决于该任务的工作量是否容易准确估算。工作量估算时，既要避免重复计算，又要避免漏算。注意，纵向任务协同、横向任务协同也需要工作量。

3. 三时法

三时法起源于计划评审技术（Project Evaluation and Review Technique，PERT），故又称 PERT 法。

三时法对持续时间不确定的任务使用 3 个时间：最可能时间（T_M）、乐观时间（T_O）和悲观时间（T_P）。最可能时间是指正常情况下完成任务所需的时间，乐观时间是指完成任务所需的最短时间，悲观时间是指完成任务所需的最长时间。完成任务的期望时间（T_E）按下式计算：

$$T_E = \frac{T_O + 4T_M + T_P}{6} \tag{9-1}$$

由式（9-1）可知，三时法本质上是加权平均法。

4. 功能点分析法

功能点分析（Function Point Analysis，FPA）法是一种软件系统开发项目工作量估算方法，1979 年由 IBM 工程师 Albrecht 提出。

软件系统功能点数是指用户输入数、用户输出数、用户查询数、文件数、外部接口数等之和。

1）用户输入数（F_1）是指用户的各种输入数据个数，但不包含查询输入。

2）用户输出数（F_2）是指用户的各种输出数据个数，包括报表、屏幕输出信息和出错信息，但报表中的各个数据项不应再计数。

3）用户查询数（F_3）是指在线查询/响应次数。

4）文件数（F_4）是指逻辑文件数。

5）外部接口数（F_5）是指与系统中的其他设备通过外部接口读写信息的次数，利用这些接口可以将信息从一个系统传到另一个系统。

项目综合功能点数为

$$FP = \lambda \sum_{i=1}^{5} w_i F_i \tag{9-2}$$

其中，FP 为综合功能点数；w_i（>0）为功能点数 F_i（$i=1,2,\cdots,5$）的加权因子；λ（>0）为项目复杂度调整因子，λ 越大，项目就越复杂。

w_i（$i=1,2,\cdots,5$）和 λ 的值可由专家经验、统计经验等确定。

项目工作量为

$$W = \frac{FP}{p} \tag{9-3}$$

其中，W 为项目工作量（单位：人月）；p（>0）为生产率，即每人每月完成的功能点数。

根据工作量，可以估算项目的总成本。

5. Putnam 模型

Putnam 模型是一种软件系统开发项目工作量估算方法，1978 年由 Putnam 提出。项目代码行数按下式估算：

$$LOC = C_k \times K^{\frac{1}{3}} \times t_d^{\frac{4}{3}} \tag{9-4}$$

其中，LOC 为源代码行数（Line of Code）；K 为软件系统整个生存期（包括开发与维护阶段）所花费的工作量（单位：人年）；t_d 为开发持续时间（单位：年）；C_k 为技术状态常数，其值取决于开发环境，如表 9-2 所示。

表 9-2　技术状态常数 C_k 取值

C_k	开发环境	开发环境举例
2000	差	没有系统的开发方法，无文档和复审，批处理方式
8000	好	有合适的系统开发方法，有合格的文档和复审，交互执行方式
11000	优	有自动化开发方法和工具

源代码行数 LOC 和综合功能点数 FP 是可以换算的。表 9-3 针对不同的程序设计语言，给出单位综合功能点对应的源代码行数的估算值。

表 9-3　单位综合功能点的源代码行数估算值

程序设计语言	LOC/FP	程序设计语言	LOC/FP
汇编语言	320	PowerBuilder	16
C	128	Cobol	106
C++	64	Fortran	106
Pascal	90	Ada95	53
Vasual Basic	32	Smalltalk	22
SQL	12		

6. COCOMO 模型

COCOMO 模型（Constructive Cost Model，构造性成本模型）是一种精确的易于使用的软件系统开发项目工作量估算方法，1981 年由 Boehm 提出。它把项目的某些特征作为参数，通过建立一个数学模型来估算项目的工作量。

软件开发项目分为 3 种类型：组织型、嵌入型和半独立型。组织型项目与硬件联系较少，规模较小（小于 5 万行源代码），结构较简单，不需要许多创新，如小型事务处理系统。嵌入型项目与硬件联系密切，对接口、数据结构和算法的要求高，如大型复杂事务处理系统、大型操作系统、复杂控制系统。半独立型项目介于上述两种类型的项目之间。

COCOMO 模型按其详细程度分成 3 级：基本 COCOMO 模型、中间 COCOMO 模型和详细 COCOMO 模型。

（1）基本 COCOMO 模型　它是一种静态单变量模型，用以 *KDSI* 为自变量的经验函数来计算软件开发工作量。其中，*KDSI* = 1024*DSI*，这里的 *DSI*（Delivered Source Instruction，发送的源指令）表示源程序行数，包括控制语句和赋值语句，但不包括注释语句。若一行有两条语句，则算作一条指令。

基本 COCOMO 模型的工作量和时间可按表 9-4 计算。

表 9-4　基本 COCOMO 模型的工作量和时间

总体类型	工作量	时间
组织型	$MM = 2.4 \ (KDSI)^{1.05}$	$TDEV = 2.5 \ (MM)^{0.38}$
半独立型	$MM = 3.0 \ (KDSI)^{1.12}$	$TDEV = 2.5 \ (MM)^{0.35}$
嵌入型	$MM = 3.6 \ (KDSI)^{1.20}$	$TDEV = 2.5 \ (MM)^{0.32}$

在表 9-4 中，*MM* 为工作量（单位：人月），*TDEV* 为开发时间（单位：月）。

（2）中间 COCOMO 模型　在用以 *KDSI* 为自变量的函数计算软件开发工作量的基础上，再用相应的硬件、人员、项目等方面的影响因素调整估算工作量。

（3）详细 COCOMO 模型　包括中间 COCOMO 模型的所有特性，但用上述各种影响因素调整估算工作量时，还要考虑对软件工程每个步骤（如需求分析、设计）的影响。

9.4.3　进度计划

1. 进度计划概述

进度计划是一种对项目的任务、人员等基于时间轴管理的重要形式，它需要说明每项任务的起始时间、主要任务等，其目的是控制项目进度，保证项目按要求完成。

进度计划的内容包括阶段的起止时间、主要任务，各阶段的工作要前后衔接。项目阶段的划分与项目期长短有一定的关系：如果项目期在半年左右，则建议按月份制订进度计划；如果项目期在 1 年左右，则建议按月份或季度制订进度计划；如果项目期在 3 年左右，则建议按半年制订进度计划；如果项目期在 4 年及以上，则建议按年度制订进度计划。制订进度计划时，要科学估算各阶段任务的工作量。

根据进度计划，可进一步制订项目的资源使用计划和外协计划等。

制订进度计划的主要依据是项目目标、研究开发内容、技术路线、工期、各项任务的时间、项目的内外部条件和资源供应等情况。进度计划要与质量、安全等目标相协调，要充分考虑客观条件和风险，确保项目目标的实现。

制订进度计划前要对项目任务进行详细的分析，可采用结构化分析方法系统地对研究开发内容进行分解以得到项目的各项任务，还可用层次框图等来描述各任务之间的关系。

2. 制订进度计划的方法

进度计划通常用文字和表格描述，也可以用甘特图、计划评审技术描述。

甘特图（Gant Chart）又称横道图、条状图（Bar Chart），是一种简明的进度管理工具。它用横轴表示时间，用纵轴表示任务，线条表示任务计划情况，具有明确、简单和易用等特点。

例 9-2　某科技公司智能家居系统开发项目进度计划用表格描述，如表 9-5 所示。

表 9-5　智能家居系统开发项目进度计划

序号	开始日期	结束日期	主要任务
1	2021 – 1 – 1	2021 – 3 – 31	（1）需求分析与评审 （2）系统总体设计与评审 （3）系统详细设计与评审
2	2021 – 4 – 1	2021 – 6 – 30	（1）硬件系统实现 （2）软件系统实现
3	2021 – 7 – 1	2021 – 9 – 30	（1）硬件系统测试、修改、完善 （2）软件系统测试、修改、完善 （3）系统联合测试
4	2021 – 10 – 1	2021 – 12 – 31	（1）系统试运行 （2）申请专利和计算机软件著作权 （3）项目验收

例 9-3　某小区停车场管理系统开发项目进度计划用甘特图描述，如图 9-4 所示。

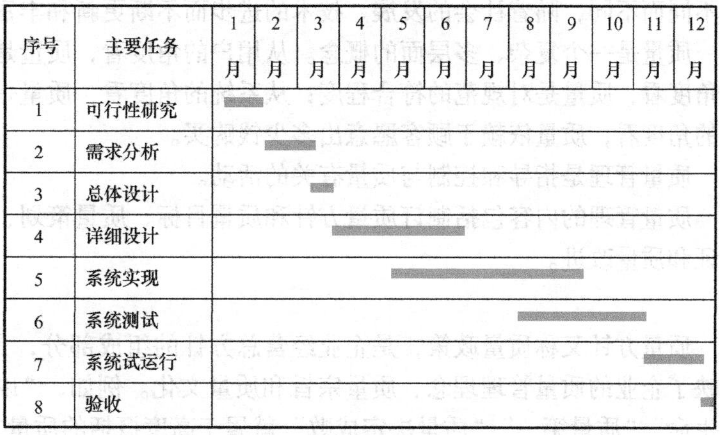

在图 9-4 中，线条的起始位置分别表示阶段任务的开始时间和结束时间。

甘特图还可以进一步改进。例如，在计划线条的基础上增加实际完成情况线条、正在实施情况线条，由此对项目实施情况进行监督和控制。

序号	主要任务	1月	2月	3月	4月	5月	6月	7月	8月	9月	10月	11月	12月
1	可行性研究	▬											
2	需求分析		▬										
3	总体设计			▬									
4	详细设计				▬▬								
5	系统实现					▬▬▬							
6	系统测试								▬▬▬				
7	系统试运行											▬	
8	验收												▬

图 9-4　停车场管理系统开发项目进度计划

9.4.4　进度控制

1. 进度控制概述

在项目计划执行过程中，由于人员、技术、经费、设备等内部因素变化、外部经济与经营环境变化和计划本身缺陷等原因，实际进度与计划进度可能存在偏差，如果不能及时发现并纠正这些偏差，项目目标的实现就会受到影响。

进度控制是指对项目进度计划的执行过程进行控制。

进度控制的内容包括监测项目的进展情况，将实际进度与进度计划进行比较，以及当实际进度与计划不一致时，分析偏差形成的原因，采取有效的纠偏措施，使项目能按照预定的要求完工。

进度控制所产生的管理文件包括项目执行情况报告、项目变更申请和项目变更协同控制要求。项目执行情况报告是指对项目实施情况进行报告，包括项目完成情况概述、进度计划执行情况、存在的问题及拟采取的措施、下一阶段的工作计划，一般在每个进度阶段结束后提供。项目变更申请是指对项目的研究开发内容、技术路线、项目组成员、工期、进度计划、费用计划、验收指标等提出变动申请。项目变更需要说明理由，程序要符合有关管理规定，例如重要的变更需要得到主管部门的批准。项目变更协同控制要求是指项目变更的配套要求，包括人员、经费、设备等的配套要求。

2. 进度控制的方法

进度控制的常见方法有甘特图、关键路线法和计划评审技术。这些方法一般会被嵌入项目管理工具中。

9.5 质量管理

9.5.1 质量管理概述

系统质量是指系统的适用性，即系统在使用时能成功地满足用户需要的程度。用户对系统的满足程度是一个综合的概念，是用户对系统的功能、性能、价格、服务和心理满足性等的综合度量。质量不是一个固定不变的概念，它是变化和发展的，随着时间、地点、使用者的不同而不同，随着社会的发展、技术的进步而不断更新和丰富。

质量是一个复杂、多层面的概念。从用户的角度看，质量是对目标的满足程度；从制造的角度看，质量是对规范的符合程度；从系统的角度看，质量是系统的内在特征；从基于价值的角度看，质量依赖于顾客愿意出多少钱购买。

质量管理是指导和控制与质量有关的活动。

质量管理的内容包括制订质量方针和质量目标、质量策划、质量计划、质量控制、质量保证和质量改进。

1. 质量方针

质量方针又称质量政策，是企业经营总方针的组成部分，是企业质量行为的指导准则，反映了企业的质量管理理念、质量宗旨和质量文化。例如，"以质量求生存""质量是企业的生命""质量第一""质量决定成败"就属于高度概括的质量方针。

质量管理是对质量方针的具体落实，包括对系统设计质量、同供应商的关系、制造质量和经济效益及质量检验的要求、售后服务、质量管理教育培训、质量活动的要求等的具体落实。其中，系统设计质量确定系统所要达到的质量水平；同供应商的关系规定同供应商的合作形式，如确定供货验收方法和技术支持方法；制造质量和经济效益及质量检验的要求规定提高合格率或降低废品率的要求、质量成本分析与控制的要求等；售后服务确定销售和为用户服务的原则，如销售方式、售后服务方式和技术支持方式；质量管理教育培训规定质量管理教育培训的方式、内容和时间安排等；质量活动的要求就是对企业的质量活动提出具体的要求，包括建立质量保证组织机构、制订质量管理工作流程和方法、协调各种质量活动、监督并检查质量活动的实施情况。

2. 质量目标

质量目标是指根据质量方针制订的为满足要求和持续改进质量管理体系有效性方面的追求目标，包括各部门和人员的质量目标。

质量目标按时间可分为长期质量目标、中期质量目标、年度质量目标和短期质量目标；

按层次可分为企业质量目标、部门质量目标、班组质量目标和个人质量目标；按项目可分为企业质量目标、项目质量目标和专项课题质量目标。

将质量目标分解并落实到各部门和人员，使质量目标责任主体明确，具有操作性。对每项质量目标制订实施方案，各级目标的实现保证了企业质量目标的实现。质量实施方案应详细列出实现该项质量目标存在的问题、当前的状况、必须采取的措施、将要达到的目标、何时完成、谁负责执行等。

3. 质量策划

质量策划是指确定质量以及采用质量体系要素的目标和要求的活动，是质量管理的一部分，致力于制订质量目标并规定必要的运行过程和相关资源以实现质量目标。

质量策划的过程：首先制订质量方针；接着根据质量方针或上一级质量目标的要求，以及顾客和其他相关方的需求和期望来设定质量目标；之后根据质量目标确定工作内容（措施）、职责和权限；然后确定程序和要求；最后付诸实施。这一系列过程就是质量策划的过程。

质量控制、质量保证和质量改进只有经过质量策划，才可能有明确的对象和目标，才可能有切实的措施和方法。质量策划是连接质量方针和具体的质量管理活动之间的桥梁和纽带。

4. 质量计划

质量计划是指识别项目、系统的质量要求和标准，并书面描述项目将如何达到这些要求和标准的过程。质量计划包括产品标准与过程标准，其中，产品标准定义了系统应该达到的要求，过程标准定义了如何达到这些要求。

质量计划编制的对象是特定的系统、项目或合同，通常是质量策划的一个结果，是质量体系文件的组成部分。

5. 质量控制

质量控制是指为使系统达到质量要求而采取的技术和管理等措施的活动，它监视质量的形成过程，发现和消除系统缺陷，其目标是确保系统质量能满足预期要求。

以软件系统为例，物联网系统开发项目质量控制的主要活动是技术评审、代码走查、代码评审、系统测试和缺陷追踪等。其中，系统测试前面已经介绍。

（1）技术评审　技术评审的目的是尽早发现和消除缺陷，从而有效地提高系统质量。其主要评审对象有需求规格说明书、总体设计说明书、详细设计说明书、测试方案、用户手册、系统开发规程、系统发布说明等。技术评审应该采取一定的流程，并在企业质量体系或者项目计划中规定。

（2）代码走查　代码走查是一种非正式的软件代码评审技术，它通常在编码完成之后由代码的编写者向若干同事来讲解他自己编写的代码，由同事来给出意见。代码走查可以发现其他测试方法无法发现的错误，如逻辑错误。

（3）代码评审　代码评审是由评审小组通过阅读、讨论和争议对程序进行静态分析的过程。评审小组由组长，以及系统详细设计、测试和编程等的人员组成。评审小组在充分阅读待审程序文本、控制流程图及有关要求和规范等文件的基础上召开代码评审会，编程人员逐句讲解程序逻辑，并展开讨论甚至争议，以揭示错误关键所在。

（4）缺陷追踪　从缺陷发现开始，一直到缺陷改正为止的全过程为缺陷追踪。缺陷追踪要对每个缺陷进行追踪。

硬件系统质量控制的主要活动是技术评审、工艺评审、样机生产质量检验、系统测试和缺陷追踪等。

6. 质量保证

质量保证致力于提供质量要求会得到满足的信任，是指为使用户确信系统能满足质量要求而在质量管理体系中实施并根据需要进行证实的全部有计划和有系统的活动，一般适用于有合同的场合。质量保证的目的是使用户确信系统能满足规定的质量要求，实现提供质量要求会得到满足的信任。因此，质量保证不是单纯地保证质量，保证质量是质量控制的任务。

质量保证贯穿整个项目生存期，经常性地针对整个项目质量计划的执行情况进行评估、检查，并进行改进，向管理者、客户或其他方取得信任，确保项目质量与计划保持一致。

7. 质量改进

质量改进致力于增强满足质量要求的能力。质量改进包括系统质量以及有关工作质量的改进。注意，质量控制是维持现有质量，质量改进是采取措施提高原有质量。

9.5.2 质量管理的方法与工具

1. 质量管理的方法

质量管理的方法很多，如控制图、帕累托图、鱼骨图、趋势图和直方图。

2. 质量管理的工具

质量管理工具包括盈飞无限国际有限公司的 ProFicient、厦门安必兴信息科技有限公司的 AMBITION – SPC。

9.6 风险管理

9.6.1 风险管理概述

任何项目的研究开发都存在风险，它不以个人的意志为转移，无时不有，无所不在。不管项目管理者是否意识到风险的存在，在一定条件下，风险仍有可能变为现实。风险具有不确定性，即风险的程度有多大、风险何时何地有可能转变为现实均是不确定的。风险一旦产生，就可能会使项目遭遇挫折和失败，产生损失。因此，项目风险管理非常有必要，任何一个物联网系统开发项目都应将风险管理作为项目管理的重要内容。

风险管理是指识别风险、分析风险及采取应对措施的活动，将积极因素所产生的影响最大化，将消极因素产生的影响最小化。

风险管理的内容包括风险识别、风险评估、风险对策、风险监控和审查。风险识别是识别项目可能面临的风险，包括确定风险的来源、特点和产生条件。风险评估是分析风险之间的相互作用，度量风险发生的概率和影响程度，弄清风险事件间的因果关系。风险对策是针对风险评估的结果制订相应的应对策略，以规避、降低或转移风险。风险监控是监视和控制风险管理过程，以保证过程的有效性，以及分析风险管理成本与效益，以保证成本的有效性。风险审查是跟踪项目内外部环境变化以保证结果的有效性。通过监督与审查可以及时发现各种问题，并及时进行控制和纠偏，保证风险管理的持续更新和改进。

风险管理的程序是风险识别、风险评估、风险对策、风险监控和审查。

风险类型包括技术风险、财务风险、人员风险、管理风险、供应链风险、生产风险、质量风险和市场风险。

风险管理在项目管理中具有非常重要的地位。首先，有效的风险管理可以提高项目的成功率。其次，风险管理可以增加团队的健壮性，与团队成员一起进行风险分析可以让大家对困难有充分的估计，对各种意外有心理准备，提高团队成员的信心，从而稳定队伍。最后，有效的风险管理可以帮助项目管理者抓住工作重点，将主要精力集中于重大风险，将工作方式从被动救急转变为主动防范。

9.6.2　风险管理的策略与方法

1. 风险管理的策略

风险管理的策略有主动管理策略和被动管理策略。

基于主动管理策略的风险管理的主要目标是预防风险。主动管理策略在项目开始之前就已经启动了。它首先识别潜在的风险，评估风险出现的概率及影响，对风险按重要性进行排序，然后制订计划来管理风险。但是，并不是所有的风险都能够预防，项目组必须制订应付意外事件的计划，使其在必要时能够以可控及有效的方式做出反应。

基于被动管理策略的风险管理是平时对风险不闻不问，直到发生问题才处理；当处理工作失败后，项目就可能处于危机之中。

2. 风险管理的方法

常用的风险识别方法包括头脑风暴法、Delphi 法、问卷调查法和 SWTO 法。其中，SW-TO 法又称态势分析法，S 代表优势（Strength）、W 代表劣势（Weakness）、O 代表机会（Opportunity）、T 代表威胁（Threat）。

常用的风险分析方法有故障树分析法、情景分析法、综合评价法、层次分析法、神经网络法和蒙特卡洛法。

 习　题

1. 什么是物联网系统开发管理？它包含哪些内容？
2. 试论述项目管理的原则。
3. 分别简述布鲁克斯法则、帕累托法则。
4. 分别简述默认无效原则、帕金森定律。
5. 试论述项目管理的步骤。
6. 什么是资源管理？它包含哪些内容？
7. 简述物联网系统开发项目的资源。
8. 什么是开发设备与开发平台管理？它包含哪些内容？
9. 什么是费用管理？它包含哪些内容？
10. 简述项目费用的构成。
11. 什么是资源调度？其常用方法有哪些？
12. 什么是团队管理？它包含哪些内容？
13. 什么是管理架构？它主要有哪些类型？
14. 分别简述项目型管理架构、职能型管理架构。
15. 分别简述矩阵型管理架构、组合型管理架构。
16. 什么是人员管理？它包含哪些内容？
17. 什么是工作分工？
18. 简述物联网系统开发涉及的开发人员。
19. 什么是项目的运行机制？常见运行机制有哪些？
20. 简述主开发人员制运行机制。

21. 简述民主制运行机制。
22. 简述层次制运行机制。
23. 什么是进度管理？它包含哪些内容？
24. 什么是工作量估算？它包含哪些内容？
25. 简述工作量估算的类比法。
26. 简述工作量估算的结构化分析法。
27. 简述工作量估算的三时法。
28. 简述工作量估算的功能点分析法。
29. 简述工作量估算的 Putnam 模型。
30. 软件开发项目分为哪些类型？
31. 简述工作量估算的 COCOMO 模型。
32. 什么是进度计划？它包含哪些内容？
33. 制订进度计划的主要依据是什么？
34. 什么是甘特图？它有何特点？
35. 什么是进度控制？它包含哪些内容？
36. 简述进度控制所产生的管理文件。
37. 什么是质量管理？它包含哪些内容？
38. 分别简述质量方针、质量目标、质量策划。
39. 分别简述质量计划、质量控制、质量保证、质量改进。
40. 什么是风险管理？它包含哪些内容？其程序是什么？
41. 简述风险管理在项目管理中的地位。
42. 简述风险管理的策略。
43. 针对智能家居系统，完成以下工作：
1）估算项目工作量。
2）确定项目组成员，并进行工作分工。
3）撰写第 2 个进度阶段的项目执行情况报告。
44. 针对智能停车场系统，完成以下工作：
1）进行费用预算，并说明计算依据。
2）制订进度计划。
3）提出一份项目技术路线变更申请。
45. 针对智能环境监控系统，完成以下工作：
1）估算项目工作量。
2）确定项目组成员，并进行工作分工。
3）制订进度计划。
4）进行费用预算，并说明计算依据。
5）撰写第 4 个进度阶段的项目执行情况报告。
6）提出一份项目组成员变更申请。
46. 针对智能无人售货系统，完成以下工作：
1）估算项目工作量。
2）确定项目组成员，并进行工作分工。
3）制订进度计划。
4）进行费用预算，并说明计算依据。
5）撰写第 2 个进度阶段的项目执行情况报告。
6）提出一份项目进度计划变更申请。

第10章
物联网系统开发实践

本章以面向区域交通协同安全控制的交通信号控制器系统、健康监护终端系统、物联网系统监控平台为例，介绍物联网系统的开发实践。

本章内容取材于实际系统开发项目。

10.1　面向区域交通协同安全控制的交通信号控制器系统

10.1.1　项目背景

随着社会经济的不断发展，以及城市化进程的不断推进，城市越来越大，人口越来越多，物流量越来越大，交通系统越来越庞大，城市交通成为城市管理中最重要的问题之一。城市交通的根本任务是把人员、物资等安全、快速、经济地运送到目的地，而智能交通系统是解决城市交通问题的重要手段。

交通控制是智能交通系统的重要内容。它研究如何应用物联网、大数据、人工智能等技术，通过对区域内分布在各个交叉口的交通信号控制器系统进行协同控制，实现整个区域交通安全最大化，效率、效益最优化。

本项目研制一种具有较好的交通安全保障功能的交通信号控制器系统。

10.1.2　需求概要

根据区域交通协同安全控制要求，交通信号控制器系统应满足以下要求：

1）提供交叉口交通信号控制功能，支持至少16组机动车交通灯、8组人行道交通灯控制要求（每组都包含红、黄、绿3色灯）。

2）支持交通信号控制器系统联网，提供4G、5G、WiFi、以太网和RS485等通信接口。

3）满足摄像机、云台、红外线传感器、车辆流量检测仪等的有线和无线方式通信接入要求，以及对主流交通信号灯的控制要求。

4）支持智能实时交通信息采集、优化配时。

5）支持根据采集的视频信息计算出车辆与行人流量、流速、密度、排队长度、排队时间等本地交通流参数。

6）支持本地控制，交通指挥中心可远程实时监测、控制每个交叉口的交通信号。

7）支持云计算、边缘计算。

8）具有自组网功能，即本地交通信号控制器系统能及时与邻近局部区域其他交通信号控制器系统自动组网，实现对本地交通的优化安全控制，满足由于网络拥塞或故障、硬件故障、软件故障、黑客攻击等引起系统安全性不能确保、造成交通信号控制器系统与交通指挥中心不能建立安全联系时仍然能够有效地疏导交通、满足车辆和行人等交通参与者的安全需求。

9）支持交通安全状态识别与报警，当交叉口拥塞或者放行车辆与行人存在不安全因素时，交通信号控制器系统能自动识别出来，并按预先设定的规则自动进行相关处理；在交通事故、重大事件发生等交通异常场合按规则提供声、光等形式的报警信号，引起本地交通参与者的注意，并及时通知交通指挥中心。

10.1.3 总体设计

面向区域交通协同安全控制的交通信号控制器系统由硬件系统和软件系统组成。

1. 硬件系统总体结构

面向区域交通协同安全控制的交通信号控制器硬件系统包括中央控制模块、通信模块、传感器接口模块、显示模块、输入模块、信号灯控制模块、报警模块、电源管理模块和存储模块。硬件系统总体结构如图 10-1 所示。

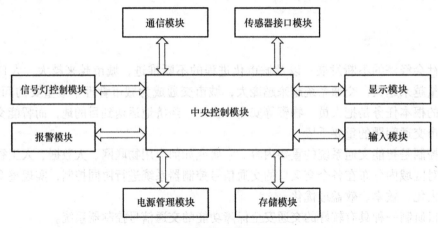

图 10-1　硬件系统总体结构

1）中央控制模块负责整个交通信号控制器系统的计算与控制。

2）通信模块支持 4G、5G、WiFi、以太网和 RS485 等通信方式，用于交通信号控制器系统与传感器、本地控制、交通指挥中心及区域交通协同安全控制系统之间的通信。

3）传感器接口模块用于摄像机、云台、红外线传感器、车辆流量检测仪等的接入。

4）显示模块用于显示交通信号控制器系统操作和运行信息。

5）输入模块用于现场控制、调试时输入数据和控制指令。

6）信号灯控制模块用于控制交通信号灯。

7）当交通事故、重大事件发生等交通异常场合有需要时，报警模块提供声、光形式的报警信号。

8）电源管理模块对系统的电源进行管理。

9）存储模块包括内存和外存。

2. 软件系统总体结构

面向区域交通协同安全控制的交通信号控制器软件系统与硬件系统配合，实现交叉口交通控制和优化、交通状态实时采集与监测及预测、交通视频监控、交通报警管理等，实现交叉口交通管理的数字化、网络化、实时化、可视化和透明化，提高交叉口交通效率，以及提高交通安全性和交通管理水平。

软件系统总体结构如图 10-2 所示。

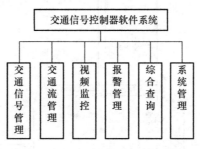

图 10-2　软件系统总体结构

10.1.4　详细设计

限于篇幅，这里仅给出发生异常事件时交通信号控制模式切换模块的详细设计。该详细设计用 PDL 描述，如图 10-3 所示。

```
开始。
TYPE Traffic_Status AS INTEGER GLOBAL
/*交通标志；其中，0=交通处于正常状态，1=交通事故，2=交通拥堵，3=突发事件，
4=重大活动，等等*/
IF Traffic_Status≠0且交通信号为正常状态下的交通信号控制模式 THEN
    CASE OF Traffic_Status
       WHEN 1 SELECT
       切换到交通事故情形下的交通信号控制模式；
       WHEN 2 SELECT
       切换到交通拥堵情形下的交通信号控制模式；
       WHEN 3 SELECT
       切换到突发事件情形下的交通信号控制模式；
       WHEN 4 SELECT
       切换到重大活动情形下的交通信号控制模式；
    ENDCASE
ENDIF
IF Traffic_Status=0且交通信号为异常状态下的交通信号控制模式 THEN
    切换到正常状态下的交通信号控制模式；
ENDIF
结束。
```

图 10-3　交通信号控制模式切换模块详细设计

10.1.5　系统实现

本系统用 C++、Java 语言和 MySQL 数据库管理系统等开发。图 10-4 所示为面向区域交通协同安全控制的交通信号控制器系统的实时交通信号显示界面。

本系统可用于城市、村镇以及港口、保税区、自贸区、物流园区、大中型企业等的道路

交叉口的交通管理与控制。

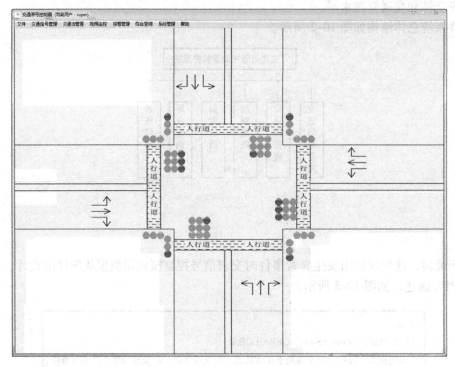

图 10-4　实时交通信号显示界面

10.2　健康监护终端系统

10.2.1　项目背景

随着社会老龄化趋势越来越明显，养老问题成为亟待解决的社会问题。目前国内外的养老模式主要有居家养老、机构养老和社区养老，其中居家养老是目前及将来相当一段时间的主流养老模式。

居家养老时，可使用健康监护终端系统随时监测老年人的健康状态。

10.2.2　需求概要

健康监护终端系统应满足以下要求：

1）在线采集血压、脉搏、体温、血氧、血糖、心电等健康数据。
2）提供4G、5G、WiFi、以太网和蓝牙等通信接口。
3）可管理多人的健康信息。
4）支持云计算、云存储、数据质量控制、健康状态评估、健康监护在线服务等服务。

10.2.3　总体设计

健康监护终端系统由软件系统和硬件系统组成。

1. 硬件系统总体结构

健康监护终端硬件系统包括中央控制模块、传感器接口模块、通信模块、显示模块、输入模块、电源管理模块和存储模块。硬件系统总体结构如图 10-5 所示。

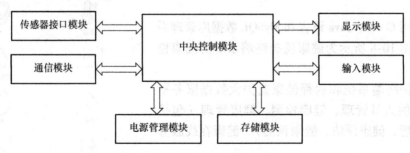

图 10-5 硬件系统总体结构

1）中央控制模块负责健康监护终端系统的计算与控制。

2）传感器接口模块用于血压、脉搏、体温、血氧、血糖、心电等传感器的接入。

3）通信模块支持 4G、5G、WiFi、以太网和蓝牙等通信方式，用于健康监护终端系统
与传感器、远程健康监护大数据服务平台之间的通信。

4）显示模块用于显示健康监护终端系统操作和运行信息。

5）输入模块用于操作控制、调试时输入数据和控制指令。

6）电源管理模块对系统的电源进行管理。

7）存储模块包括内存和外存。

2. 软件系统总体结构

健康监护终端软件系统总体结构如图 10-6 所示。

图 10-6 软件系统总体结构

10.2.4 详细设计

限于篇幅，这里仅给出健康数据质量控制模块的详细设计。该模块是对采集的健康数据
进行质量控制，保证数据的质量。其详细设计用 PDL 描述，如图 10-7 所示。

```
开始。
TYPE strData AS STRING LOCAL；//采集的健康数据
TYPE DataQuality_Type AS INTEGER LOCAL；
/*数据质量类型；其中，0=数据合格，1=设备故障，2=操作不规范，3=用户类型
不匹配，等等*/
LOOP
  采集健康数据；//采集的健康数据存入变量strData
  识别数据质量类型；//数据质量类型值存入变量 DataQuality_Type
  EXIT WHEN DataQuality_Type=0
  CASE OF DataQuality_Type
    WHEN1 SELECT
      显示设备故障；
      排除设备故障；
    WHEN2 SELECT
    提示规范化操作；
    WHEN3 SELECT
      提示用户类型不匹配；
      更正用户类型；
      …
  ENDCASE
ENDLOOP
结束。
```

图 10-7 健康数据质量控制模块详细设计

10.2.5 系统实现

本系统用 C++、Java 语言和 MySQL 数据库管理系统等开发。图 10-8 所示为健康监护终端系统的健康检测界面。

健康监护终端系统和远程健康监护大数据服务平台等一起提供人员管理、健康检测、健康管理（包括健康数据管理、健康评估、健康预测）、健康在线服务等功能。

本系统及相关平台可为医疗机构、养老机构、政府部门、商业机构、科研机构、医生、普通民众等提供健康大数据服务。

图 10-8　健康检测界面

10.3　物联网系统监控平台

10.3.1　项目背景

对于大型复杂的物联网系统，其信息采集点成千上万，如大型发电系统、城市交通指挥系统、校园监控系统、制造系统。这些系统信息来源复杂，包括传统传感器、摄像头、计算机软件、手机软件；信息展现形式丰富，包括文字、图形、图像、音频和视频等信息。因此，大型复杂的物联网系统适合于使用无缝高清大屏幕系统进行监控。

针对目前的 DLP、LCD、LED 等大屏幕显示系统存在的分辨率不高、图像粗糙、拼接有缝隙、图像失真、能耗高、辐射高以及对操作人员身心健康影响大等问题，iDLP 无缝智能数字高清大屏幕系统不仅有效解决了这些问题，并且可实现在一个屏幕中同时监控多达1024 个画面的图像、视频、物联网系统、大数据系统、企业管理系统和移动应用系统等的信息。

10.3.2　需求概要

物联网系统监控平台应满足以下要求：

1）支持 iDLP 无缝智能数字高清大屏幕系统，屏幕具有较高的分辨率，如支持显示 4K、8K、10K、18048×1408 像素和 6528×3712 像素画面。

2）支持监控图像、视频、物联网系统、大数据系统、企业管理系统和移动应用系统等的信息。

3）支持 1024 路画面监控。

4）屏幕可柔性化，表面可呈现复杂的形状，如异形平面、弧面、球面。

5）屏幕图像无物理缝隙，无色差。

6）屏幕宽度可达 35m、高度可达 3m，且整个屏幕可精细地显示一张完整超大图像。

7）可远看，可近观，图像精细柔和，文字平滑清晰，色彩亮丽，从而降低监控人员的视觉疲劳，提高监控水平和质量，降低监控风险。

8）低温、低辐射，有效保护操作人员的身心健康。

9）节能环保，能耗低于同面积液晶大屏幕。

10.3.3　总体设计

物联网系统监控平台由硬件系统和软件系统组成。

1. 硬件系统总体结构

物联网系统监控平台硬件系统主要包括中央控制模块、信息采集模块、通信模块、大屏幕显示模块和控制台等。其中，通信模块由信息采集网络、内部访问网络、外部访问网络等组成。硬件系统总体结构如图 10-9 所示。

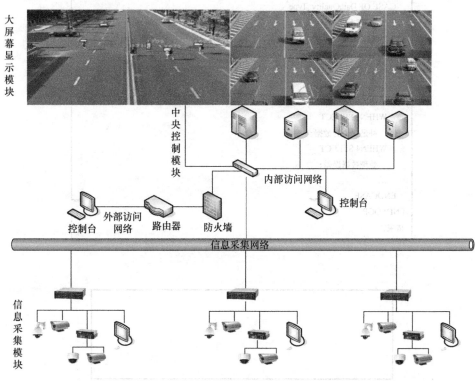

图 10-9　硬件系统总体结构

2. 软件系统总体结构

物联网系统监控平台软件系统总体结构如图 10-10 所示。

10.3.4　详细设计

限于篇幅，这里仅给出物联网数据质量控制模块的详细设计。该模块是对采集的物联网数据进行质量控制，保证数据的质量。其详细设计用 PDL 描述，如图 10-11 所示。

图 10-10　软件系统总体结构

10.3.5　系统实现

本平台用 C++、Java 语言和 MySQL 数据库管理系统等开发。

本平台可对采集的各种物联网信息按需进行显示，包括整屏显示和屏幕分割显示，分别如图 10-12、图 10-13 所示。

图 10-14 所示为本平台的控制台主界面。该控制台的功能包括大屏幕显示控制、系统管理。

```
开始。
TYPE strData AS STRING LOCAL；//采集的物联网数据
TYPE DataQuality_Type AS INTEGER LOCAL；
/*数据质量类型；其中，0=数据合格，1=传感器故障，2=网络故障，3=数据缺失，
4=数据误差太大，等等*/
LOOP
  采集数据；//采集的物联网数据存入变量 strData
  识别数据质量类型；//数据质量类型值存入变量 DataQuality_Type
  EXIT WHEN DataQuality_Type=0
  CASE OF DataQuality_Type
    WHEN1 SELECT
        显示传感器故障；
        排除传感器故障；
    WHEN2 SELECT
        显示网络故障；
        排除网络故障；
    WHEN3 SELECT
      补足缺失的数据；
    WHEN4 SELECT
      处理数据误差；
      …
  ENDCASE
ENDLOOP
结束。
```

图 10-11　物联网数据质量控制模块详细设计

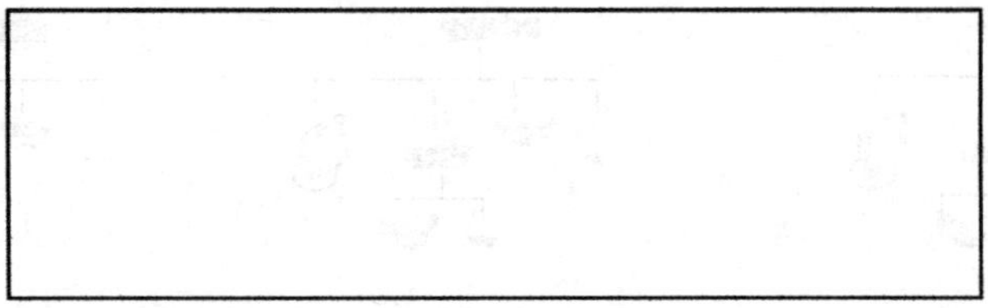

图 10-12　物联网系统信息的整屏显示

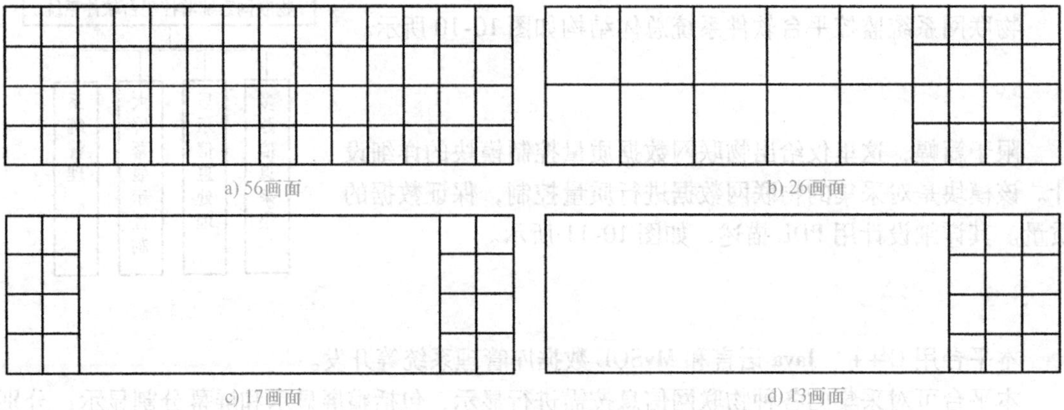

a) 56画面　　b) 26画面
c) 17画面　　d) 13画面

图 10-13　物联网系统信息的屏幕分割显示

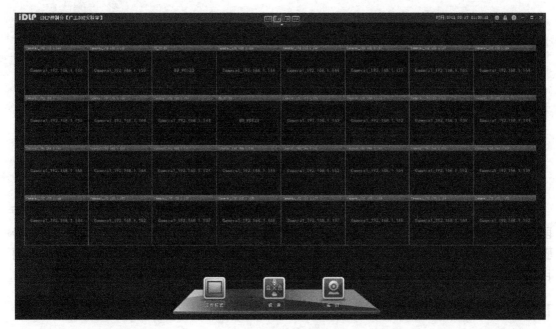

图 10-14　控制台主界面

10.3.6　应用范围

本平台广泛应用于各种物联网系统监控中心、大数据监控中心、机房监控中心、智慧城市监控中心、交通指挥中心、应急指挥中心、生产调度中心、安全生产监控中心、区域环境监控中心、智能大厦监控中心、智慧社区监控中心、智慧校园监控中心、企业中心会议室、远程医疗中心、航天发射中心、作战指挥中心、展示厅、培训厅、报告厅、博物馆、科技馆、电视台等。

习　题

1. 试调查并分析国内外智能交通系统的发展现状。
2. 试调查并分析国内外交通信号控制器系统的发展现状。
3. 试论述交通信号控制器系统的发展趋势。
4. 试结合物联网、大数据、区块链和人工智能等技术，提出交通信号控制器系统的创新功能及其实现方法。
5. 试调查并分析国内外健康监护终端系统的发展现状。
6. 试论述健康监护终端系统的发展趋势。
7. 试结合物联网、大数据、区块链和人工智能等技术，提出健康监护终端系统的创新功能及其实现方法。
8. 试调查并分析国内外物联网系统监控平台的发展现状。
9. 试论述物联网系统监控平台的发展趋势。
10. 试结合物联网、大数据、区块链和人工智能等技术，提出物联网系统监控平台的创新功能及其实现方法。

第11章

物联网系统课程设计指导

课程设计是重要的实践教学环节，是把理论知识转化为解决实际问题能力的重要训练手段，是联系理论与实践的重要桥梁。本章首先介绍物联网系统课程设计的目标、要求、步骤、系统开发与运行环境及开发工具，然后围绕物联网重点应用领域选择若干课程设计项目，分别介绍项目的背景、目标与内容。

11.1　概述

物联网是一种实现物品互联的网络，其应用极其广泛。它在工业、农业、国防、科技、能源、通信、交通、物流、环境、金融、教育、家居、城市管理、公共安全和医疗健康等领域都得到了应用，重点应用领域有智能电网、智能交通、智能物流、智能家居、环境与安全检测、工业与自动化控制、医疗健康、精细农牧业、金融与服务业、国防军事。常见的物联网系统有智能家居系统、智能小区系统、智能楼宇系统、智能停车场系统、智能电力监控系统、智能安全监控系统、智能蔬菜工厂、智能餐厅系统、智能商场系统、智能公交系统、智能物流运输系统、智能健康监护系统、智能仓储系统、智能环境监控系统和智能教室系统。

物联网系统课程设计是重要的实践教学环节，是把理论知识转化为解决实际问题能力的重要训练手段，是联系理论与实践的重要桥梁。

针对物联网工程综合课程设计、物联网系统课程设计等实践课程教学，以及物联网系统开发、物联网系统设计、物联网系统工程等理论课程的实践教学要求，作为课程设计的选题参考，本章基于物联网的重要应用领域选择15个课程设计项目，逐一介绍项目的背景、目标和内容。

11.1.1　课程设计的目标

本课程设计要求学生选择一个常见、热点或前沿的物联网应用问题，科学、规范地完成一个小型的物联网系统开发项目，实现如下培养目标：

1）熟练应用物联网系统开发理论和方法，实践项目开发的全过程，积累项目开发经验。

2）掌握至少一种主流的硬件系统与软件系统开发工具，熟悉至少一种主流的物联网系统开发与运行环境。

3）掌握系统开发文档的编制方法。

4）培养处理复杂工程问题的能力。

5）培养团队合作能力和工程项目管理意识。

6）增强创新意识，培养发现新问题、采用新方法与工具的能力。

11.1.2　课程设计的要求

本章基于物联网的重要应用领域选择 15 个难易适中的项目，作为物联网系统课程设计的选题参考。课程设计时，可只做某个项目的部分内容，并可根据具体内容另行命名题目。

要求学生以小组为单位，以团队合作的方式，在 2 ~ 3 周内完成课程设计工作。通过课程设计，学生熟悉物联网系统开发的全过程，培养工程实践能力。具体要求如下：

1. 分组与选题

全体学生以自由组合形式分组，每个小组以 2 ~ 3 人为宜，选出组长。全体组员共同确定题目。

各小组的工作内容和成果应有所区别。不同的小组即使题目相同，研究开发出的系统及其文档也不能完全相同。

2. 工作分工

每个小组需进行工作分工。建议按系统分析、硬件系统设计与实现、软件系统设计与实现、系统测试等进行工作分工。当然，一个人可以承担多项工作。

通过分工合作，小组成员共同完成系统开发任务。

3. 提交中期进展报告

课程设计中期应按小组或者按个人提交中期进展报告。中期进展报告的内容包括项目进展情况、后续工作计划、存在的问题及解决方案。针对存在的问题，教师可指导学生开展小组讨论，发现问题，分析问题和解决问题。

4. 撰写项目完成报告

以小组为单位，撰写项目完成报告。内容参考：

（1）系统介绍

1）系统结构。以图文相结合的方式介绍系统结构，说明模块之间的关系。

2）模块选型。介绍项目所用的主板、CPU、传感器、控制器、执行器等的型号规格、生产厂家。列出模块与材料清单。

3）系统功能。介绍系统实现的功能和达到的性能。

4）硬件系统实物图片。提供不同角度的硬件实物图片。

5）软件系统主界面。提供不同角度的软件界面图片。

（2）系统开发与运行环境、开发工具介绍　介绍系统开发与运行环境、开发工具，包括名称、型号规格（硬件）、版本（软件）、生产厂家、在项目中的用途。列出系统开发与运行环境、开发工具清单。

（3）系统运行情况介绍　每个功能至少应配一幅运行效果图，如运行中的硬件系统实物图片和报警图片、软件系统主界面、输入界面和输出界面，并配以文字说明。

（4）工作分工　以表格形式依次列出小组成员姓名、工作分工、工作量和总体贡献率。其中，工作量以写实形式描述，如在哪个平台上编写了多少行代码、设计了哪些电路图；总体贡献率用百分数表示。

5. 撰写课程设计报告

每人需单独提交一份课程设计报告。内容参考：

1）首先报告项目总体情况，可以用一章介绍，包括项目背景、总体完成情况、系统功能与性能、个人在项目中的角色。

2）其次报告个人所做的工作，可以分几章介绍，如可行性分析、需求分析、总体设计、详细设计、系统实现与测试等的详细内容。

3）最后是总结，可以用一章介绍，如系统运行情况、优点与不足之处、进一步的工作、个人工作完成情况概要、心得体会。

6. 文档要求

努力使文档达到较高的质量，如内容正确完整、层次清晰、表述简明流畅、图表规范、逻辑性强、易读、易理解。

7. 考核方式

建议在系统演示与答辩等的基础上采用综合考核方式对每个人进行考核。

1）系统演示与答辩。首先以小组为单位演示所完成的物联网系统，并进行答辩；然后各小组成员分别报告自己的工作，并进行答辩。

2）综合考核。根据系统演示与答辩、项目完成报告、课程设计报告等确定成绩。

11.1.3　课程设计的步骤

课程设计的一般步骤如下：

1）分组、选题与工作分工。

2）系统调查、收集资料与阅读文献。

3）系统需求分析。

4）系统总体设计与详细设计。

5）系统实现。

6）系统测试。

7）考核。

11.1.4　系统开发与运行环境及开发工具

根据物联网系统的功能和性能要求、团队能力，以及技术支持、供应链、性价比等情况，确定系统开发与运行环境、开发工具及其版本。

下面列出一些常见的系统开发与运行环境、开发工具，仅作为选用参考。由于物联网技术和计算机技术的快速发展，系统开发与运行环境、开发工具也在不断演变，其版本也在不断更新，因此所列出的内容未必是最合适的。

1. 硬件系统

（1）系统开发与运行环境

1）操作系统。嵌入式 Linux。

2）主板。基于 Cortex-A8、Cortex-A9、Cortex-A15、Cortex-A57 和 STM32 等的主板。

（2）硬件模块

1）CPU。基于 ARM 的 ARM7、ARM9、ARM11 和 Cortex 家族，MSC-51、FPGA 和 DSP 等。

2）传感器。温度传感器、湿度传感器、压力传感器、流量传感器、液位传感器、超声波传感器、气敏传感器、光敏传感器、红外线传感器、粉尘传感器、智能传感器、RFID、条码、二维码、CCD、传声器和 GPS 等。

3）通信模块。RJ45、WiFi、USB、RS232、RS485、蓝牙、红外线、ZigBee、现场总线、4G 和 5G 等相关的通信模块。

4）存储模块。随机存储器、只读存储器和串行访问存储器等。

5）输入/输出模块。按键、旋钮、传声器、触摸屏、光笔，以及 OLED 模块、LED 模块、灯泡、打印机、扬声器、蜂鸣器和指示灯等。

6）其他模块。电源、变压器、继电器、电动机、水泵和风扇等。

（3）开发工具

1）开发板。基于 Cortex-A8、Cortex-A9、Cortex-A15、Cortex-A57 和 STM32 等的开发板。

2）电路设计与仿真。Altium Designer、Multisim。

3）软件系统开发，如 Keil。

4）编程语言，如 C/C++。

2. 面向 Android 的应用软件

（1）操作系统　Android。

（2）开发工具　如 Android Studio、Eclipse 和 IntelliJ IDEA 等。

（3）编程语言　如 Java。

3. 面向 iOS 的应用软件

（1）操作系统　iOS。

（2）开发工具　如 Xcode。

（3）编程语言　如 Objective-C、Swift 等。

4. 面向个人计算机的应用软件

（1）操作系统　国产操作系统、Windows 和 CentOS 等。

（2）开发工具　Eclipse、Visual Studio、Qt 和 IntelliJ IDEA 等。

（3）编程语言　Java、C/C++、Python 和 PHP 等。

5. 其他

（1）网络操作系统　国产操作系统服务器版、Windows Server、CentOS、Ubuntu 等。

（2）数据库管理系统　国产数据库管理系统、MySQL、SQL Server 和 MariaDB 等。

（3）物联网平台　近几年，产生了很多物联网平台。部分知名平台如下：

1）中国电信的天翼物联（https：//www. ctwing. cn/）。

2）中国联通的物联网平台（https：//www. 10646. cn/）。

3）中国移动的 OneNET（https：//open. iot. 10086. cn/）。

4）百度智能云天工物联网平台（https：//cloud. baidu. com/solution/iot/index. html）。

5）阿里云物联网（https：//iot. aliyun. com/）。

6）腾讯 IoT Explorer（https：//cloud. tencent. com/product/iotexplorer）。

7）腾讯 QQ 物联（https：//iot. open. qq. com/）。

8）京东微联（https：//smartcloud. jd. com/）。

9）京东小京鱼智能服务平台（https：//jdwhale. jd. com/）。

10）京东智联云（https：//www. jdcloud. com/cn/iot/all）。

11）小米 IoT 开发者平台（https：//iot. mi. com/）。

12）华为云 IoT（https：//www. huaweicloud. com/product/iot. html）。

13）浪潮云 IoT（https：//cloud. inspur. com/product/iotdm/）。

14）庆科云 FogCloud（https：//v2. fogcloud. io/）。

15）中消云（http：//www. zxycloud. com/）。

16）360 智汇云（https：//zyun. 360. cn/product/iotdevice）。

17）亚马逊 AWS IoT（https：//aws. amazon. com/cn/iot/）。

18）微软 Azure IoT（https：//azure. microsoft. com/zh-cn/overview/iot/）。

19）Arm Pelion（https：//pelion. com/）。

20）甲骨文（https：//www. oracle. com/internet-of-things/）。

11. 2 智能家居系统

11. 2. 1 项目背景

智能家居系统是一种以住宅为基础，利用先进的计算机、物联网、自动化和人工智能等技术构建的安全、方便、舒适、高效、节能、环保的居住环境与家庭事务管理系统。

智能家居系统基于计算机、手机等对通信网络、照明、冰箱、空调、音箱、电视、家庭影院、洗碗机、洗衣机、门禁、窗帘、视频监控、可视对讲、防盗、防火、防水、供电、供水、供气、环境监测、服务机器人、紧急求助等有关设备、设施和人员进行本地、远程、智能的监测与控制。

11. 2. 2 项目的目标与内容

本项目的目标是，选择智能家居系统的若干内容，进行系统需求分析、总体设计、详细设计、实现和测试，实现课程设计的目标。

具体内容按以下要求确定：

1）开发智能家居系统，包括硬件系统和软件系统，实现若干功能。但具体功能不限，需自行合理确定，鼓励创新。

2）如果条件受限，则可用硬件模块仿真其他硬件模块的功能，如用电动机正反转模拟窗帘的开关；也可用软件以文字、数字、表格、图形、图像、音频、动画和视频等形式仿真硬件运行效果。

3）建议实现 5 个以上的功能。例如：

① 照明管理。如根据室内光照情况、睡觉和起床情况、进出房间情况等，自动开关灯；通过计算机和手机控制照明。此时相关的功能可为亮度监测、睡觉和起床检测、进入和离开房间检测、房间有人和无人检测、自动开关灯、通过手机软件按钮开关灯、通过计算机软件按钮开关灯。如果对灯光进行分区、分组控制，那么功能更多。下同。

② 冰箱管理。如手机控制冰箱，对其中物品进行管理。

③ 空调管理。如根据室内温度情况自动开关空调，通过计算机和手机进行控制。

④ 门禁管理。如通过 RFID 开门，通过手机开门。

⑤ 窗帘管理。根据室外亮度自动开关窗帘，通过计算机和手机进行控制。

⑥ 防盗管理。如入侵检测、录像和报警，通过计算机和手机管理。

⑦ 防火管理。如火灾监测、报警和自动喷水，通过计算机、手机监测和控制。

⑧ 防水管理。如漏水监测、报警和自动关闭总闸，通过计算机、手机监测和控制。

⑨ 环境管理。如监测室内温度、湿度和 PM2. 5，通过计算机和手机查看。

11.3　智能小区系统

11.3.1　项目背景

智能小区系统是将一定区域内具有相同或不同功能的若干建筑物（主要是住宅楼），利用先进的计算机、物联网、大数据、自动化和人工智能等技术对其功能进行改进，提供安全、和谐、方便、舒适、优美、绿色的居住环境。随着新技术、新成果、新产品、新服务的产生和应用，以及人民生活水平的提高，智能小区系统的内涵也在不断发展。

智能小区系统由网络管理、照明管理、门禁管理、视频监控管理、可视对讲管理、巡更管理、入侵监测与报警管理、消防管理、防洪管理、电梯管理、变配电管理、给排水管理、供气管理、供暖管理、远程抄表管理、车辆管理、停车场管理、设备管理、会所管理、卫生管理、人口管理、健康管理、信息发布管理、公共广播管理、消费管理、紧急求助等子系统构成，基于计算机、手机等对有关设备、设施和人员等进行本地、远程、智能的监测与控制。

11.3.2　项目的目标与内容

本项目的目标是，围绕智能小区系统选择若干内容，进行系统需求分析、总体设计、详细设计、实现和测试，实现课程设计的目标。

具体内容参考 11.2.2 小节的相关要求确定，此处不再赘述。

11.4　智能楼宇系统

11.4.1　项目背景

智能楼宇系统是以办公建筑（如写字楼、党政机关办公楼）、商业建筑（如商业大厦、金融大厦）、旅游建筑（如酒店、博物馆）、科教文卫建筑（如教学大楼、科研大楼、门诊大楼）、通信建筑（如广播大厦、电视大厦、通信大厦）和交通运输建筑（如火车站、汽车站、机场）等公共建筑为基础，利用先进的计算机、物联网、大数据、自动化和人工智能等技术构建安全、方便、高效、节能的学习、工作、生活环境。

智能楼宇系统由网络管理、照明管理、空调管理、门禁管理、视频监控管理、可视对讲管理、巡更管理、入侵监测与报警管理、消防管理、防洪管理、防雷管理、电梯管理、变配电管理、给排水管理、车辆管理、停车场管理、设备管理、机房管理、客户管理、考勤管理、会议管理、卫生管理、信息发布管理、公共广播管理、紧急求助等子系统构成，基于计算机、手机等对有关设备、设施和人员等进行本地、远程、智能的监测与控制。

11.4.2　项目的目标与内容

本项目的目标是，围绕智能楼宇系统选择若干内容，进行系统需求分析、总体设计、详细设计、实现和测试，实现课程设计的目标。

具体内容参考 11.2.2 小节的相关要求确定，此处不再赘述。

11.5 智能停车场系统

11.5.1 项目背景

随着社会经济的发展，汽车保有量不断增长，传统停车场存在进出场效率低、找车位难、找车难、管理效率低和成本高等问题。如何安全、便利、迅速和准确地将汽车停靠到合适的停车位，是一个亟待解决的重要问题。

智能停车场系统利用先进的计算机、物联网、大数据、自动化和人工智能等技术构建安全、方便、高效和节能的停车场。

智能停车场系统由通信网络子系统、入口子系统、出口子系统、车流诱导子系统和收费子系统等组成，基于计算机、手机等对有关设备、设施和人员等进行本地、远程、智能的监测与控制。其中，入口子系统由入口票箱（内含 RFID 读写器、RFID 卡、自动出卡机）、车辆感应器、语音提示和对讲、摄像机、地感线圈、车牌自动识别、自动道闸、道闸遥控器与手动控制器等模块组成；出口子系统由出口票箱（内含 RFID 读写器、RFID 卡、自动收卡机）、车辆感应器、语音提示和对讲、摄像机、地感线圈、车牌自动识别、自动道闸、道闸遥控器与手动控制器等模块组成；车流诱导子系统由车位显示器、车位检索、车位引导、找车助手等模块组成；收费子系统由计算机、打印机、语音提示、语音对讲等模块组成，主要缴费方式有刷卡缴费（包括免费卡、月租卡、储值卡、临时卡）、扫码缴费和车牌识别缴费。

11.5.2 项目的目标与内容

本项目的目标是，围绕智能停车场系统选择若干内容，进行系统需求分析、总体设计、详细设计、实现和测试，实现课程设计的目标。

具体内容参考 11.2.2 小节的相关要求确定，此处不再赘述。

11.6 智能电力监控系统

11.6.1 项目背景

电力系统是由发电、输电、变电、配电和用电等环节组成的复杂系统，它将一次能源通过发电装置转化成电力，再经输电、变电和配电将电力供应到用户。电力工业是国民经济发展中非常重要的、关系国计民生的、优先发展的重点基础产业。

随着技术和经济社会的发展，发电厂、变电站和配电房等逐步实现无人或少人值守，以提高电力系统的稳定性、安全性和可靠性，提高经济效益和社会效益。

智能电力监控系统利用先进的计算机、物联网、大数据、电气工程、自动控制和人工智能等技术，基于计算机、手机等对电力系统的有关设备、设施和人员等进行本地、远程、智能的监测与控制。

以水力发电厂为例，智能电力监控系统的主要功能有采集水轮发电机组、辅助设备、主变压器和开关站等的电气、温度、压力、液位和流量等数据；完成有关生产流程，包括开停机、分合开关等顺序控制，机组有功功率和无功功率调节，自动发电控制和自动电压控制；故障报警、防误操作和事故处理等。具体功能可参考相关国家标准。

11.6.2　项目的目标与内容

本项目的目标是，选择发电厂、变电站、配电房、变压器等任何一种电力系统设备或设施，围绕智能电力监控系统选择若干内容，进行系统需求分析、总体设计、详细设计、实现和测试，实现课程设计的目标。

具体内容参考 11.2.2 小节的相关要求确定，此处不再赘述。

11.7　智能安全监控系统

11.7.1　项目背景

安全问题涉及面很广，包括衣、食、住、行、工作、体育运动、防盗、防毒、防水、防火、防风、防电、防震等领域。

智能安全监控系统是利用先进的计算机、物联网、大数据、自动控制和人工智能等技术，为被服务系统中的设备、设施、物品和人员等提供高效率、高质量、智能化的安全服务。常见的智能安全监控系统有食品安全监控系统、酒店安全监控系统、交通安全监控系统、生产安全监控系统、实验室安全监控系统、体育馆安全监控系统、环境安全监控系统、生态安全监控系统、校园安全监控系统、城市安全监控系统。

不同的应用领域，智能安全监控系统的概念、目标、内容、采用的方法与技术一般都有其自身的特点。以校园安全为例，智能校园安全监控系统采用视频、音频、红外线、RFID、指纹、二维码和人脸识别等技术，基于计算机、手机等对教室、实验室、寝室、食堂、图书馆、操场等的有关设备、设施、物品、人员进行本地、远程、智能的监测与控制，保证师生人身和财产安全，营造安全、稳定、文明、和谐的教学环境。

11.7.2　项目的目标与内容

本项目的目标是，选择一个应用领域，围绕智能安全监控系统选择若干内容，进行系统需求分析、总体设计、详细设计、实现和测试，实现课程设计的目标。

具体内容参考 11.2.2 小节的相关要求确定，此处不再赘述。

11.8　智能蔬菜工厂

11.8.1　项目背景

智能蔬菜工厂是一种新型的农业生产方式，它利用先进的计算机、物联网、大数据、自动控制和人工智能等技术构建蔬菜生产场所，实现蔬菜生产过程的标准化、网络化、自动化和智能化，提高蔬菜的质量、生产效率和安全性。蔬菜工厂可实现在荒漠、戈壁、海岛、水面、船舶和房屋等非可耕地里生产蔬菜，具有广阔的应用前景。

智能蔬菜工厂实现蔬菜育苗、栽培、生长状态监测、病虫害监测、环境监测（如空气温度、土壤温度、空气湿度、土壤湿度、光照、二氧化碳、养分等的监测）、环境控制（如通过天窗、遮阳网、通风机、补光灯、除湿机、加湿机、水泵等实现环境控制）、养分供给、安全监控，以及成品采摘、质量检测、分类、包装、装载等工作的自动化和智能化，基于计算机、手机等对有关设备、设施、蔬菜、人员等进行本地、远程、智能的监测与控制。

11.8.2　项目的目标与内容

本项目的目标是，针对某种蔬菜（如西红柿、黄瓜、生菜、苋菜、小白菜、大白菜、上海青），围绕智能蔬菜工厂选择若干内容，进行系统需求分析、总体设计、详细设计、实现和测试，实现课程设计的目标。

具体内容参考 11.2.2 小节的相关要求确定，此处不再赘述。

11.9　智能餐厅系统

11.9.1　项目背景

传统餐厅由人工提供服务，存在用工成本高、服务质量难控制、易出错、等待服务时间长等问题。

智能餐厅系统利用先进的计算机、物联网、大数据、自动控制和人工智能等技术构建餐饮场所，实现餐饮服务的标准化、自动化和智能化，提高服务质量和效率，降低用工成本，提高客户满意度。

智能餐厅系统由自助点餐、个性化菜品推荐、自动化炒菜、自动化送餐、自动或自助结算、自动化餐桌餐具清理、自动化餐具摆放、餐位预订与调度、餐厅环境监测与控制等子系统组成，基于计算机、手机等对有关设备、设施、菜品、人员等进行本地、远程、智能的监测与控制。

11.9.2　项目的目标与内容

本项目的目标是，围绕智能餐厅系统选择若干内容，进行系统需求分析、总体设计、详细设计、实现和测试，实现课程设计的目标。

具体内容参考 11.2.2 小节的相关要求确定，此处不再赘述。

11.10　智能商场系统

11.10.1　项目背景

传统商场由人工提供服务，存在用工成本高、购物效率低等问题。

智能商场系统利用先进的计算机、物联网、大数据、自动化和人工智能等技术构建安全、方便、舒适、优美的购物环境，实现购物服务的标准化、自动化和智能化，提高服务质量和效率，降低用工成本，提高客户满意度。

智能商场系统由自动化智能化配货、个性化商品推荐、自动或自助结算、购物车自动化回场、环境监测与控制、安全监控、智能化照明控制、智能化电梯控制等子系统构成，基于计算机、手机等对有关设备、设施、商品、人员等进行本地、远程、智能的监测与控制。

11.10.2　项目的目标与内容

本项目的目标是，围绕智能商场系统选择若干内容，进行系统需求分析、总体设计、详细设计、实现和测试，实现课程设计的目标。

具体内容参考 11.2.2 小节的相关要求确定，此处不再赘述。

11.11 智能公交系统

11.11.1 项目背景

公共交通是城市基础设施的重要组成部分。发展城市公共交通是提高交通效率、缓解交通拥堵、节约能源、降低污染、改善学习和工作生活环境、实现可持续发展的重要手段。

智能公交系统利用先进的物联网、GPS、GIS 和人工智能等技术构建安全、方便、和谐、舒适的乘车环境，实现乘车服务的个性化和智能化，提高服务质量和效率，降低公交运营成本，提高客户满意度。

智能公交系统由车辆调度、车辆定位追踪、车辆到站预测、车辆精准靠站、RFID 刷卡乘车、刷身份证乘车、移动支付乘车、特殊人员服务、车内乘客人数实时统计、车内环境监测与控制、车内安全监控、乘客出行路线推荐、电子站牌等子系统组成，基于计算机、手机等对有关设备、设施、乘客、司机等进行本地、远程、智能的监测与控制。

11.11.2 项目的目标与内容

本项目的目标是，针对某种公共交通工具（如公共汽车、地铁、出租车），围绕智能公交系统选择若干内容，进行系统需求分析、总体设计、详细设计、实现和测试，实现课程设计的目标。

具体内容参考 11.2.2 小节的相关要求确定，此处不再赘述。

11.12 智能物流运输系统

11.12.1 项目背景

物流业是国民经济的支柱产业。运输是物流的主要功能，是社会物质生产、商品流通的必要环节。

智能物流运输系统利用先进的物联网、GPS、GIS 和人工智能等技术提供安全、方便、快速的物流运输服务，实现物流运输的自动化和智能化，提高服务质量和效率，降低物流运输成本，提高客户满意度。

智能物流运输系统由车辆调度、送货预约、取货预约、装货、卸货、车辆定位追踪、行车路线推荐、车内环境监测与控制、司机与货物安全监控等子系统组成，基于计算机、手机等对有关设备、设施、货物、人员等进行本地、远程、智能的监测与控制。

11.12.2 项目的目标与内容

本项目的目标是，针对某种运输工具（如汽车、轮船、飞机），围绕智能物流运输系统选择若干内容，进行系统需求分析、总体设计、详细设计、实现和测试，实现课程设计的目标。

具体内容参考 11.2.2 小节的相关要求确定，此处不再赘述。

11. 13   智能健康监护系统

11. 13. 1   项目背景

随着我国国民经济的发展，以及人民的生活水平越来越高，很多人越来越重视健康问题，希望及时了解自己的身体状况，及早发现潜在的健康问题。健康监控系统可有效地满足这种需求。

智能健康监护系统是一种基于先进的计算机、物联网、医学和人工智能等技术设计的、适合于家庭使用的装置，它能为用户提供一种及时、方便的健康监护服务，及时发现潜在的健康问题，提高用户的健康水平和生活质量。

智能健康监护系统能够监测多个人体生理参数（如体温、血压、心电、脉搏、血氧、血糖、血脂、身高、体重），将数据上传到健康服务中心；用户也可通过计算机、手机等查询自己的健康信息，在线咨询医护人员。

11. 13. 2   项目的目标与内容

本项目的目标是，围绕智能健康监护系统选择若干内容，进行系统需求分析、总体设计、详细设计、实现和测试，实现课程设计的目标。

具体内容参考11. 2. 2 小节的相关要求确定，此处不再赘述。

11. 14   智能仓储系统

11. 14. 1   项目背景

仓储是连接生产、供应和销售的物流活动重要环节，对商品生产效率和成本有着重要的影响。它是通过仓库对物品进行入库、储存、出库以及库内加工、分拣、包装等活动。

智能仓储系统采用先进的计算机、物联网、GIS、自动控制和人工智能等技术提供安全、方便、快速的仓储服务，实现仓储管理的自动化和智能化，提高服务质量和效率，降低仓储成本，提高客户满意度。

智能仓储系统由入库（包括物品识别、库位安排、物品放入库位）、库内运输（包括物品装车、物品卸车、库内车辆运输调度、库内车辆定位追踪）、出库（包括物品识别、库位识别、物品从库位取出）、物品加工、物品分拣、物品包装，以及库内环境监测与控制、安全监控、智能化照明控制等子系统组成，基于计算机、手机等对有关设备、设施、物品、人员等进行本地、远程、智能的监测与控制。

11. 14. 2   项目的目标与内容

本项目的目标是，针对某种仓库类型（如单层仓库、多层仓库、立体仓库），围绕智能仓储系统选择若干内容，进行系统需求分析、总体设计、详细设计、实现和测试，实现课程设计的目标。

具体内容参考11. 2. 2 小节的相关要求确定，此处不再赘述。

11.15 智能环境监控系统

11.15.1 项目背景

环境包括大气环境、土壤环境和水环境,它对国民经济、人们的身心健康等有着重要影响。环境监控是环境保护的重要工作内容,应用非常广泛,如教室、实验室、工厂、写字楼、机房、养殖场、仓库、客车、物流车、船舶、飞机、家庭、医院等的环境监控。

智能环境监控系统利用先进的计算机、物联网、大数据、自动化和人工智能等技术构建安全、方便、舒适、优美的学习、工作、生活环境。

智能环境监控系统由环境监测、报警和环境控制等子系统组成,基于计算机、手机等对环境进行本地、远程、智能的监测与控制。具体监测与控制的内容、报警方式等取决于应用领域及实际需求。

环境监测参数包括大气的温度、湿度、亮度、烟尘、总悬浮颗粒物、可吸入颗粒物、细颗粒物、一氧化氮、二氧化氮、一氧化碳、二氧化碳、二氧化硫、硫化氢、甲醛、氨、臭氧,以及水的温度、pH、总硬度、电导率、悬浮物、色度、浊度、透明度、化学需氧量、五日生化需氧量、氯化物、氰化物、硫化物、硫酸盐、总磷等。可使用文字、声音、灯光、图像等形式向有关系统、人员发送环境报警信息。至于环境监控,以实验室为例,可通过控制窗户、窗帘、灯光、风扇、空调、除湿机、加湿机等实现环境控制。

11.15.2 项目的目标与内容

本项目的目标是,选择一个应用领域,围绕智能环境监控系统选择若干内容,进行系统需求分析、总体设计、详细设计、实现和测试,实现课程设计的目标。

具体内容参考 11.2.2 小节的相关要求确定,此处不再赘述。

11.16 智能教室系统

11.16.1 项目背景

智能教室系统利用先进的计算机、物联网、大数据、自动化和人工智能等技术构建安全、方便、舒适、优美的学习环境。

智能教室系统由教学(可包括计算机、投影机、电子白板、功放、音箱、传声器、拾音器、问答器、录像机)、教室使用(报告教室的使用信息,如课程名称、专业班级、任课教师、学生出勤情况、教室温湿度等)、考勤(可用 RFID 刷卡考勤、人脸识别考勤或指纹识别考勤)、照明控制、空调控制、通风控制、教学现场监视、防盗、防火等子系统组成,基于计算机、手机等对有关设备、设施、人员等进行本地、远程、智能的监测与控制。

11.16.2 项目的目标与内容

本项目的目标是,围绕智能教室系统选择若干内容,进行系统需求分析、总体设计、详细设计、实现和测试,实现课程设计的目标。

具体内容参考 11.2.2 小节的相关要求确定,此处不再赘述。

[1] HAN J, KAMBER M, PEI J. 数据挖掘：概念与技术 第 3 版 [M]. 范明，孟小峰，译. 北京：机械工业出版社，2012.

[2] JOHNSON B. Visual Studio 2017 高级编程：第 7 版 [M]. 李立新，译. 北京：清华大学出版社，2018.

[3] KARIM R, ALLA S. Scala 和 Spark 大数据分析：函数式编程、数据流和机器学习 [M]. 史跃东，译. 北京：清华大学出版社，2020.

[4] KERZNER H. 项目管理：计划、进度和控制的系统方法 第 12 版 [M]. 杨爱华，王丽珍，杨昌雯，等译. 北京：电子工业出版社，2018.

[5] MALVINO A, BATES D. 电子电路原理：第 8 版 [M]. 李东梅，译. 北京：机械工业出版社，2019.

[6] MEIER R, LAKE L. Android 高级编程：第 4 版 [M]. 罗任榆，任强，徐攀，译. 北京：清华大学出版社，2019.

[7] NAVABI Z. 数字系统测试和可测试性设计 [M]. 贺海文，唐威昀，译. 北京：机械工业出版社，2015.

[8] NOERGAARD T. 嵌入式系统：硬件、软件及软硬件协同 第 2 版 [M]. 马志欣，苏锐丹，付少锋，译. 北京：机械工业出版社，2018.

[9] PATTON R. 软件测试：第 2 版 [M]. 张小松，王珏，曹跃，等译. 北京：机械工业出版社，2019.

[10] SCHWALBE K. IT 项目管理：第 8 版 [M]. 孙新波，朱珠，贾建锋，译. 北京：机械工业出版社，2017.

[11] SILBERSCHATZ A, KORTH H F, SUDARSHAN S. 数据库系统概念：原书第 7 版. 本科教学版 [M]. 杨冬青，李红燕，唐世渭，等译. 北京：机械工业出版社，2021.

[12] ULLMAN J D, WIDOM J. 数据库系统基础教程：英文版. 第 3 版 [M]. 北京：机械工业出版社，2013.

[13] ZAKI M J, MEIRA JR W. 数据挖掘与分析：概念与算法 [M]. 吴诚堃，译. 北京：人民邮电出版社，2017.

[14] ZANT P V. 芯片制造：半导体工艺制程实用教程 第 6 版 [M]. 韩郑生，译. 北京：电子工业出版社，2020.

[15] 蔡延光，黄永慧，邢延，等. 数据库原理与应用 [M]. 2 版. 北京：机械工业出版社，2020.

[16] 陈恒，贾慧敏，林徐. 基于 Eclipse 平台的 JSP 应用教程 [M]. 2 版. 北京：清华大学出版社，2019.

[17] 陈勇，罗俊海，宋晓宁，等. 物联网系统开发及应用实战 [M]. 南京：东南大学出版社，2014.

[18] 程五一，李季. 系统可靠性：理论及其应用 [M]. 北京：北京航空航天大学出版社，2012.

[19] 崔敬东，徐雷. Java 程序设计基础教程 [M]. 北京：清华大学出版社，2016.

[20] 崔逊学，左从菊. 无线传感器网络简明教程 [M]. 2 版. 北京：清华大学出版社，2015.

[21] 崔艳荣，周贤善，陈勇，等. 物联网概论 [M]. 2 版. 北京：清华大学出版社，2017.

[22] 邓泽国. 综合布线设计与施工 [M]. 3 版. 北京：电子工业出版社，2018.

[23] 葛世伦，尹隽. 信息系统运行与维护 [M]. 2 版. 北京：电子工业出版社，2014.

[24] 葛维春. 电力物联网工程技术原理与应用 [M]. 北京：清华大学出版社，2019.

[25] 桂劲松. 物联网系统设计 [M]. 2 版. 北京：电子工业出版社，2017.

[26] 桂小林. 物联网技术导论 [M]. 2 版. 北京：清华大学出版社，2018.

[27] 何凤梅，詹青龙，王恒心，等. 物联网工程导论 [M]. 2 版. 北京：清华大学出版社，2018.

[28] 黄德才，陆亿红. 数据库原理及其应用教程 [M]. 4 版. 北京：科学出版社，2018.

[29] 黄文毅，罗军. IntelliJ IDEA 入门与实战 [M]. 北京：清华大学出版社，2020.

[30] 贾铁军，曹锐. 数据库原理及应用：SQL Server 2019 [M]. 2 版. 北京：机械工业出版社，2020.

[31] 解运洲．物联网系统架构［M］．北京：科学出版社，2019．

[32] 李代平，杨成义．软件工程［M］．4版．北京：清华大学出版社，2017．

[33] 李辉．数据库系统原理及MySQL应用教程［M］．2版．北京：机械工业出版社，2019．

[34] 李建功，王健全，王晶，等．物联网关键技术与应用［M］．北京：机械工业出版社，2013．

[35] 李联宁．物联网安全导论［M］．2版．北京：清华大学出版社，2020．

[36] 李联宁．物联网技术基础教程［M］．3版．北京：清华大学出版社，2020．

[37] 李宁，徐连明，邓中亮．物联网基础理论与应用［M］．北京：北京邮电大学出版社，2012．

[38] 廖建尚，冯锦澎，纪金水．面向物联网的嵌入式系统开发：基于CC2530和STM32微处理器［M］．北京：电子工业出版社，2019．

[39] 廖建尚，杨尚森，潘必超．物联网系统综合开发与应用［M］．北京：电子工业出版社，2020．

[40] 林子雨．大数据技术原理与应用：概念、存储、处理、分析与应用［M］．3版．北京：人民邮电出版社，2021．

[41] 刘炳海，赵显通，董忠．从零开始学电子电路设计［M］．北京：化学工业出版社，2019．

[42] 刘化君，刘传清．物联网技术［M］．2版．北京：电子工业出版社，2015．

[43] 刘军，阎芳，杨玺．物联网技术［M］．2版．北京：机械工业出版社，2017．

[44] 刘鹏．云计算［M］．3版．北京：电子工业出版社，2015．

[45] 鲁宏伟，刘群．物联网应用系统设计［M］．北京：清华大学出版社，2017．

[46] 陆文周．Qt5开发及实例［M］．4版．北京：电子工业出版社，2019．

[47] 马洪连，丁男，宁兆龙，等．物联网感知、识别与控制技术［M］．2版．北京：清华大学出版社，2017．

[48] 马培深．基于大数据的脉冲宽度调制健康护理技术研究［D］．广州：广东工业大学，2016．

[49] 宁兆龙，王小洁．移动物联网资源管理与网络优化［M］．北京：科学出版社，2020．

[50] 宋合志．DSP控制器原理与技术应用［M］．北京：机械工业出版社，2021．

[51] 孙东川，孙凯，钟拥军．系统工程引论［M］．4版．北京：清华大学出版社，2019．

[52] 孙文生．物联网：体系结构、协议标准与无线通信（RFID、NFC、LoRa、NB-IoT、WiFi、ZigB）［M］．北京：清华大学出版社，2021．

[53] 万频，林德杰．电气测试技术［M］．4版．北京：机械工业出版社，2015．

[54] 汪应洛．系统工程［M］．5版．北京：机械工业出版社，2017．

[55] 王佳斌，郑力新．物联网概论［M］．北京：清华大学出版社，2019．

[56] 王汝传，孙力娟．物联网技术导论［M］．北京：清华大学出版社，2011．

[57] 王珊，萨师煊．数据库系统概论［M］．5版．北京：高等教育出版社，2014．

[58] 王天曦，王豫明．现代电子制造概论［M］．北京：清华大学出版社，2011．

[59] 王志良，刘欣，刘磊，等．物联网控制基础［M］．西安：西安电子科技大学出版社，2014．

[60] 王志良，王粉花．物联网工程概论［M］．北京：机械工业出版社，2011．

[61] 王仲东，黄俊桥．物联网的开发与应用实践［M］．北京：机械工业出版社，2014．

[62] 王众托．系统工程［M］．2版．北京：北京大学出版社，2015．

[63] 翁健．物联网安全原理与技术［M］．北京：清华大学出版社，2020．

[64] 吴成东，徐久强，张云洲．物联网技术与应用［M］．北京：科学出版社，2012．

[65] 吴大鹏，舒毅，王汝言，等．物联网技术与应用［M］．北京：电子工业出版社，2012．

[66] 吴功宜，吴英．物联网技术与应用［M］．2版．北京：机械工业出版社，2018．

[67] 伍新华，陆丽萍．物联网工程技术［M］．北京：清华大学出版社，2011．

[68] 武奇生，惠萌，巨永锋，等．物联网工程及应用［M］．西安：西安电子科技大学出版社，2014．

[69] 熊茂华，熊昕，陆海军．物联网技术及应用开发［M］．北京：清华大学出版社，2014．

[70] 徐科军，马修水，李国丽．电气测试技术［M］．4版．北京：电子工业出版社，2018．

[71] 徐科军，马修水，李晓林，等．传感器与检测技术［M］．4 版．北京：电子工业出版社，2016.

[72] 徐颖秦，熊伟丽，杜天旭，等．物联网技术及应用［M］．2 版．北京：机械工业出版社，2020.

[73] 薛华成．管理信息系统［M］．6 版．北京：清华大学出版社，2012.

[74] 薛燕红．物联网导论［M］．北京：机械工业出版社，2014.

[75] 姚德民，李汉铃．系统工程实用教程［M］．哈尔滨：哈尔滨工业大学出版社，1997.

[76] 殷人昆，郑人杰，马素霞，等．实用软件工程［M］．3 版．北京：清华大学出版社，2010.

[77] 游国栋．STM32 微控制器原理及应用［M］．西安：西安电子科技大学出版社，2020.

[78] 於志文，郭斌，王亮．群智感知计算［M］．北京：清华大学出版社，2021.

[79] 俞建峰．物联网工程开发与实践［M］．北京：人民邮电出版社，2013.

[80] 张海藩，牟永敏．软件工程导论［M］．6 版．北京：清华大学出版社，2013.

[81] 张锦，王如龙，邓子云，等．IT 项目管理：从理论到实践［M］．2 版．北京：清华大学出版社，2014.

[82] 张凯，张雯婷．物联网导论［M］．北京：清华大学出版社，2012.

[83] 张晓莉，何蓉，朱贵宪，等．微控制器原理及应用［M］．西安：西安电子科技大学出版社，2014.

[84] 赵健，肖云，王瑞．物联网概述［M］．北京：清华大学出版社，2013.

[85] 赵小强，李晶，王彦本．物联网系统设计及应用［M］．北京：人民邮电出版社，2015.

[86] 郑岩．数据仓库与数据挖掘原理及应用［M］．2 版．北京：清华大学出版社，2015.